危险性较大工程
安全监管制度与专项方案范例
（拆除与爆破工程）

李建设　杨年华　周与诚　等编著

中国建筑工业出版社

图书在版编目（CIP）数据

危险性较大工程安全监管制度与专项方案范例（拆
除与爆破工程）/李建设等编著. —北京：中国建筑工
业出版社，2017.3
ISBN 978-7-112-20342-0

Ⅰ. ①危… Ⅱ. ①李… Ⅲ. ①建筑物-爆破拆
除-工程施工-安全管理-建筑方案 Ⅳ. ①TU714

中国版本图书馆 CIP 数据核字（2017）第 012654 号

　　为交流危险性较大工程监管经验，提高拆除与爆破工程专项方案的编制水平，本书编委会编写了此书。本书分上下两篇，上篇包括危大工程监管制度综述、北京市落实制度具体做法综述和专项方案编制要点，下篇给出了 8 个典型工程专项施工方案范例，包括建筑物逐层拆除工程、建筑物长臂液压剪拆除工程、高耸构筑物破碎拆除工程、高耸构筑物机械破碎定向倾倒拆除工程、桥梁机械拆除工程、建筑物整体切割拆除工程、地铁隧道爆破工程、路基石方开挖爆破工程。书中范例均按新的评价标准要求进行编写，体现了北京地区所属工程类型的编制水平。

　　本书可供行业管理人员、技术人员及项目管理人员参考使用。

　　　责任编辑：王　梅　范业庶　杨　允　杨　杰
　　　责任设计：李志立
　　　责任校对：王宇枢　焦　乐

危险性较大工程安全监管制度与专项方案范例
（拆除与爆破工程）
李建设　杨年华　周与诚　等编著
*
中国建筑工业出版社出版、发行（北京海淀三里河路 9 号）
各地新华书店、建筑书店经销
霸州市顺浩图文科技发展有限公司制版
北京市安泰印刷厂印刷
*
开本：787×1092 毫米　1/16　印张：21½　字数：537 千字
2017 年 7 月第一版　　2017 年 7 月第一次印刷
定价：68.00 元
ISBN 978-7-112-20342-0
（29792）

《丛书》编写委员会

主　编：周与诚

副主编：高淑娴　高乃社　孙日增　李建设　刘　军

编　委：（按姓氏笔画排序）

刘　军　孙日增　李红宇　李建设　杨年华

张德萍　周与诚　高乃社　高淑娴　郭跃龙

魏铁山

本书编写组

主　编：李建设

副主编：杨年华　周与诚

编写人员：（按姓氏笔画排序）

牛大伟　卢九章　李建设　杨　军　杨光值

杨年华　张德萍　陈大伟　周与诚　侯伏慧

徐　芳　郭小双　郭跃龙　黄兆利　黄聪乐

潘鸿宝

序 1

安全生产事关人民群众切身利益,事关经济社会和谐稳定发展,事关全面建成小康社会战略的实现。建筑业是国民经济支柱产业,涉及面广,从业人员多,在深入贯彻落实新发展理念,大力推进行业转型升级和可持续发展的新形势下,必须守住安全生产的底线。近年来,我国建筑施工安全生产形势持续稳定好转,但生产安全事故尤其是较大以上事故仍时有发生,形势依然严峻。进一步加强建筑施工安全管理,增强重大安全风险防控能力,是一项十分紧迫的任务。

危险性较大的分部分项工程(以下简称危大工程)是建筑施工安全管理的重点和难点,具有数量多、分布广、掌控难、危害大等特征,一旦发生事故,容易导致人员群死群伤或者造成重大不良社会影响。为规范和加强危大工程安全管理,住房和城乡建设部先后印发了《危险性较大工程安全专项施工方案编制及专家论证审查办法》(建质〔2004〕213号)和《危险性较大的分部分项工程安全管理办法》(建质〔2009〕87号),有效促进了危大工程安全管理和技术水平的提高,对防范和遏制建筑施工生产安全事故的发生起到了重要作用。但是,各地贯彻执行中还存在一些薄弱环节,如危大工程专项方案编制质量不高,论证把关不严,不按方案施工等问题,带来了重大施工安全隐患,甚至造成群死群伤事故。

北京市在危大工程安全管理工作中积极思考、勇于探索,结合自身实际,制定了一系列危大工程安全监管的规章制度和政策措施,并在实践中不断总结提高,成效显著。在此基础上,北京市住房城乡建设委员会组织有关专家,对近几年在危大工程安全管理方面的经验和做法,以及部分典型工程实例进行了认真总结,精心编写了这套《危险性较大工程安全监管制度与专项方案范例》丛书。

该丛书详细介绍了北京市危大工程专家库管理、专家论证细则、动态管理等制度措施及具体做法,值得其他省市参考借鉴。该丛书分岩土工程、模架工程、吊装与拆卸工程和拆除与爆破工程四个专业,概括提出了危大工程专项方案编制要点,并编写了47个高水平的危大工程专项方案范例。这些范例均来源于工程实践,经过精心挑选、认真梳理,涵盖了危大工程主要类型,内容翔实,具有较强的专业性、指导性和实用性,可供参与危大工程专项方案编制、论证及安全管理的广大工程技术和管理人员学习参考。

相信该丛书的出版将对进一步提升我国危大工程安全管理水平,有效防控建筑施工过程中的重大安全风险,不断减少建筑施工生产安全事故起到积极的促进作用。

序 2

建筑施工安全一直是各级政府关注的重要工作，为防止发生建筑施工安全事故，各级政府都投入了大量的人力和物力。然而，由于建筑工程施工具有个性突出、技术复杂、量大面广、工期紧、人员素质偏低、管理粗放，以及制度不健全、监管不到位等原因，重大事故仍时有发生，造成重大生命财产损失，给全面建设小康社会带来不利影响。2009 年，住房和城乡建设部印发了《危险性较大的分部分项工程安全管理办法》（建质〔2009〕87 号），俗称 87 号文，为做好建筑施工安全管理工作提供了重要依据和抓手，对防范发生重大事故发挥了重要作用。

北京市住房城乡建设委为落实好 87 号文，本着改革创新、转变政府职能的原则，在制度建设、组织保障、安全管理信息化和充分调动社会力量等方面做了一些积极的探索，取得了一些成绩。截至目前，基于 87 号文，共制订了 6 个配套文件，建立了拥有 2000 多名专家的专家库，每年有 800 多名专家参与危险性较大工程施工安全专项方案的论证，建立了危险性较大工程动态管理平台，每年有约 120 位专家跟踪指导超过 1000 项危险性较大工程施工安全专项方案执行情况，初步实现了危险性较大工程安全管理信息化，基本遏制了危险性较大工程安全事故的发生。此外，还探索建立了政府向社会组织购买服务的模式，培养了一支组织严密、训练有素、具有较高水平的应急抢险专家团队。

当前，北京市住房城乡建设委正在贯彻北京市"十三五"建设规划和习近平总书记对北京城市建设的指示精神，推进落实首都城市战略定位、加快建设国际一流的和谐宜居之都。北京城市副中心、新机场、冬奥会、世园会、CBD 核心区、环球影城、城市轨道交通建设工程等重点工程相继开工建设，建设任务十分繁重，建筑施工安全工作更显重要。我们这些年在危险性较大工程管理方面建立的制度、取得的经验和组建的专家团队为做好施工安全工作打好了基础，也必将发挥重要作用。

该丛书是北京市对危险性较大工程安全管理工作的阶段性总结，也是业内 80 多位安全技术管理专家集体智慧的结晶。书中上篇中介绍了北京市住建委落实 87 号文的一些具体做法，这些监管制度是经过长期实践探索最终形成的，具有很强的可执行性，随后介绍了危险性较大工程施工安全专项方案的编制要点，按照岩土工程、模架工程、钢结构工程、吊装及拆卸工程、拆除与爆破工程等专业进行划分，最后重点列举了 47 个具有代表性的危险性较大工程施工安全专项方案范例，基本涵盖了危险性较大工程范围内的主要施工工艺和方法，有很强的针对性和可操作性。希望这些做法和范例能够为兄弟省市在危险性较大工程管理方面提供有价值的参考，能帮助建筑企业有效提高危险性较大工程安全专项方案的编制水平，为进一步加强全国建设行业危险性较大工程的管理有所帮助。

借此书出版发行之际，向多年来支持北京市住建委安全管理工作，并取得突出成绩的专家学者、社会组织表示诚挚的谢意。

王宝军

丛 书 前 言

建筑施工安全是各级政府、企业和从业人员的头等大事。为防范和遏制建筑施工安全事故的发生，建设部 2004 年印发了《危险性较大工程安全专项施工方案编制及专家论证审查办法》，在此基础上，经过修改完善，于 2009 年发布《危险性较大的分部分项工程安全管理办法》，将基坑支护、模板脚手架、起重吊装、拆除爆破等七项可能导致作业人员群死群伤的分部分项工程定义为危险性较大的分部分项工程（简称危大工程）。该办法规定危大工程施工前必须编制专项方案，超过一定规模的还应当组织专家论证。从此，编制危大工程专项方案并组织专家论证成为我国建筑业的一项制度性要求和安全管理措施，以把住专项方案质量关，确保方案阶段的安全隐患不带入施工环节。

但要编制和识别一个合格的专项方案并非易事。目前，专项方案编制及专家论证制度已实施 12 年，对于专项方案如何编制、专家按什么标准论证、论证结论如何确定等问题仍没有统一答案，不利于把住专项方案质量关。北京市住建委在规范专项方案编制和专家论证行为方面做了一些探索，除规定专家论证结论必须明确为"通过""修改后通过"或"不通过"三选一之外，2014 年又组织专家研究制订了"通过""修改后通过"和"不通过"的判断标准。此外，北京市在专家库的建立、管理和使用，以及专项方案实施过程中的信息化管理等方面做了一些有益的探索，取得了一些成果。

为了提高施工技术人员编制专项方案的水平，帮助专家履行好专项方案论证职责，以及方便有关部门分享北京市危大工程管理经验，我们组织专家编制了该套丛书。

编制专项方案是施工技术人员的基本功。一位刚进入施工企业的大学生，接到的第一项挑战性的工作很可能是编写专项方案，这套丛书会帮助你摆脱"无处下手"的困境，"照猫画虎"快速上手。你只需要从中找到一个类似的范例，按照范例编写的主要内容及表述方式，结合拟建项目的具体情况，至少可以编写出一个"修改后通过"的专项方案。

快速识别一个专项方案的优劣是参与专项方案论证专家的基本功。专家论证专项方案并不是一件容易的事，受审阅方案时间、施工经验、施工方案复杂性等多重因素的影响，专家如何在有限的时间里快速识别专项方案的优劣、把住质量关是衡量专家水平高低的重要标志。这套丛书提供了优秀专项方案的标准，对于类似的工程，对照一下范例，审查方案中是否做到：该说的都说了、说了的都说清楚了、说清楚了的都说对了。把住了这三条，就把住了专项方案质量，论证的工作也变得容易了。

做好危大工程管理工作需要配套的规章制度。北京市自 20 世纪 90 年代开始研究危大工程管理，从技术规范和行政管理两方面入手，通过编制技术规范和制订规范性文件，规范相关主体行为，以提高专业技术水平和施工安全管理水平。至 2016 年，危大工程有了技术标准，此外，北京市在住建部发布的《危险性较大的分部分项工程安全管理办法》基础上，制订了六个配套的规范性文件和工作制度，使参与危大工程管理的各方主体都有章可循。

　　北京市将危大工程分为四个专业：岩土工程、模架工程、吊装与拆卸工程和拆除与爆破工程。本丛书包括上述四个专业共五册，47 个范例，80 余位专家参与编写。每册分上、下两篇，上篇含危大工程监管制度综述、北京市落实制度具体做法综述和专项方案编制要点，下篇为范例。其中：《岩土工程》由周与诚、刘军等 22 人编写，含放坡开挖工程、土钉墙（复合土钉墙）支护工程、桩锚支护工程、内支撑支护工程、人工挖孔桩工程、竖井开挖工程、矿山法区间工程、顶管工程和盾构工程等 9 个范例；《模架工程》由高淑娴、魏铁山等 25 人编写，含落地式脚手架工程、悬挑式脚手架工程、附着式升降脚手架工程、房屋建筑模板支撑架工程、桥梁建筑模板支撑架工程、地铁明挖车站模架工程、液压爬升模板工程、液压升降卸料平台工程等 9 个范例；《钢结构工程》由高乃社、高淑娴等 28 人编写，含单层厂房钢结构工程、连桥钢结构工程、单层网壳钢结构工程、大跨度网架整体提升工程、大跨度空间网格钢结构工程、大跨度桁架滑移钢结构工程、大跨度网架钢结构工程、大跨度网架整体顶升工程等 8 个范例；《吊装与拆卸工程》由孙曰增、李红宇、王凯晖、董海亮等 18 人编写，含箱型梁吊装工程、特殊结构施工吊篮安装工程、架桥机安装工程、门式起重机安装工程、门式起重机拆卸工程、地连墙钢筋笼吊装工程、钢结构桁架滑移工程、钢结构网架提升工程、倒装法水罐安装工程、盾构机出井吊装工程、盾构机下井吊装工程、塔式起重机安装工程、塔式起重机拆卸工程等 13 个范例；《拆除与爆破工程》由李建设、杨年华等 16 人编写，含建筑物逐层拆除工程、建筑物超长臂液压剪拆除工程、高耸构筑物破碎拆除工程、高耸构筑物机械破碎定向倾倒拆除工程、桥梁机械拆除工程、建筑物整体切割拆除工程、地铁隧道爆破工程、路基石方开挖爆破工程等 8 个范例。

　　本丛书在编写过程中得到了住建部王天祥处长、北京市住建委陈卫东副主任、魏吉祥站长等领导的支持及中国建筑工业出版社的悉心指导和帮助，陈大伟教授和魏吉祥站长对上篇进行修改和审核，住建部工程质量安全监管司王英姿副司长和北京市住建委王承军副主任为本丛书作序，在此深表感谢。

　　由于编者水平有限及时间仓促等原因，书中难免存在不妥之处，欢迎读者指正，以便再版时纠正。联系邮箱：weidacongshu@qq.com，电话：010-63964563，010-63989081 转 815

《丛书》编写委员会

2017 年 6 月

本 书 前 言

　　本书中的拆除与爆破工程是对《危险性较大的分部分项工程安全管理办法》中"超过一定规模的危险性较大的"与拆除、爆破相关的分部分项工程的统称，包括建筑物、构筑物拆除工程、C级及以上爆破工程、采用爆破拆除的工程。建筑物、构筑物拆除工程，工程环境复杂，不确定的不利因素较多，易产生人员高处坠落、建筑物垮塌等事故；C级及以上爆破工程、采用爆破拆除的工程，危险性大，易产生爆炸、振动、坍塌、物体打击等影响周边环境的事故。由于首都爆炸物品管理的特殊性，采用爆破拆除的工程少，因而机械拆除技术在北京发展较快，北京地区常见的机械拆除类型主要有建筑物逐层拆除工程、建筑物长臂液压剪拆除工程、高耸构筑物破碎拆除工程、高耸构筑物机械破碎定向倾倒拆除工程、桥梁机械拆除工程、建筑物整体切割拆除工程；北京地区常见的爆破工程主要有地铁隧道爆破工程和路基石方开挖爆破工程。

　　本书分上篇和下篇。上篇含3章：第1章绪论，由周与诚编写，第2章《危大工程管理办法》解读，由周与诚、陈大伟编写，第3章北京市危大工程监管情况介绍，由周与诚、郭跃龙、张德萍、牛大伟编写。下篇含拆除与爆破工程专项方案编写要点和8个范例，其中：拆除与爆破工程专项方案编写要点由李建设、杨年华编写；范例1建筑物逐层拆除工程，由李建设、郭小双编写；范例2建筑物超长臂液压剪拆除工程，由李建设编写；范例3高耸构筑物破碎拆除工程，由黄兆利、黄聪乐、侯伏慧编写；范例4高耸构筑物机械破碎定向倾倒拆除工程，由李建设编写；范例5桥梁机械拆除工程，由卢九章编写；范例6建筑物整体切割拆除工程，由潘鸿宝、杨光值、徐芳编写；范例7地铁隧道爆破工程，由杨年华、吴晓腾编写；范例8路基石方开挖爆破工程，由杨军编写。

　　本书中8个范例均基于但又高于实际工程专项方案。为了保留范例的真实性和可复制性，所有范例从形式到内容均完整保留。但由于实际工程的局限性，或太简单，或过于复杂，致使其代表性不足，且由于缺乏专项方案的评价标准（北京市2015年6月开始实施专项方案评价标准），编制水平普遍不高，在编写范例时原方案中的内容均需要按照新的评价标准要求进行修改。所以，本书中所列8个范例均代表了目前北京地区所属工程类型的较高编制水平，值得学习借鉴。

　　本书在编写过程中采用了北京市住建委的文件和研究成果，借鉴了一些单位的专项方案资料，在此深表感谢。

　　由于编者水平有限及时间仓促等原因，书中难免存在不妥之处，欢迎读者指正，以便再版时纠正。

本书编写组

2016 年 12 月

目　录

上篇　危大工程监管制度

第1章　绪论 ··· 3

1.1　危大工程安全监管制度的设立 ··· 3

1.2　危大工程安全监管制度实施的成效 ··· 5

1.3　危大工程安全监管制度取得的经验、存在的问题和发展方向 ······· 6

第2章　《危大工程管理办法》解读 ··· 7

2.1　目的及适用范围 ·· 7

2.2　危大工程的定义及范围 ··· 7

2.3　各方主体责任 ·· 9

2.4　专项施工方案编制 ·· 10

2.5　专家论证 ··· 10

2.6　方案实施 ··· 11

2.7　其他规定 ··· 12

第3章　北京市危大工程安全监管情况介绍 ····································· 13

3.1　贯彻落实危大工程安全监管制度总体情况 ································· 13

3.2　印发《实施〈危大工程管理办法〉规定》 ································· 14

3.3　规范专家论证行为 ·· 14

3.4　危大工程管理信息化 ··· 15

3.5　专家库和专家管理 ·· 18

3.6　取得的效果 ·· 19

附录1　关于印发《建筑施工企业安全生产管理机构设置及专职安全生产管理人员
　　　　配备办法》和《危险性较大工程安全专项施工方案编制及专家论证审查
　　　　办法》的通知　建质〔2004〕213号 ··································· 20

附录2　关于印发《危险性较大的分部分项工程安全管理办法》的通知
　　　　建质〔2009〕87号 ··· 23

附录3　北京市实施《危险性较大的分部分项工程安全管理办法》规定 ·········· 28

附录4　北京市危险性较大分部分项工程专家库工作制度 ················· 33

附录5　北京市轨道交通建设工程专家管理办法 ··························· 34

附录6　北京市危险性较大分部分项工程专家库专家考评及诚信档案管理办法 ··· 36

附录7　北京市危险性较大的分部分项工程安全动态管理办法 ········· 38

附录8　北京市危险性较大分部分项工程安全专项施工方案专家论证细则
　　　　（2015版） ·· 39

下篇　拆除与爆破工程专项方案编制要点及范例

第4章　拆除与爆破工程专项方案编写要点 ·· 49

　4.1　拆除工程专项方案编制要点 ·· 49

　4.2　爆破工程专项方案编制要点 ·· 54

范例 1　建筑物逐层拆除工程 ·· 57

范例 2　建筑物超长臂液压剪拆除工程 ·· 94

范例 3　高耸构筑物破碎拆除工程 ·· 123

范例 4　高耸构筑物机械破碎定向倾倒拆除工程 ·· 162

范例 5　桥梁机械拆除工程 ·· 185

范例 6　建筑物整体切割拆除工程 ·· 223

范例 7　地铁隧道爆破工程 ·· 272

范例 8　路基石方开挖爆破工程 ·· 314

上篇

危大工程监管制度

第1章 绪 论

周与诚 编写

1.1 危大工程安全监管制度的设立

建筑业是我国的支柱产业，但生产安全事故也占了较大比例。据国家安监总局《2015年建筑行业领域安全生产形势综合分析》，2015事故起数和死亡人数分别占全国工矿事故总数的32.3％和31.6％，如图1.1-1所述。其中较大以上事故起数及死亡人数占总数的60％左右，图1.1-2为2015年建筑业较大事故所占比例，其中塌方、起重伤害之和达到61％。

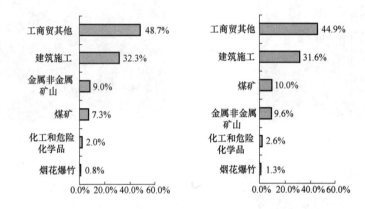

图 1.1-1 2015年全国工矿事故起数和死亡人数比例

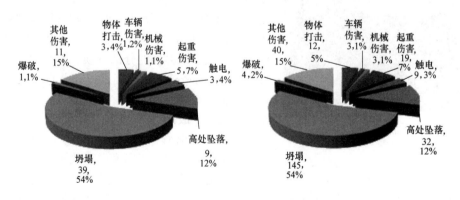

图 1.1-2 2015年建筑业较大事故起数及死亡人数

在全国造成较大影响的建筑施工重大安全事故中，几乎都是由危大工程引起的，说明对危大工程的安全管理仍存在一定的问题和差距。如图1.1-3所示江西丰城电厂滑模垮塌

周与诚 北京城建科技促进会理事长，北京岩土工程协会秘书长，教授级高级工程师，注册土木工程师（岩土），从事岩土工程设计，施工、咨询、管理等工作近30年。

事故，图 1.1-4 所示杭州地铁基坑坍塌事故，图 1.1-5 所示北京地铁基坑坍塌事故，图 1.1-6 所示广州建筑基坑坍塌事故，图 1.1-7 所示北京模架垮塌事故。

图 1.1-3　江西丰城电厂滑模垮塌事故

图 1.1-4　杭州地铁基坑坍塌事故

图 1.1-5　北京地铁基坑坍塌事故

图 1.1-6　广州建筑基坑坍塌事故

图 1.1-7　北京模架垮塌事故

每一起重大事故背后都是重大的生命和财产损失，严重影响行业发展、行业形象和和谐社会建设。作为一个以人为本、为人民服务的政府，必然要采取措施，强化监管，以防范发生这类事故。于是，"危险性较大的分部分项工程"（简称"危大工程"）监管制度就应运而生了。该制度将建筑工程中容易造成群死群伤的分部分项工程统称为"危险性较大的分部分项工程"，通过规范危大工程的识别、专项方案编制及实施，达到减少、防止发生建筑工程安全事故的目的。

危大工程监管作为一项制度始于 2004 年，当年建设部发布了《关于印发〈建筑施工企业安全生产管理机构设置及专职安全生产管理人员配备办法〉和〈危险性较大工程安全专项施工方案编制及专家论证审查办法〉的通知》（建质〔2004〕213 号，下称 213 号文，详见附录1），其中的《危险性较大工程安全专项施工方案编制及专家论证审查办法》部分对危大工程的分类、专项方案编制、专家论证等做了规定。但该文件过于简单，对专项方案编制、方案内容、方案实施、专家条件、专家组成、专家管理等方面未做明确规定，可操作性不强。建设部于 2006 年启动了修订 213 号文的调研工作，2009 年住建部印发了《危险性较大的分部分项工程安全管理办法》的通知（建质〔2009〕87 号，下称《危大工程管理办法》,详见附录 2),替代了 213 号文的《危险性较大工程安全专项施工方案编制及专家论证审查办法》。《危大工程管理办法》奠定了危大工程监管制度的基础。

实行危大工程监管制度既是现实的需要,也是法律法规的要求。《危大工程管理办法》的直接依据是 2004 年 2 月施行的《建设工程安全生产管理条例》,该《条例》第二十六条规定,施工单位应当在施工组织设计中编制安全技术措施,对于基坑支护与降水工程、土方开挖工程、模板工程、起重吊装工程、脚手架工程、拆除与爆破工程等达到一定规模的危险性较大的分部分项工程,要求编制专项施工方案;对涉及深基坑、地下暗挖工程、高大模板工程的专项施工方案,施工单位还应当组织专家进行论证、审查。《条例》的依据是《建筑法》。《建筑法》第三十八条规定,建筑施工企业在编制施工组织设计时,应当根据建筑工程的特点制定相应的安全技术措施;对专业性较强的工程项目,应当编制专项安全施工组织设计,并采取安全技术措施。

1.2　危大工程安全监管制度实施的成效

(1) 提高施工单位的技术管理水平。危大工程监管制度一方面要求施工单位主动作为,建立危大工程监管制度,从危大工程识别、编制方案、组织专家论证、修改完善方案、监督实施方案,到检查验收,不断地完善制度,培训锻炼人才;另一方面,通过制度化安排,让社会专家有序地参与施工单位危大工程专项方案制定环节之中,帮助施工单位提高和把控专项方案质量,与此同时,通过专家论证会,让施工单位相关岗位的人员旁听专家点评、答疑,熟悉、掌握专项方案要点,提高监督工作的针对性和效率。事实上,相当多的施工单位项目部已经把专项方案专家论证作为针对性极强的技术交流培训会。施工单位的技术管理水平也得到了提升。

(2) 提高专家的技术水平。建筑施工是一个实践性特别强的行业,仅有理论知识几乎寸步难行。而经验的积累又受到建筑工程工期长、个性突出、施工环境相对封闭等特点的局限,施工技术、经验常常形成单位化、区域化的信息孤岛,交流不畅,导致单位间、区域间施工技术水平相差太大。危大工程监管制度给了专家快速开阔眼界、交流积累技术经验的机会。有的专家每年能参与几十个专项方案的论证,类似于积累几十个工程经验!这在制度施行之前是不可想象的,只有大型企业的技术负责人才有可能得到。现如今,专家们不再仅仅服务于所属企业,而是服务于所在地区,有的甚至服务于全国,在不断学习和传递经验的过程中,技术水平得到快速明显的提升。

(3) 专项方案编制工作得到规范。按照《危大工程管理办法》的规定,凡是危大工程,施工前必须编制专项方案,超过一定规模的,施工单位还应组织专家论证。专家论证其实就是请五位以上的专家"挑方案毛病",专家"挑毛病"的过程也是传授经验的过程。由于专家们大多数是行业内企业的技术负责人或技术骨干,在相互学习借鉴中不断改进本单位的专项方案编制内容、方法及表述方式等。这样,经过十多年的不断改进,现在全国施工单位的专项方案编制水平已今非昔比,明显提高。

(4) 提高了工程项目施工决策水平和地方政府应急管理水平。项目经理是项目施工的最高决策者,不仅在施工、经营管理方面常常一人说了算,在技术管理方面有时也擅自做主,瞎指挥,蛮干。危大工程监管制度让第三方的社会专家参与项目重大技术方案的论证,优化了项目技术决策程序,提高了项目决策水平。另外,按照危大工程监管制度,各省市建设行政主管部门都建立了专家库,这个在专项方案论证和方案实施中不断打磨的专家群体，成为各地完善应急管理制度、提高应急处置水平的基础。

（5）安全事故得到有效遏制。图1.2为2010年至2016年全国建筑业较大及以上事故统计图，事故起数和死亡人数十年来稳中有降。这份成绩与危大工程监管制度密不可分。可以预见，随着我国建筑向高、大、深、新方向发展，以及全行业对危大工程监管制度重要性的认识逐步加深和管理经验的不断积累，这项制度对防范发生安全事故的作用将更加突出。

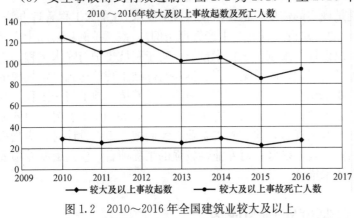

图1.2　2010～2016年全国建筑业较大及以上
事故起数和死亡人数统计图

1.3　危大工程安全监管制度取得的经验、存在的问题和发展方向

危大工程监管制度的目的是防止发生群死群伤事故，其核心内容是编制合格的危大工程专项方案并确保其得以执行。和其他制度一样，其建立和完善也需要一个不断总结、修订和提高的过程。

2004年建设部印发《危险性较大工程安全专项施工方案编制及专家论证审查办法》，全文共八条，主要明确了应当编制专项方案的危大工程和应当组织专家论证审查的危大工程范围；规定了专项方案的编制、审核和签字；规定了专家论证人数、完善方案和严格执行方案。该办法对于危大工程清单管理、专项方案内容、专家论证内容、组织专家论证、专家条件、专家管理、专项方案执行、违规责任等未做规定，其可操作性不强。

2009年在调研基础上，住建部印发《危险性较大的分部分项工程安全管理办法》，全文共二十五条另加两个附件，围绕专项方案的编制和执行，对参建各方主体（建设单位、施工单位、监理单位、评审专家、工程建设主管部门）明确了工作要求，《办法》的系统性、针对性和可操作性大大增强。

从2009年至今，该办法已实施八年，全国各地建设行政主管部门为贯彻落实该项制度进行了探索，取得了一些成绩和经验，同时也暴露出一些问题。一条最基本的经验是：地方建设行政主管部门应当严格执行《办法》的规定，并依据本地区实际情况制定配套制度。严格执行《办法》是指：危大工程施工前必须编制专项方案，超过一定规模的必须经过专家论证；制定《办法》实施细则、专家库工作制度；建立专家库和专家诚信档案，专家库面向社会公开。配套制度是指：规范专家行为、提升专项方案论证水平和危大工程信息化管理的相关制度。存在的主要问题表现为：部分地区没有严格执行《办法》规定，在专项方案论证组织形式、专家库的建立及专家管理等方面跑偏；专项方案编制及专家论证缺乏标准；以及《办法》法律地位较低，约束力不足等。因此，适时对该办法进行修改和完善，并提升其法律地位，加大《办法》对相关各方的约束力是十分必要的。另外，政府组织引导专业技术力量制定专项方案编制技术指南或标准，并加强技术交流和培训，对于提高危大工程专项方案的编制、论证、执行和监管水平，具有十分重要的作用。

第 2 章　《危大工程管理办法》解读

周与诚　陈大伟　编写

2.1　目的及适用范围

为进一步规范和加强对危险性较大的分部分项工程安全管理，积极防范和遏制建筑施工生产安全事故的发生，住房和城乡建设部于 2009 年 5 月 13 日颁布《危险性较大的分部分项工程安全管理办法》（下称《危大工程管理办法》）。该办法内容丰富，重点解读如下。

2.1.1　对象

对象包括主体和客体。主体包括建设单位、施工单位、监理单位、评审专家、工程建设主管部门和上述单位或部门的相关人员；客体就是危大工程专项方案（识别、编制、实施）。

2.1.2　目的

为加强对危险性较大的分部分项工程安全管理，明确安全专项施工方案编制内容，规范专家论证程序，确保安全专项施工方案实施，积极防范和遏制建筑施工生产安全事故的发生。

2.1.3　范围

房屋建筑和市政基础设施工程（以下简称"建筑工程"）的新建、改建、扩建、装修和拆除等建筑安全生产活动及安全管理。

2.2　危大工程的定义及范围

2.2.1　定义

危大工程是"危险性较大的分部分项工程"的简称，危险性较大分部分项工程是指建筑工程在施工过程中存在的、可能导致作业人员群死群伤或造成重大不良社会影响的分部分项工程。

2.2.2　范围

序号	危险性较大的分部分项工程范围	超过一定规模的危险性较大的分部分项工程范围
一	基坑支护、降水工程	开挖深度超过 3m(含 3m)或虽未超过 3m 但地质条件和周边环境复杂的基坑(槽)支护、降水工程	（一）深基坑工程中开挖深度超过 5m(含 5m)的基坑(槽)的土方支护、降水工程。 （二）深基坑工程中开挖深度虽未超过 5m，但地质条件、周围环境和地下管线复杂，或影响毗邻建筑(构筑)物安全的基坑(槽)的土方支护、降水工程

陈大伟　工学博士，现任首都经济贸易大学建设安全研究中心主任，研究方向工程建设安全与风险管理。兼任：国务院安委会专家咨询委员建筑施工专业委员会专家、国家安全生产专家组建筑施工专业组副组长。

续表

序号		危险性较大的分部分项工程范围	超过一定规模的危险性较大的分部分项工程范围
二	土方开挖工程	开挖深度超过 3m(含 3m)的基坑(槽)的土方开挖工程	(一)深基坑工程中开挖深度超过 5m(含 5m)的基坑(槽)的土方开挖工程。 (二)深基坑工程中开挖深度虽未超过 5m,但地质条件、周围环境和地下管线复杂,或影响毗邻建筑(构筑)物安全的基坑(槽)的土方开挖工程
三	模板工程及支撑体系	(一)各类工具式模板工程:包括大模板、滑模、爬模、飞模等工程	(一)工具式模板工程:包括滑模、爬模、飞模工程
		(二)混凝土模板支撑工程:	(二)混凝土模板支撑工程:
		1. 搭设高度 5m 及以上	1. 搭设高度 8m 及以上
		2. 搭设跨度 10m 及以上	2. 搭设跨度 18m 及以上
		3. 施工总荷载 10kN/m² 及以上	3. 施工总荷载 15kN/m² 及以上
		4. 集中线荷载 15kN/m 及以上	4. 集中线荷载 20kN/m 及以上
		5. 高度大于支撑水平投影宽度且相对独立无联系构件的混凝土模板支撑工程	
		(三)承重支撑体系:用于钢结构安装等满堂支撑体系	(三)承重支撑体系:用于钢结构安装等满堂支撑体系,承受单点集中荷载 700kg 及以上
四	起重吊装及安装拆卸工程	(一)采用非常规起重设备、方法,且单件起重吊装量在 10kN 及以上的起重吊装工程 (二)采用起重机械进行安装的工程 (三)起重机械设备自身的安装、拆卸	(一)采用非常规起重设备、方法,且单件起重吊装量在 100kN 及以上的起重吊装工程。 (二)起重量 300kN 及以上的起重设备安装工程;高度 200m 及以上内爬起重设备的拆除工程
五	脚手架工程	(一)搭设高度 24m 及以上的落地式钢管脚手架工程	(一)搭设高度 50m 及以上落地式钢管脚手架工程
		(二)附着式整体和分片提升脚手架工程	(二)提升高度 150m 及以上附着式整体和分片提升脚手架工程
		(三)悬挑式脚手架工程	(三)架体高度 20m 及以上悬挑式脚手架工程
		(四)吊篮脚手架工程	
		(五)自制卸料平台、移动操作平台工程	
		(六)新型及异型脚手架工程	
六	拆除、爆破工程	(一)建筑物、构筑物拆除工程 (二)采用爆破拆除的工程	(一)采用爆破拆除的工程。(二)码头、桥梁、高架、烟囱、水塔或拆除中容易引起有毒有害气(液)体或粉尘扩散、易燃易爆事故发生的特殊建、构筑物的拆除工程。(三)可能影响行人、交通、电力设施、通讯设施或其他建、构筑物安全的拆除工程。(四)文物保护建筑、优秀历史建筑或历史文化风貌区控制范围的拆除工程
七	其他	(一)建筑幕墙安装工程	(一)施工高度 50m 及以上的建筑幕墙安装工程
		(二)钢结构、网架和索膜结构安装工程	(二)跨度大于 36m 及以上的钢结构安装工程;跨度大于 60m 及以上的网架和索膜结构安装工程
		(三)人工挖扩孔桩工程	(三)开挖深度超过 16m 的人工挖孔桩工程

续表

序号		危险性较大的分部分项工程范围	超过一定规模的危险性较大的分部分项工程范围
七	其他	（四）地下暗挖、顶管及水下作业工程	（四）地下暗挖工程、顶管工程、水下作业工程
		（五）预应力工程	
		（六）采用新技术、新工艺、新材料、新设备及尚无相关技术标准的危险性较大的分部分项工程	（五）采用新技术、新工艺、新材料、新设备及尚无相关技术标准的危险性较大的分部分项工程

2.3　各方主体责任

1）建设单位工作要求

（1）在申请领取施工许可证或办理安全监督手续时，提供危险性较大的分部分项工程清单和安全管理措施；

（2）参加专家论证会；

（3）项目负责人签字认可专项方案，参加检查验收；

（4）责令施工单位停工整改，向建设主管部门报告。

2）施工单位工作要求

（1）建立危险性较大的分部分项工程安全监管制度；

（2）负责编制、审核、审批安全专项方案；

（3）负责组织专家论证会并根据论证意见修改完善安全专项方案；

（4）负责按专项方案组织施工，不得擅自修改、调整专项方案；

（5）负责对现场管理人员和作业人员进行安全技术交底；

（6）指定专人对专项方案实施情况进行现场监督和按规定进行监测；

（7）技术负责人应当定期巡查专项方案实施情况；

（8）组织有关人员进行验收；

（9）负责对建设、监理和主管部门提出问题和隐患进行整改落实。

3）监理单位工作要求

（1）建立危险性较大的分部分项工程安全监管制度；

（2）项目总监理工程师审核专项方案并签字；

（3）参加专家论证会；

（4）将危险性较大工程列入监理规划和监理实施细则；

（5）制定安全监理工作流程、方法和措施；

（6）对安全专项方案的实施情况进行现场监理，对不按方案实施的，应当责令整改，对拒不整改的，应当及时向建设单位报告；

（7）组织有关人员验收危大工程。

4）专家工作要求

专项方案经论证后，专家组应当提交论证报告，对论证的内容提出明确的意见，并在论证报告上签字。

5）建设行业主管部门工作要求

（1）按专业类别建立专家库，并公示专家名单，及时更新专家库；

（2）制定专家资格审查办法和监管制度并建立专家诚信档案；

（3）依据有关法律法规处罚违规的建设单位、施工单位和监理单位；

（4）制定实施细则。

2.4　专项施工方案编制

施工单位应当在危险性较大的分部分项工程施工前编制专项方案；对于超过一定规模的危险性较大的分部分项工程，施工单位应当组织专家对专项方案进行论证。建筑工程实行施工总承包的，专项方案应当由施工总承包单位组织编制。其中，起重机械安装拆卸工程、深基坑工程、附着式升降脚手架等专业工程实行分包的，其专项方案可由专业承包单位组织编制。

专项方案编制应当包括以下内容：

（1）工程概况：危险性较大的分部分项工程概况、施工平面布置、施工要求和技术保证条件。

（2）编制依据：相关法律、法规、规范性文件、标准、规范及图纸（国标图集）、施工组织设计等。

（3）施工计划：包括施工进度计划、材料与设备计划。

（4）施工工艺技术：技术参数、工艺流程、施工方法、检查验收等。

（5）施工安全保证措施：组织保障、技术措施、应急预案、监测监控等。

（6）劳动力计划：专职安全生产管理人员、特种作业人员等。

（7）计算书及相关图纸。

专项方案应当由施工单位技术部门组织本单位施工技术、安全、质量等部门的专业技术人员进行审核。经审核合格的，由施工单位技术负责人签字。实行施工总承包的，专项方案应当由总承包单位技术负责人及相关专业承包单位技术负责人签字。不需专家论证的专项方案，经施工单位审核合格后报监理单位，由项目总监理工程师审核签字。危大工程专项方案编制审核审批流程如图 2.4 所示。

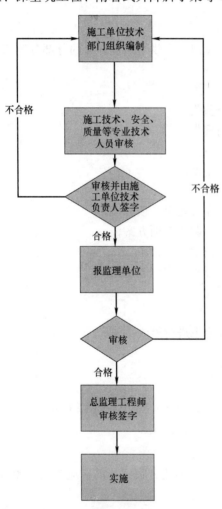

图 2.4　危大工程专项方案编制审核审批流程

2.5　专家论证

超过一定规模的危险性较大的分部分项工程专项方案应当由施工单位组织召开专家论

证会。实行施工总承包的，由施工总承包单位组织召开专家论证会。

下列人员应当参加专家论证会：

（1）专家组成员；

（2）建设单位项目负责人或技术负责人；

（3）监理单位项目总监理工程师及相关人员；

（4）施工单位分管安全的负责人、技术负责人、项目负责人、项目技术负责人、专项方案编制人员、项目专职安全生产管理人员；

（5）勘察、设计单位项目技术负责人及相关人员。

专家组成员应当由 5 名及以上符合相关专业要求的专家组成。本项目参建各方的人员不得以专家身份参加专家论证会。

专家论证的主要内容：

（1）专项方案内容是否完整、可行；

（2）专项方案计算书和验算依据是否符合有关标准规范；

（3）安全施工的基本条件是否满足现场实际情况。

专项方案经论证后，专家组应当提交论证报告，对论证的内容提出明确的意见，并在论证报告上签字。该报告作为专项方案修改完善的指导意见。超过一定规模的危大工程专项方案编制审核审批流程如图 2.5 所示。

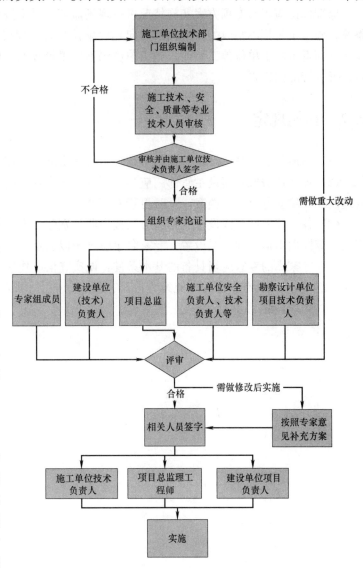

图 2.5　超过一定规模的危大工程专项方案编制审核审批流程

2.6　方案实施

施工单位应当根据论证报告修改完善专项方案，并经施工单位技术负责人、项目总监理工程师、建设单位项目负责人签字后，方可组织实施。实行施工总承包的，应当由施工总承包单位、相关专业承包单位技术负责人签字。

专项方案实施前，编制人员或项目技术负责人应当向现场管理人员和作业人员进行安全技术交底。

施工单位应当指定专人对专项方案实施情况进行现场监督和按规定进行监测。发现不按照专项方案施工的，应当要求其立即整改；发现有危及人身安全紧急情况的，应当立即组织作业人员撤离危险区域。施工单位技术负责人应当定期巡查专项方案实施情况。

监理单位应当对专项方案实施情况进行现场监理；对不按专项方案实施的，应当责令整改，施工单位拒不整改的，应当及时向建设单位报告；建设单位接到监理单位报告后，应当立即责令施工单位停工整改；施工单位仍不停工整改的，建设单位应当及时向住房城乡建设主管部门报告。

2.7　其他规定

（1）各地住房城乡建设主管部门可结合本地区实际，依照本办法制定实施细则。

（2）各地住房城乡建设主管部门应当根据本地区实际情况，制定专家资格审查办法和管理制度并建立专家诚信档案，及时更新专家库。

（3）各地住房城乡建设主管部门应当按专业类别建立专家库。专家库的专业类别及专家数量应根据本地实际情况设置。专家名单应当予以公示。

（4）专家库的专家应当具备的基本条件：诚实守信、作风正派、学术严谨；从事专业工作 15 年以上或具有丰富的专业经验；具有高级专业技术职称。

第3章 北京市危大工程安全监管情况介绍

周与诚 郭跃龙 张德萍 牛大伟 编写

3.1 贯彻落实危大工程安全监管制度总体情况

北京市从 1990 年代开始，基坑坍塌问题日渐突出，建设行政主管部门及工程技术人员着手研究防止基坑事故的办法。1994 年，上海市和天津市实施基坑支护方案专家评审制度，对防止基坑事故发挥了重要作用，北京市曾尝试学习借鉴上海天津的经验，但因多种原因未能实现。直到 2003 年地方标准《建筑工程施工技术管理规程》发布时，才在该规程第 10 章中列了一条，对基坑支护施工方案的管理进行了规范。2004 年，建设部印发《关于印发〈建筑施工企业安全生产管理机构设置及专职安全生产管理人员配备办法〉和〈危险性较大工程安全专项施工方案编制及专家论证审查办法〉的通知》（建质〔2004〕213 号，下称 213 号文），北京市计划制订实施细则，但随后建设部启动了修订 213 号文的调研工作，北京参与了 2006 年在上海召开的启动会，实施细则的研制发布工作被推迟。2009 年，住建部印发《危险性较大的分部分项工程安全管理办法》（建质〔2009〕87 号，下称《危大工程管理办法》），同年 11 月，北京市印发了实施细则《北京市实施〈危险性较大的分部分项工程安全管理办法〉规定》（京建施〔2009〕841 号，下称《实施〈危大工程管理办法〉规定》，详见附录 3）。

2010 年，在《实施〈危大工程管理办法〉规定》基础上，北京市住建委成立了"北京市危险性较大的分部分项工程管理领导小组"和"北京市危险性较大的分部分项工程管理领导小组办公室"（下称"危大办"），建立了"北京市危险性较大分部分项工程专家库"（下称"危大专家库"）；"危大办"制订了《北京市危险性较大分部分项工程专家库工作制度》（下称《专家库工作制度》，详见附录 4）和《北京市危险性较大分部分项工程安全专项施工方案专家论证细则》（下称《专家论证细则》）。2011 年，北京市住建委印发《北京市轨道交通建设工程专家管理办法》（京建法〔2011〕23 号，下称《轨道交通专家管理办法》，详见附录 5）；"领导小组"发布《北京市危险性较大分部分项工程专家库专家的考评和诚信档案管理办法》（下称《专家考评与诚信档案管理办法》，详见附录 6）。2012 年北京市住建委印发《北京市危险性较大的分部分项工程安全动态管理办法》（京建法〔2012〕1 号，下称《动态管理办法》，详见附录 7），并建立了"危险性较大的分部分项工程安全动态管理平台"（下称"动态管理平台"）。2014 年，北京市住建委组织专家开展专项方案论证标准和关键节点识别研究，并将研究成果应用于修订《专家论证细则》之中。2015 年，实行《专家论证细则》（2015 版），详见附录 8，实现了专项方案编制及专家论证工作的标准化。

3.2　印发《实施〈危大工程管理办法〉规定》

北京市自 20 世纪 90 年代开始研究基坑安全管理措施，2006 年参与了建设部修订 213 号文的调研工作。有了这些基础，北京的实施细则发布较快，2009 年 5 月《危大工程管理办法》发布，北京的实施细则就开始征求意见，并于同年 11 月印发了《实施〈危大工程管理办法〉规定》。

《实施〈危大工程管理办法〉规定》主要内容除《危大工程管理办法》内容之外，设立了危大工程的管理机构、明确了专家库的建立和管理程序、细化了专家论证结论的形式和内容，使得《危大工程管理办法》更具可操作性。具体细化的内容包括：

1）第九条至第十一条设立了危大工程领导小组及办公室，明确了职责任务。

2）第十二条将危大工程分为岩土工程、模架工程、吊装及拆卸工程、爆破及拆除工程四个专业，并分别设立专家库。

3）第十三条至第十八条明确专家库建立方式、程序、任期，规定专家的权利义务和责任。

4）第十九条规定由领导小组办公室建立超过一定规模的危大工程专项方案档案，并跟踪其执行情况。

5）第二十条至第二十三条规定了专家组的构成、预审方案、论证报告的形式及要求、资料存档等。

3.3　规范专家论证行为

为规范专家行为，"危大办"制订了《专家库工作制度》和《专家论证细则》。《专家工作制度》明确了专家入、出库的程序，规定了专家的权利和义务。《专家论证细则》则是专家参与专项方案论证活动时的技术规则。

《专家工作制度》共十条，主要内容：依据、领导小组和办公室职责、专业分类、专家聘任方式和程序、专家任期、专家责权利、组长的权利和义务等。

《专家论证细则》分通用部分和专业技术部分，通用部分包含总则、程序和纪律，适用于专家库内的四个专业；专业技术部分包括岩土工程、模架工程、起重与吊装拆卸工程、拆除与爆破工程四个专业技术评审细则。各专业技术论证部分均包括符合性论证和实质性论证。

《专家论证细则》是做好专项方案编制及专家论证工作的基础，并具有较高的技术含量。自 213 号文实施后，北京市危大工程专项方案的编制及专家论证工作在探索中逐步开展。当时的情况是：一方面，各施工单位依据规范和经验编制的专项方案，内容不统一，编制深度不一致，水平参差不齐；另一方面，专家也是依据自己的经验论证方案，专家水平及把握尺度相差较大；专项方案编制及专家论证都不规范。2009 年，北京市印发《实施〈危大工程管理办法〉规定》，为指导施工单位编制专项方案，规范专家论证内容，"危大办"组织四个专业的知名专家，在深入研究专业技术标准的基础上，结合北京地区的实际情况，编写出简明扼要的《专家论证细则》。

经过几年专项方案编制及专家论证实践活动，我们发现了更深层次的问题，需要设法解决。按照《实施〈危大工程管理办法〉规定》，专家论证结论统一为："通过"、"不通过"或"修改后通过"。应该说，这样的论证结论较此前的"基本可行"、"总体可行"、"在精心施工的前提下是安全的"等类的论证结论要明确得多。但问题是：在什么情况下论证结论为"不通过"？什么情况下论证结论为"修改后通过"？什么情况下论证结论为"通过"？有的方案编制质量很差，问题很多，专家提出了很多条修改意见，相当于要重新编制方案，但最后的论证结论可能是"修改后通过"，甚至可能是"通过"。由于"照顾面子"等多方面的原因，论证结论很少出现"不通过"的。也有一些专家，或水平不高看不出问题，或不认真查看，对存在明显缺陷的方案，论证结论为"通过"。针对这些问题，北京市住建委 2014 年建立课题，研究"不通过"、"修改后通过"和"通过"的判定标准。经过 24 位专家一年的研究，制订了基于四个专业共计 29 种施工方法的专项方案论证结论"不通过"、"修改后通过"、"通过"及关键节点的判定标准，形成了 2015 版的《专家论证细则》。

3.4　危大工程管理信息化

3.4.1　动态管理办法

《动态管理办法》与"动态管理平台"是北京市危大工程管理特色。为了将专家资源从服务于专项方案制订环节延伸至施工环节，以及实现危大工程管理信息化，更加有效地防止发生危大工程事故，北京市住建委印发了《动态管理办法》。主要内容包括：

（1）建立了"动态管理平台"。规定危大工程的认定、抽取专家、方案上传、专家预审方案、专家论证会、论证结论上传与确认、方案实施情况上传、专家跟踪及结论等均应通过"动态管理平台"进行。

（2）确立了视频论证会和专家电子签名的合规性。规定组织单位可以采用远程视频会议的方式召开专家论证会，专家论证报告可采用电子签名。

（3）规定了论证结论为"修改后通过"的处理方式。规定论证结论为"修改后通过"的，专家组长须对修改后的专项方案再次填写审查意见，该意见作为监理单位是否批准开工的参考依据。

（4）实行危大工程专项方案执行情况月报制度。要求施工单位每月 1 日至 5 日登录"动态管理平台"填写上月专项方案的实施情况，并应向专家提供能够判断工程安全状况的文字说明、相关数据和照片。

（5）实行专家跟踪专项方案执行情况制度。要求专家组长（或专家组长指定的专家）应当自专项方案实施之日起每月跟踪一次，在"动态管理平台"上填写信息跟踪报告。当工程项目施工至关键节点时，还应对专项方案的实施情况进行现场检查，指出存在的问题，并根据检查情况对工程安全状态做出判断，填写信息跟踪报告。

（6）设立专家免责条款。规定专家的论证工作和跟踪工作不替代施工单位日常质量安全管理工作职责。施工单位对危险性较大的分部分项工程专项方案的实施负安全和质量责任。

3.4.2　"动态管理平台"

"动态管理平台"是基于计算机和网络技术，服务于危大工程管理的信息平台。施工单位、专家和建设行政主管部门通过平台实现管理目标。施工单位通过该平台抽取专家、上传方案、上传论证结论、上传施工月报、组织视频专家论证会等，图 3.4-1 为施工单位操作界面截图；专家预审方案、提出预审意见、确认论证结论、上传跟踪及结论等，图 3.4-2 为专家跟踪专项方案执行情况操作界面截图；建设行政主管部门适时查看辖区内危大工程专项方案论证情况及执行情况，以便采取针对性监管措施等，图 3.4-3 为建设行政主管部门操作界面截图。"动态管理平台"信息化目标是：全面、及时、准确。

图 3.4-1　施工单位操作界面截图

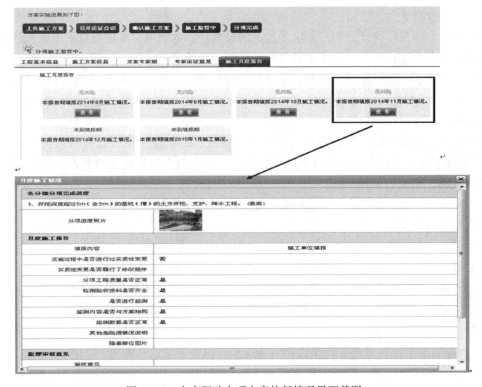

图 3.4-2　专家跟踪专项方案执行情况界面截图

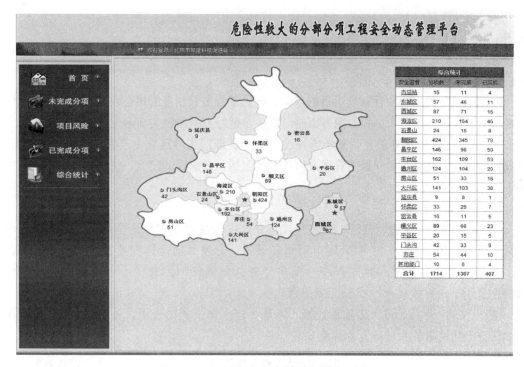

图 3.4-3　建设行政主管部门操作界面截图

3.4.3　"动态管理平台"运行状况

"动态管理平台"自 2012 年 8 月正式运行以来，基本达到了建立平台的目的，取得了较好的效果。主要表现在：

（1）方便了施工单位专项方案上传和专家跟踪，提高了方案上传率和专家跟踪质量。表 3.4 为 2013 年至 2016 年 9 月平台上专项方案数量、参与论证专家人数、被跟踪方案数量及跟踪专家人数。据 2015 和 2016 年基坑抽查结果显示，平台上传率分别达到 60.7% 和 86%。专家通过跟踪及时发现安全隐患 2013、2014 和 2015 年分别为 14、11 和 3 处。

2013 年至 2016 年 9 月平台上方案及专家跟踪情况表　　　　　　　表 3.4

序号	年度	论证方案（个）	论证专家（名）	施工单位（家）	跟踪工程（项）	跟踪专家（名）
1	2013 年	1526	767	281	836	118
2	2014 年	1539	785	290	927	133
3	2015 年	1461	766	318	818	108
4	2016 年（截至 9 月底）	1021	629	255	1297（含 15 年未完工）	112
总计		5547	2947	1144	2581	471

（2）有利于管理方及时掌握辖区内危大工程进展情况。

市（区）建委可随时了解本辖区内危大工程数量、各项工程的形象进度及其安全状态；亦可进一步查询项目的专项方案及专家论证、跟踪等信息；还可以做一些初步统计分析工作。监督机构开展专项检查之前查看平台项目情况，可提高监督工作的针对性和工作效率。

3.5　专家库和专家管理

3.5.1　专家库的管理

专家库是危大工程监管制度运行的基础。危大工程监管制度的核心内容就是以制度化的方式将专家资源纳入危大工程专项方案制订之中，把好方案编制关，避免安全隐患流入施工环节。《危大工程管理办法》明确地方建设行政主管部门主导建立专家库及专家诚信档案，并向社会公开。北京市在专家库管理方面的工作包括：专家库的建立、使用和换届，专家考评等。

3.5.2　专家库的建立

《实施〈危大工程管理办法〉规定》规定专家库专家可采取申请聘任和特邀聘任两种形式，但在具体实施上，主要采用申请聘任形式，专家库向全体专业技术人员开放，公开、公平、透明。专家库建立程序：发布公开征集通知（附件 7）——初选——资格评审——公示——颁发聘书（组长配专用章）。

至 2016 年 11 月，危大专家库已换了两届，进入第三届第一年。每届专家库专家情况见表 3.5-1 北京市危大工程专家库专家表。

北京市危大工程专家库专家表　　　　　　　　　　表 3.5-1

	岩土工程	模架工程	拆卸安装工程	拆除与爆破工程	合计
第一届	525	440	77	24	1066
第二届	703	404	65	26	1198
第三届	790	437	62	21	1310

3.5.3　专家库的使用

专家库在市住建委官网（http：//www.bjjs.gov.cn/publish/portal0/tab1777/）向社会公开，供相关单位和个人查询或抽取专家。

（1）查询。按上述网址（或市住建委官网首页→查询中心→其他查询→北京市危险性较大的分部分项工程专家库）进入专家库，可按专业类别、姓名或证书编号查询，其中专业类别从下拉菜单中点选，如图 3.5-1 所示。

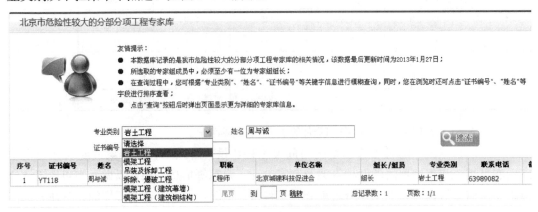

图 3.5-1　危大专家库查询图

（2）施工单位抽取专家。施工单位组织专项方案论证之前，须组建专家组，专家从专家库中抽取，专家库内查询不到的工程技术人员不得以专家身份参加专项方案论证会。

3.5.4　专家考评

专家考评依据《专家考评与诚信档案管理办法》。"危大办"每年对所有库内专家定量考评一次，由业绩、继续教育、加分和减分四项累积而成，其中业绩分包括方案论证和方案执行跟踪，满分为各40分；继续教育满分为20分；加分项包括危大工程现场检查、抢险、编制规范等三项，每项加4分～5分；减分项目包括违规参加专项方案论证、未跟踪专项方案执行、未审查出专项方案中安全隐患、论证后发生事故、受到处罚等五项，每项/次罚0.5分～50分。考评分数计入专家诚信档案，并作为换届时是否续聘的依据。

3.5.5　换届工作

换届是保持专家库活力、优化专家资源的重要措施。到目前为止，"危大专家库"和"轨道交通专家库"分别于2013年和2016年完成了两次换届。按照淘汰率不低于15%和末位淘汰原则，确定续聘和淘汰专家名单，并增选符合条件的专家入库。每届淘汰和增选一次，期间原则上不做增减。换届淘汰和增选情况见表3.5-2和表3.5-3。

危大专家库和轨道交通专家库2013年第一次换届情况表　　　　　表3.5-2

	第一届专家人数	淘汰人数	增补人数	第二届专家人数
危大库	1066	183	315	1198
轨道库	862	114	149	897
合计	1928	297	464	2095

危大专家库和轨道交通专家库2016年第二次换届情况表　　　　　表3.5-3

	第二届专家人数	淘汰人数	增补人数	第三届专家人数
危大库	1198	175	287	1310
轨道库	897	190	119	826
合计	2095	365	406	2136

3.6　取得的效果

北京市在危大工程管理方面的探索和实践取得了较好的效果。主要表现在以下几个方面：

（1）危大工程事故明显减少。北京市自2008年之后基本没有发生重大基坑塌方事故，而此前每年都有2、3起影响很大的事故，如东直门基坑塌方事故、熊猫环岛地铁基坑塌方事故、苏州街地铁暗挖塌方事故、京广桥地铁隧道塌方事故、空间中心车库基坑塌方事故等。2012年至2016年10月，基本没有出现重大基坑险情。模架工程、起重与吊装拆卸工程、拆除与爆破工程等危大工程事故也大幅减少。

（2）建立了一套较完善的制度。北京市在住建部《危大工程管理办法》基础上，围绕专项方案编制、专家论证、专项方案实施、专家库管理等先后印发了《实施〈危大工程管理办法〉规定》、《轨道交通专家管理办法》和《动态管理办法》三个文件；"危大办"和"领导小组"分别制订了《专家库工作制度》、《专家论证细则》和《专家考评与诚信档案管理办法》三项制度。使得危大工程监管制度的各参与方均有章可循，职责明确。

（3）探索出一种新的组织形式。北京市采取政府主导、社会力量广泛参与的方式开展危大工程监管工作。市住建委和市重大办负责制定规则，专家库面向社会征集，并委托社会团体——北京城建科技促进会组织实施。市住建委以政府购买服务方式，通过签订服务合同明确双方职责。自 2010 年以来，危大工程监管顺畅、成果丰硕的实践表明这种新的组织形式是成功的。

（4）组织和培训了一个全国最大的专家群体。北京市 2010 年建立"危大专家库"，2012 年建立"轨道交通专家库"，两库专家总数约 2100 名，去除重叠部分后，专家人数约 1600 人。据 2013 年后"动态管理平台"统计数据表明：每年约 800 名专家参与了约 1500 项专项方案论证，约 120 名专家组长参与了专项方案实施情况跟踪。这个专家群体通过多年有序参与学习、交流、方案论证及指导实践活动，技术水平和指导能力有了很大提高，他们中的不少专家不仅服务于北京建设工程，也服务于全国各地建设工程。

（5）相关单位的技术和管理水平明显提高。按照住建部《危大工程管理办法》规定，专项方案论证会由施工单位组织，监理单位、勘察设计单位、建设单位参加。论证会上，专家组（不少于 5 位）与这些单位的技术人员、管理人员就某个具体危大工程的施工方案进行讨论、评议，指出方案中的不足之处，并提出改进措施。可以说，每一次认真的专项方案论证会都是一次针对性极强的技术交流会、培训会。事实上，业内技术人员普遍认为，通过参加专项方案专家论证会，开阔了眼界，丰富了经验，提升了能力，专项方案的编制水平及监督落实能力都有了很大提高。

附录 1
关于印发《建筑施工企业安全生产管理机构设置及专职安全生产管理人员配备办法》和《危险性较大工程安全专项施工方案编制及专家论证审查办法》的通知
建质〔2004〕213 号

各省、自治区建设厅、直辖市建委，江苏省、山东省建管局，新疆生产建设兵团建设局：

现将《建筑施工企业安全生产管理机构设置及专职安全生产管理人员配备办法》和《危险性较大工程安全专项施工方案编制及专家论证审查办法》印发给你们，请结合实际，贯彻执行。

中华人民共和国建设部

二〇〇四年十二月一日

建筑施工企业安全生产管理机构设置及专职安全生产管理人员配备办法

第一条 为规范建筑施工企业和建设工程项目安全生产管理机构的设置及专职安全生产管理人员的配置工作，根据《建设工程安全生产管理条例》，制定本办法。

第二条 本办法适用于土木工程、建筑工程、线路管道和设备安装工程及装修工程的新建、改建、扩建和拆除等活动。

第三条 安全生产管理机构是指建筑施工企业及其在建设工程项目中设置的负责安全生产管理工作的独立职能部门。

建筑施工企业所属的分公司、区域公司等较大的分支机构应当各自独立设置安全生产管理机构，负责本企业（分支机构）的安全生产管理工作。建筑施工企业及其所属分公司、区域公司等较大的分支机构必须在建设工程项目中设立安全生产管理机构。

安全生产管理机构的职责主要包括：落实国家有关安全生产法律法规和标准、编制并适时更新安全生产监管制度、组织开展全员安全教育培训及安全检查等活动。

第四条　专职安全生产管理人员是指经建设主管部门或者其他有关部门安全生产考核合格，并取得安全生产考核合格证书在企业从事安全生产管理工作的专职人员，包括企业安全生产管理机构的负责人及其工作人员和施工现场专职安全生产管理人员。

企业安全生产管理机构负责人依据企业安全生产实际，适时修订企业安全生产规章制度，调配各级安全生产管理人员，监督、指导并评价企业各部门或分支机构的安全生产管理工作，配合有关部门进行事故的调查处理等。

企业安全生产管理机构工作人员负责安全生产相关数据统计、安全防护和劳动保护用品配备及检查、施工现场安全督查等。

施工现场专职安全生产管理人员负责施工现场安全生产巡视督查，并做好记录。发现现场存在安全隐患时，应及时向企业安全生产管理机构和工程项目经理报告；对违章指挥、违章操作的，应立即制止。

第五条　建筑施工总承包企业安全生产管理机构内的专职安全生产管理人员应当按企业资质类别和等级足额配备，根据企业生产能力或施工规模，专职安全生产管理人员人数至少为：

（一）集团公司——1人/百万平方米·年（生产能力）或每十亿施工总产值·年，且不少于4人。

（二）工程公司（分公司、区域公司）——1人/十万平方米·年（生产能力）或每一亿施工总产值·年，且不少于3人。

（三）专业公司——1人/十万平方米·年（生产能力）或每一亿施工总产值·年，且不少于3人。

（四）劳务公司——1人/五十名施工人员，且不少于2人。

第六条　建设工程项目应当成立由项目经理负责的安全生产管理小组，小组成员应包括企业派驻到项目的专职安全生产管理人员，专职安全生产管理人员的配置为：

（一）建筑工程、装修工程按照建筑面积：

1. 1万平方米及以下的工程至少1人；

2. 1万～5万平方米的工程至少2人；

3. 5万平方米以上的工程至少3人，应当设置安全主管，按土建、机电设备等专业设置专职安全生产管理人员。

（二）土木工程、线路管道、设备按照安装总造价：

1. 5000万元以下的工程至少1人；

2. 5000万～1亿元的工程至少2人；

3. 1亿元以上的工程至少3人，应当设置安全主管，按土建、机电设备等专业设置专职安全生产管理人员。

第七条　工程项目采用新技术、新工艺、新材料或致害因素多、施工作业难度大的工程项目，施工现场专职安全生产管理人员的数量应当根据施工实际情况，在第六条规定的配置标准上增配。

第八条　劳务分包企业建设工程项目施工人员 50 人以下的，应当设置 1 名专职安全生产管理人员；50 人～200 人的，应设 2 名专职安全生产管理人员；200 人以上的，应根据所承担的分部分项工程施工危险实际情况增配，并不少于企业总人数的 5‰。

第九条　施工作业班组应设置兼职安全巡查员，对本班组的作业场所进行安全监督检查。

第十条　国务院铁路、交通、水利等有关部门和各地可依照本办法制定实施细则。有关部门已有规定的，从其规定。

第十一条　本办法由建设部负责解释。

危险性较大工程安全专项施工方案编制及专家论证审查办法

第一条　为加强建设工程项目的安全技术管理，防止建筑施工安全事故，保障人身和财产安全，依据《建设工程安全生产管理条例》，制定本办法。

第二条　本办法适用于土木工程、建筑工程、线路管道和设备安装工程及装修工程的新建、改建、扩建和拆除等活动。

第三条　危险性较大工程是指依据《建设工程安全生产管理条例》第二十六条所指的七项分部分项工程，并应当在施工前单独编制安全专项施工方案。

（一）基坑支护与降水工程

基坑支护工程是指开挖深度超过 5m（含 5m）的基坑（槽）并采用支护结构施工的工程；或基坑虽未超过 5m，但地质条件和周围环境复杂、地下水位在坑底以上等工程。

（二）土方开挖工程

土方开挖工程是指开挖深度超过 5m（含 5m）的基坑、槽的土方开挖。

（三）模板工程

各类工具式模板工程，包括滑模、爬模、大模板等；水平混凝土构件模板支撑系统及特殊结构模板工程。

（四）起重吊装工程

（五）脚手架工程

1. 高度超过 24m 的落地式钢管脚手架；

2. 附着式升降脚手架，包括整体提升与分片式提升；

3. 悬挑式脚手架；

4. 门形脚手架；

5. 挂脚手架；

6. 吊篮脚手架；

7. 卸料平台。

（六）拆除、爆破工程

采用人工、机械拆除或爆破拆除的工程。

（七）其他危险性较大的工程

1. 建筑幕墙的安装施工；

2. 预应力结构张拉施工；

3. 隧道工程施工；

4. 桥梁工程施工（含架桥）；

5. 特种设备施工；

6. 网架和索膜结构施工；

7. 6m 以上的边坡施工；

8. 大江、大河的导流、截流施工；

9. 港口工程、航道工程；

10. 采用新技术、新工艺、新材料，可能影响建设工程质量安全，已经行政许可，尚无技术标准的施工。

第四条 安全专项施工方案编制审核

建筑施工企业专业工程技术人员编制的安全专项施工方案，由施工企业技术部门的专业技术人员及监理单位专业监理工程师进行审核，审核合格，由施工企业技术负责人、监理单位总监理工程师签字。

第五条 建筑施工企业应当组织专家组进行论证审查的工程

（一）深基坑工程

开挖深度超过 5m（含 5m）或地下室三层以上（含三层），或深度虽未超过 5m（含 5m），但地质条件和周围环境及地下管线极其复杂的工程。

（二）地下暗挖工程

地下暗挖及遇有溶洞、暗河、瓦斯、岩爆、涌泥、断层等地质复杂的隧道工程。

（三）高大模板工程

水平混凝土构件模板支撑系统高度超过 8m，或跨度超过 18m，施工总荷载大于 10kN/m²，或集中线荷载大于 15kN/m 的模板支撑系统。

（四）30m 及以上高空作业的工程

（五）大江、大河中深水作业的工程

（六）城市房屋拆除爆破和其他土石大爆破工程

第六条 专家论证审查

（一）建筑施工企业应当组织不少于 5 人的专家组，对已编制的安全专项施工方案进行论证审查。

（二）安全专项施工方案专家组必须提出书面论证审查报告，施工企业应根据论证审查报告进行完善，施工企业技术负责人、总监理工程师签字后，方可实施。

（三）专家组书面论证审查报告应作为安全专项施工方案的附件，在实施过程中，施工企业应严格按照安全专项方案组织施工。

第七条 国务院铁路、交通、水利等有关部门和各地可依照本办法制定实施细则。

第八条 本办法由建设部负责解释。

附录 2

关于印发《危险性较大的分部分项工程安全管理办法》的通知

建质〔2009〕87 号

各省、自治区住房和城乡建设厅，直辖市建委，江苏省、山东省建管局，新疆生产建设兵团建设局，中央管理的建筑企业：

为进一步规范和加强对危险性较大的分部分项工程安全管理，积极防范和遏制建筑施工生产安全事故的发生，我们组织修订了《危险性较大的分部分项工程安全管理办法》，现印发给你们，请遵照执行。

中华人民共和国住房和城乡建设部

二〇〇九年五月十三日

危险性较大的分部分项工程安全管理办法

第一条 为加强对危险性较大的分部分项工程安全管理，明确安全专项施工方案编制内容，规范专家论证程序，确保安全专项施工方案实施，积极防范和遏制建筑施工生产安全事故的发生，依据《建设工程安全生产管理条例》及相关安全生产法律法规制定本办法。

第二条 本办法适用于房屋建筑和市政基础设施工程（以下简称"建筑工程"）的新建、改建、扩建、装修和拆除等建筑安全生产活动及安全管理。

第三条 本办法所称危险性较大的分部分项工程是指建筑工程在施工过程中存在的、可能导致作业人员群死群伤或造成重大不良社会影响的分部分项工程。危险性较大的分部分项工程范围见附件一。

危险性较大的分部分项工程安全专项施工方案（以下简称"专项方案"），是指施工单位在编制施工组织（总）设计的基础上，针对危险性较大的分部分项工程单独编制的安全技术措施文件。

第四条 建设单位在申请领取施工许可证或办理安全监督手续时，应当提供危险性较大的分部分项工程清单和安全管理措施。施工单位、监理单位应当建立危险性较大的分部分项工程安全监管制度。

第五条 施工单位应当在危险性较大的分部分项工程施工前编制专项方案；对于超过一定规模的危险性较大的分部分项工程，施工单位应当组织专家对专项方案进行论证。超过一定规模的危险性较大的分部分项工程范围见附件二。

第六条 建筑工程实行施工总承包的，专项方案应当由施工总承包单位组织编制。其中，起重机械安装拆卸工程、深基坑工程、附着式升降脚手架等专业工程实行分包的，其专项方案可由专业承包单位组织编制。

第七条 专项方案编制应当包括以下内容：

（一）工程概况：危险性较大的分部分项工程概况、施工平面布置、施工要求和技术保证条件。

（二）编制依据：相关法律、法规、规范性文件、标准、规范及图纸（国标图集）、施工组织设计等。

（三）施工计划：包括施工进度计划、材料与设备计划。

（四）施工工艺技术：技术参数、工艺流程、施工方法、检查验收等。

（五）施工安全保证措施：组织保障、技术措施、应急预案、监测监控等。

（六）劳动力计划：专职安全生产管理人员、特种作业人员等。

（七）计算书及相关图纸。

第八条 专项方案应当由施工单位技术部门组织本单位施工技术、安全、质量等部门的专业技术人员进行审核。经审核合格的，由施工单位技术负责人签字。实行施工总承包的，专项方案应当由总承包单位技术负责人及相关专业承包单位技术负责人签字。

不需专家论证的专项方案，经施工单位审核合格后报监理单位，由项目总监理工程师审核签字。

第九条　超过一定规模的危险性较大的分部分项工程专项方案应当由施工单位组织召开专家论证会。实行施工总承包的，由施工总承包单位组织召开专家论证会。

下列人员应当参加专家论证会：

（一）专家组成员；

（二）建设单位项目负责人或技术负责人；

（三）监理单位项目总监理工程师及相关人员；

（四）施工单位分管安全的负责人、技术负责人、项目负责人、项目技术负责人、专项方案编制人员、项目专职安全生产管理人员；

（五）勘察、设计单位项目技术负责人及相关人员。

第十条　专家组成员应当由 5 名及以上符合相关专业要求的专家组成。

本项目参建各方的人员不得以专家身份参加专家论证会。

第十一条　专家论证的主要内容：

（一）专项方案内容是否完整、可行；

（二）专项方案计算书和验算依据是否符合有关标准规范；

（三）安全施工的基本条件是否满足现场实际情况。

专项方案经论证后，专家组应当提交论证报告，对论证的内容提出明确的意见，并在论证报告上签字。该报告作为专项方案修改完善的指导意见。

第十二条　施工单位应当根据论证报告修改完善专项方案，并经施工单位技术负责人、项目总监理工程师、建设单位项目负责人签字后，方可组织实施。

实行施工总承包的，应当由施工总承包单位、相关专业承包单位技术负责人签字。

第十三条　专项方案经论证后需做重大修改的，施工单位应当按照论证报告修改，并重新组织专家进行论证。

第十四条　施工单位应当严格按照专项方案组织施工，不得擅自修改、调整专项方案。

如因设计、结构、外部环境等因素发生变化确需修改的，修改后的专项方案应当按本办法第八条重新审核。对于超过一定规模的危险性较大工程的专项方案，施工单位应当重新组织专家进行论证。

第十五条　专项方案实施前，编制人员或项目技术负责人应当向现场管理人员和作业人员进行安全技术交底。

第十六条　施工单位应当指定专人对专项方案实施情况进行现场监督和按规定进行监测。发现不按照专项方案施工的，应当要求其立即整改；发现有危及人身安全紧急情况的，应当立即组织作业人员撤离危险区域。

施工单位技术负责人应当定期巡查专项方案实施情况。

第十七条　对于按规定需要验收的危险性较大的分部分项工程，施工单位、监理单位应当组织有关人员进行验收。验收合格的，经施工单位项目技术负责人及项目总监理工程师签字后，方可进入下一道工序。

第十八条　监理单位应当将危险性较大的分部分项工程列入监理规划和监理实施细则，应当针对工程特点、周边环境和施工工艺等，制定安全监理工作流程、方法和措施。

第十九条　监理单位应当对专项方案实施情况进行现场监理；对不按专项方案实施的，应当责令整改，施工单位拒不整改的，应当及时向建设单位报告；建设单位接到监理单位报告后，应当立即责令施工单位停工整改；施工单位仍不停工整改的，建设单位应当及时向住房城乡建设主管部门报告。

第二十条　各地住房城乡建设主管部门应当按专业类别建立专家库。专家库的专业类别及专家数量应根据本地实际情况设置。

专家名单应当予以公示。

第二十一条　专家库的专家应当具备以下基本条件：

（一）诚实守信、作风正派、学术严谨；

（二）从事专业工作 15 年以上或具有丰富的专业经验；

（三）具有高级专业技术职称。

第二十二条　各地住房城乡建设主管部门应当根据本地区实际情况，制定专家资格审查办法和监管制度并建立专家诚信档案，及时更新专家库。

第二十三条　建设单位未按规定提供危险性较大的分部分项工程清单和安全管理措施，未责令施工单位停工整改的，未向住房城乡建设主管部门报告的；施工单位未按规定编制、实施专项方案的；监理单位未按规定审核专项方案或未对危险性较大的分部分项工程实施监理的；住房城乡建设主管部门应当依据有关法律法规予以处罚。

第二十四条　各地住房城乡建设主管部门可结合本地区实际，依照本办法制定实施细则。

第二十五条　本办法自颁布之日起实施。原《关于印发〈建筑施工企业安全生产管理机构设置及专职安全生产管理人员配备办法〉和〈危险性较大工程安全专项施工方案编制及专家论证审查办法〉的通知》（建质〔2004〕213 号）中的《危险性较大工程安全专项施工方案编制及专家论证审查办法》废止。

附件一：危险性较大的分部分项工程范围

附件二：超过一定规模的危险性较大的分部分项工程范围

附件一
危险性较大的分部分项工程范围

一、基坑支护、降水工程

开挖深度超过 3m（含 3m）或虽未超过 3m 但地质条件和周边环境复杂的基坑（槽）支护、降水工程。

二、土方开挖工程

开挖深度超过 3m（含 3m）的基坑（槽）的土方开挖工程。

三、模板工程及支撑体系

（一）各类工具式模板工程：包括大模板、滑模、爬模、飞模等工程。

（二）混凝土模板支撑工程：搭设高度 5m 及以上；搭设跨度 10m 及以上；施工总荷载 10kN/m² 及以上；集中线荷载 15kN/m² 及以上；高度大于支撑水平投影宽度且相对独

立无联系构件的混凝土模板支撑工程。

（三）承重支撑体系：用于钢结构安装等满堂支撑体系。

四、起重吊装及安装拆卸工程

（一）采用非常规起重设备、方法，且单件起吊重量在 10kN 及以上的起重吊装工程。

（二）采用起重机械进行安装的工程。

（三）起重机械设备自身的安装、拆卸。

五、脚手架工程

（一）搭设高度 24m 及以上的落地式钢管脚手架工程。

（二）附着式整体和分片提升脚手架工程。

（三）悬挑式脚手架工程。

（四）吊篮脚手架工程。

（五）自制卸料平台、移动操作平台工程。

（六）新型及异型脚手架工程。

六、拆除、爆破工程

（一）建筑物、构筑物拆除工程。

（二）采用爆破拆除的工程。

七、其他

（一）建筑幕墙安装工程。

（二）钢结构、网架和索膜结构安装工程。

（三）人工挖扩孔桩工程。

（四）地下暗挖、顶管及水下作业工程。

（五）预应力工程。

（六）采用新技术、新工艺、新材料、新设备及尚无相关技术标准的危险性较大的分部分项工程。

附件二
超过一定规模的危险性较大的分部分项工程范围

一、深基坑工程

（一）开挖深度超过 5m（含 5m）的基坑（槽）的土方开挖、支护、降水工程。

（二）开挖深度虽未超过 5m，但地质条件、周围环境和地下管线复杂，或影响毗邻建筑（构筑）物安全的基坑（槽）的土方开挖、支护、降水工程。

二、模板工程及支撑体系

（一）工具式模板工程：包括滑模、爬模、飞模工程。

（二）混凝土模板支撑工程：搭设高度 8m 及以上；搭设跨度 18m 及以上，施工总荷载 15kN/m² 及以上；集中线荷载 20kN/m² 及以上。

（三）承重支撑体系：用于钢结构安装等满堂支撑体系，承受单点集中荷载 700kg 以上。

三、起重吊装及安装拆卸工程

（一）采用非常规起重设备、方法，且单件起吊重量在 100kN 及以上的起重吊装工程。

（二）起重量 300kN 及以上的起重设备安装工程；高度 200m 及以上内爬起重设备的拆除工程。

四、脚手架工程

（一）搭设高度 50m 及以上落地式钢管脚手架工程。

（二）提升高度 150m 及以上附着式整体和分片提升脚手架工程。

（三）架体高度 20m 及以上悬挑式脚手架工程。

五、拆除、爆破工程

（一）采用爆破拆除的工程。

（二）码头、桥梁、高架、烟囱、水塔或拆除中容易引起有毒有害气（液）体或粉尘扩散、易燃易爆事故发生的特殊建、构筑物的拆除工程。

（三）可能影响行人、交通、电力设施、通信设施或其他建、构筑物安全的拆除工程。

（四）文物保护建筑、优秀历史建筑或历史文化风貌区控制范围的拆除工程。

六、其他

（一）施工高度 50m 及以上的建筑幕墙安装工程。

（二）跨度大于 36m 及以上的钢结构安装工程；跨度大于 60m 及以上的网架和索膜结构安装工程。

（三）开挖深度超过 16m 的人工挖孔桩工程。

（四）地下暗挖工程、顶管工程、水下作业工程。

（五）采用新技术、新工艺、新材料、新设备及尚无相关技术标准的危险性较大的分部分项工程。

附录 3

北京市实施《危险性较大的分部分项工程安全管理办法》规定

第一条　为加强危险性较大的分部分项工程安全管理，积极防范和遏制建筑施工生产安全事故的发生，根据住房和城乡建设部《危险性较大的分部分项工程安全管理办法》（建质〔2009〕87 号），并结合我市实际情况，制定本实施规定。

第二条　本市行政区域内的房屋建筑工程和市政基础设施工程（以下简称“建设工程”）的新建、改建、扩建以及装修工程和拆除工程中的危险性较大的分部分项工程安全管理，适用本规定。

第三条　危险性较大的分部分项工程及超过一定规模的危险性较大的分部分项工程范围适用住房和城乡建设部《危险性较大的分部分项工程安全管理办法》（建质〔2009〕87号）相关规定。

第四条　北京市住房和城乡建设委员会（以下简称“市住房城乡建设委”）负责全市危险性较大的分部分项工程的安全监督管理工作，区（县）建设行政主管部门负责本辖区内危险性较大的分部分项工程的具体安全监督工作。

第五条　施工单位应当在危险性较大的分部分项工程施工前编制专项方案；对于超过一定规模的危险性较大的分部分项工程，施工单位应当组织专家对专项方案进行论证。

危险性较大的分部分项工程专项施工方案（以下简称“专项方案”），是指施工单位在编制施工组织（总）设计的基础上，针对危险性较大的分部分项工程单独编制的安全技术措施文件。

第六条 建筑工程实行施工总承包的，专项方案应当由施工总承包单位组织编制。其中，起重机械安装拆卸工程、深基坑工程、附着式升降脚手架等专业工程实行分包的，其专项方案可由专业承包单位组织编制。

第七条 专项方案应当由施工单位技术部门组织本单位施工技术、安全、质量等部门的专业技术人员进行审核，经审核合格的，由施工单位技术负责人签字。实行施工总承包的，专项方案应当由总承包单位技术负责人及相关专业承包单位技术负责人签字。

不需专家论证的专项方案，经施工单位审核合格后报监理单位，由项目总监理工程师审核签字。

第八条 超过一定规模的危险性较大的分部分项工程专项方案应当由施工单位组织召开专家论证会。实行施工总承包的，由施工总承包单位组织召开专家论证会。

第九条 市住房城乡建设委成立危险性较大的分部分项工程管理领导小组（以下简称"领导小组"），对超过一定规模的危险性较大的分部分项工程专项方案的专家论证进行管理。

领导小组组长由市住房和城乡建设委分管施工安全的主管主任担任，施工安全管理处、市建设工程安全质量监督总站、科技与村镇建设处、北京城建科技促进会为领导小组成员单位。领导小组下设办公室，办公室设在北京城建科技促进会。

第十条 领导小组的职责是组织制定专家资格审查办法和监管制度，建立专家诚信档案，审定专家的聘任或解聘，组建北京市危险性较大的分部分项工程专家库（下称"专家库"），协调处理专项方案专家论证中出现的重大争议。

第十一条 领导小组办公室应当及时完成领导小组交办的工作任务，起草专家管理工作制度，协助执法机构检查专项方案落实情况，对专家论证的专项方案实施进展情况进行跟踪管理。

第十二条 专家库分四个专业类别设置，各专业类别及对应的超过一定规模的危险性较大的分部分项工程、专家条件等见附件一。

第十三条 专家库专家采取申请聘任和特邀聘任两种形式，以申请聘任为主。申请聘任遵循下列程序：

（一）符合条件的申请人按要求填写并向领导小组办公室提交申请材料。

（二）领导小组办公室接受申请人的申请材料后，进行必要的核实，并进行初选和评审。办公室将初选通过的申请人名单在市住房城乡建设委网站上公示 1 周。

（三）领导小组办公室将通过评审和公示的申请人提请领导小组审定。

（四）领导小组向通过审定的专家颁发聘书。

第十四条 领导小组根据专家论证需要可直接邀请专业技术人员担任专家，并颁发聘书。

第十五条 专家库专家名单在市住房城乡建设委网上公布。专家聘用期限一般为 3 年，可连聘连任。

第十六条 专家享有下列权利：

（一）担任专项方案论证专家。

（二）对专项方案进行论证，提出论证意见，不受任何单位或者个人的干预。

（三）接受劳务咨询和专项检查报酬。

（四）根据论证需要调阅工程相关技术资料。

第十七条 专家负有下列义务：

（一）遵守专家论证规则和相关工作制度。

（二）客观公正、科学廉洁地进行论证。

（三）协助市和区（县）建设行政主管部门检查专项方案落实情况。

（四）参与论证的工程出现险情时，为抢险提供技术支持。

（五）对在论证过程中知悉的商业秘密，遵守保密规定。

第十八条 专家有下列情形之一，领导小组视情节轻重给予告诫、暂停或取消专家资格的处理，并予以公告：

（一）不履行专家义务。

（二）论证结论无法实施或不符合工程实际情况。

（三）论证结论无法保证工程安全。

第十九条 领导小组办公室应建立超过一定规模的危险性较大的分部分项工程的档案，并采取咨询、抽查等方式定期跟踪专项方案的实施进展情况，并向领导小组提交跟踪报告。

施工单位应如实、及时地向领导小组办公室反映情况。

第二十条 组织专家论证的施工单位应当在论证会召开前从专家库中随机抽取 5 名（或 5 名以上单数）符合相关专业要求的专家组成专家组，也可以委托领导小组办公室随机抽取专家组成专家组。

项目参建单位的人员不得作为论证专家。

第二十一条 组织专家论证的施工单位应当于论证会召开 3 天前，将需要论证的专项方案送达论证专家。专家应于论证会前预审方案。

第二十二条 专项方案经论证后，专家组应当提交"危险性较大的分部分项工程专家论证报告"（附件二），对论证的内容提出明确的意见，在论证报告上签字，并加盖论证专用章。

报告结论分三种：通过、修改后通过和不通过。报告结论为通过的，施工单位应当严格执行方案；报告结论为修改后通过的，修改意见应当明确并具有可操作性，施工单位应当按专家意见修改方案；报告结论为不通过的，施工单位应当重编方案，并重新组织专家论证。

第二十三条 论证工作结束后 7 日内，专家组组长应负责将通过论证的专项方案和专家论证报告各一份送交领导小组办公室存档。

第二十四条 市和区（县）建设行政主管部门在日常的监督抽查过程中，发现工程参建单位未按照《危险性较大的分部分项工程安全管理办法》（建质〔2009〕87 号）和本规定实施的，应责令改正，并依法处罚。

第二十五条 建设单位对施工、工程监理等单位提出不符合安全生产法律、法规和强制性标准规定要求的，依据《建设工程安全生产管理条例》，责令限期改正，处 20 万元以上 50 万元以下的罚款。

建设单位接到监理单位报告后，未立即采取措施，责令施工单位停工整改或报告住房城乡建设主管部门的，对其进行通报批评，造成严重后果的依法处理。

第二十六条 工程监理单位有下列行为之一的，依据《建设工程安全生产管理条例》，责令限期改正；逾期未改正的，责令停业整顿，并处 10 万元以上 30 万元以下的罚款；情节严重的，降低资质等级，直至吊销资质证书；造成重大安全事故，构成犯罪的，对直接责任人员，依照刑法有关规定追究刑事责任；造成损失的，依法承担赔偿责任：

（一）未对专项方案进行审查的。

（二）发现安全事故隐患未及时要求施工单位整改或者暂时停止施工的。

（三）施工单位拒不整改或者不停止施工，未及时向有关主管部门报告的。

第二十七条　施工单位在危险性较大的分部分项工程施工前，未编制专项方案，依据《建设工程安全生产管理条例》，责令限期改正；逾期未改正的，责令停业整顿，并处 10 万元以上 30 万元以下的罚款；情节严重的，降低资质等级，直至吊销资质证书；造成重大安全事故，构成犯罪的，对直接责任人员，依照刑法有关规定追究刑事责任；造成损失的，依法承担赔偿责任。

第二十八条　本规定自 2010 年 2 月 1 日起执行。

附件一：专家库专业类别、范围和专家条件

附件二：危险性较大的分部分项工程专家论证报告

附件一

专家库专业类别、范围和专家条件

序号	专业类别	超过一定规模的危险性较大的分部分项工程	专家条件	备注
1	岩土工程	1. 开挖深度超过 5m(含 5m)的基坑(槽)的土方开挖、支护、降水工程。 2. 开挖深度虽未超过 5m,但地质条件、周围环境和地下管线复杂,或影响毗邻建筑(构筑)物安全的基坑(槽)的土方开挖、支护、降水工程。 3. 开挖深度超过 16m 的人工挖孔桩工程。 4. 地下暗挖工程、顶管工程、水下作业工程。 5. 采用新技术、新工艺、新材料、新设备及尚无相关技术标准的危险性较大的分部分项工程	1. 诚实守信、作风正派、学术严谨； 2. 从事专业工作 15 年以上或具有丰富的专业经验； 3. 具有高级专业技术职称或注册岩土工程师资格； 4. 身体健康,能胜任专项方案论证工作	
2	模架工程	1. 工具式模板工程:包括滑模、爬模、飞模工程。 2. 混凝土模板支撑工程:支撑高度 8m 及以上；搭设跨度 18m 及以上,施工总荷载 15kN/m² 及以上；集中线荷载 20kN/m 及以上。 3. 承重支撑体系:用于钢结构安装等满堂支撑体系,承受单点集中荷载 700kg 以上。 4. 搭设高度 50m 及以上落地式钢管脚手架工程。 5. 提升高度 150m 及以上附着式整体和分片提升脚手架工程。 6. 架体高度 20m 及以上悬挑脚手架工程。 7. 施工高度 50m 及以上的建筑幕墙安装工程。 8. 跨度大于 36m 及以上的钢结构安装工程；跨度大于 60m 及以上的网架和索膜结构安装工程。 9. 采用新技术、新工艺、新材料、新设备及尚无相关技术标准的危险性较大的分部分项工程	1. 诚实守信、作风正派、学术严谨； 2. 从事结构施工或模架专业技术工作 15 年以上,并主持过重大工程模架方案的编制； 3. 具有高级专业技术职称； 4. 身体健康,能胜任专项方案论证工作	

序号	专业类别	超过一定规模的危险性较大的分部分项工程	专家条件	备注
3	吊装及拆卸工程	1. 采用非常规起重设备、方法，且单件起吊重量在100kN及以上的起重吊装工程。 2. 起重量300kN及以上的起重设备安装工程；高度200m及以上内爬起重设备的拆除工程。 3. 采用新技术、新工艺、新材料、新设备及尚无相关技术标准的危险性较大的分部分项工程	1. 诚实守信、作风正派、学术严谨； 2. 从事专业工作15年以上或具有丰富的专业经验； 3. 具有高级专业技术职称； 4. 身体健康，能胜任专项方案论证工作	
4	拆除、爆破工程	1. 采用爆破拆除的工程。 2. 码头、桥梁、高架、烟囱、水塔或拆除中容易引起有毒有害气（液）体或粉尘扩散、易燃易爆事故发生的特殊建、构筑物的拆除工程。 3. 可能影响行人、交通、电力设施、通信设施或其他建、构筑物安全的拆除工程。 4. 文物保护建筑、优秀历史建筑或历史文化风貌区控制范围的拆除工程。 5. 采用新技术、新工艺、新材料、新设备及尚无相关技术标准的危险性较大的分部分项工程	1. 诚实守信、作风正派、学术严谨； 2. 从事专业工作15年以上或具有丰富的专业经验； 3. 具有高级专业技术职称； 4. 身体健康，能胜任专项方案论证工作	

附件二

危险性较大的分部分项工程专家论证报告

工程名称			
总承包单位		项目负责人	
分包单位		项目负责人	

危险性较大的分部分项工程名称	

专家一览表

姓名	性别	年龄	工作单位	职务	职称	专业

专家论证意见：

（加盖论证专用章）

年　月　日

专家签名	组长： 专家：

总承包单位（盖章）：　　　　　　　　　　　　　年　月　日

附录4

北京市危险性较大分部分项工程专家库工作制度

第一条 为贯彻落实住房和城乡建设部《危险性较大的分部分项工程安全管理办法》（建质〔2009〕87号）（下称《办法》），根据《北京市实施〈危险性较大的分部分项工程安全管理办法〉规定》（京建施〔2009〕841号），组建北京市危险性较大分部分项工程专家库（下称"专家库"），制定本工作制度。

第二条 市住房城乡建设委危险性较大分部分项工程管理领导小组（下称领导小组）负责组建专家库，决定专家库专家的聘任或解聘。领导小组办公室负责专家库的组建、更新和管理等事务工作，负责建立和管理专家诚信档案及专家培训工作。

第三条 专家库分四个专业类别，各专业类别对应的危险性较大的分部分项工程、专家条件等见附件一。

第四条 专家库专家采取申请聘任和特邀聘任两种形式，以申请聘任为主。申请聘任遵循下列程序：

（一）符合条件的申请人按要求填写并向领导小组办公室提交申请材料。

（二）领导小组办公室接受申请人的申请材料后，进行必要的核实，并进行初选和评审。办公室将初选通过的申请人名单在市住房城乡建设委网站上公示一周。

（三）领导小组办公室提通过评审和公示的申请人提请领导小组审定。

（四）领导小组向通过审定的专家颁发聘书。

（五）领导小组从聘任专家中任命若干名组长，作为专项方案论证专家组组长人选，并配发专家论证专用章。

领导小组根据专家论证需要可直接邀请专业技术人员担任专家，并颁发聘书。

第五条 专家库专家名单及联系电话在市住房城乡建设委和北京城建科技促进会网站上公布。专家任期实行动态管理，一般为三年，可连聘连任。依据工作需要，不定期聘任符合条件的专家；不定期对犯有严重错误的专家进行除名；不定期接受由于健康、工作调动或工作性质变化等原因，不宜继续任职的专家辞职；也可根据实际情况，由领导小组予以解聘；或换届时，不再聘任。

第六条 专家享有下列权利：

（一）接受聘请，担任专项方案论证专家。

（二）对专项方案进行独立论证，提出论证意见，不受任何单位或者个人的干预。

（三）接受劳务咨询和专项检查报酬。

（四）根据论证需要调阅工程相关技术资料。

（五）法律、行政法规规定的其他权利。

第七条 专家负有下列义务：

（一）遵守专家论证规则和相关工作制度。

（二）客观公正、科学廉洁地进行论证。

（三）协助市和区（县）建设行政主管部门检查专项方案落实情况。

（四）参与论证的工程出现险情时，为抢险提供技术支持。

（五）对在论证过程中知悉的商业秘密，遵守保密规定。

（六）法律、行政法规规定的其他义务。

第八条 专家组长除上述第六条、第七条权利和义务外，尚有如下权利和义务：

（一）主持专家组方案论证工作，归纳统一专家意见。

（二）在论证报告上加盖"专项方案专家论证专用章"（由领导小组办公室统一配发）。

（三）应于论证工作结束后一周内，将专家论证报告和专项方案邮寄（送）达领导小组办公室。

（四）组织专家组对所论证项目的实施情况进行跟踪，了解方案落实情况。

第九条 专家有下列情形之一，领导小组视情节轻重给予告诫、暂停或取消专家资格的处理，并予以公告：

（一）不履行专家义务。

（二）论证结论无法实施或不符合工程实际情况。

（三）论证结论无法保证工程安全。

第十条 本工作制度经领导小组批准后实施，由办公室负责解释。

附录5

北京市轨道交通建设工程专家管理办法

第一条 为加强轨道交通建设工程专家管理，规范专家论证咨询行为，积极发挥专家在轨道交通建设中的作用，推进本市轨道交通建设又好又快发展，特制定本办法。

第二条 市住房城乡建设委会同市重大项目建设指挥部办公室组建"轨道交通建设工程资深专家顾问团"（下称"轨道交通资深专家顾问团"）和"北京市轨道交通建设工程专家库"（下称"轨道交通专家库"），并对其进行管理，日常事务工作委托北京城建科技促进会负责。

第三条 轨道交通资深专家顾问团成员为60岁以上、身体健康且为北京轨道交通工程做出突出贡献的专家，由市住房城乡建设委和市重大项目建设指挥部办公室直接聘任。轨道交通资深专家顾问团主要职能：

（一）参与轨道交通线路走向决策咨询；

（二）参与重大风险工程设计、施工方案咨询；

（三）参与事故调查、应急抢险、技术交流等工作；

（四）参与城市轨道交通工程法规文件、标准规范编制和审查工作；

（五）参与城市轨道交通工程新技术、新工艺、新材料、新设备的鉴定和评估工作；

（六）其他重大技术咨询工作。

第四条 轨道交通专家库分岩土工程（含明挖、暗挖、降水、盾构、监测）、模架工程、吊装及拆卸工程（含塔吊、龙门吊等）、轨道工程、混凝土工程、防水工程、材料及材料检测和桥梁工程等八个专业，其中岩土工程、模架工程、吊装及拆卸工程等三个专业纳入市住房城乡建设委危险性较大的分部分项工程专家库（下称"危大工程专家库"）统一管理，其他五个专业参照前三个专业进行管理。

岩土工程、模架工程、吊装及拆卸工程等三个专业专家的管理除应遵守本办法外，还应遵守《危险性较大的分部分项工程安全管理办法》（建质〔2009〕87号）和《北京市实施〈危险性较大的分部分项工程安全管理办法〉规定》（京建施〔2009〕841号）等相关规定。

第五条　轨道交通专家库专家应具备以下条件：

（一）诚实守信、作风正派、学术严谨，具有良好的职业道德；

（二）具有相关专业高级及以上专业技术职称（有特殊业绩者可不受此条件限制）；

（三）熟悉相关的法律法规和技术标准，有丰富的城市轨道交通在京工程建设实践经验；

（四）曾参加城市轨道交通工程法规文件、标准规范编制，或曾参加重大风险工程设计审查、专项施工方案论证和应急抢险等工作；

（五）年龄在 40 岁（含）至 60 岁（含）之间，身体健康，能够胜任所从事的业务工作；

（六）年龄在 40 周岁（不含）以下，但工作业绩突出，经考核合格，可以不受本条第（二）款和第（五）款的限制。

第六条　轨道交通专家库中模架工程、吊装及拆卸工程按市住房城乡建设委危险性较大的分部分项工程专家证书编号，其他专业专家证书编号在各专业之前冠以"DT"，以示区别。

第七条　对本市轨道交通建设工程专项方案进行论证咨询活动时，应当从轨道交通专家库中选取专家。专家应当依据自己的专业及特长接受组织单位的聘请并参加论证会，不得跨专业参加专项方案论证会，也不得参加自己不擅长的专项方案论证会。

第八条　专项方案论证组织单位应根据所论证的方案涉及的专业聘请持相关专业证书的专家参加论证会。参与论证会各专家的专业组成应合理。明挖（暗挖、盾构）等专项方案论证应同时聘请监测、降水等专业的专家，以保证专家论证意见全面、客观、科学。

第九条　专家享有下列权利：

（一）接受聘请，担任专项方案论证专家；

（二）对专项方案进行独立论证，提出论证意见，不受任何单位或者个人的干预；

（三）接受劳务咨询和专项检查报酬；

（四）根据论证需要调阅工程相关技术资料；

（五）法律、法规规定的其他权利。

第十条　专家负有下列义务：

（一）遵守专家论证规则和相关规定。

（二）客观公正、科学严谨地参加专项方案论证活动。

（三）及时了解掌握本专业技术发展状况，提供相关的政策咨询及技术咨询，协助制定城市轨道交通工程的相关法规政策和技术标准。

（四）积极参加主管部门组织的活动，按时完成交办的监督检查、事故调查、应急抢险、技术交流等各项工作。

（五）未经主管部门同意不得以轨道交通专家库专家的名义组织任何活动，也不得以轨道交通专家库专家的名义从事商业咨询服务活动。

（六）对在论证过程中知悉的国家秘密、商业秘密和个人隐私，应当遵守相关法律法规的规定和保密约定。

（七）在进行论证活动时应廉洁自律，不得接受超出论证合理报酬之外的任何现金、有价证券、礼品等。

（八）不得以专家库专家的身份参加所在单位组织的专项方案论证活动。

（九）法律、法规规定的其他义务。

第十一条 在进行专项方案论证时，应经全体与会专家协商一致，投票选出专家组长。专家组长除上述第九条、第十条权利和义务外，尚有如下权利和义务：

（一）主持方案论证工作，综合归纳专家意见。

（二）于论证工作结束后一周内，将专家论证报告和专项方案报送北京城建科技促进会。

（三）依据有关规定，组织专家组成员对所论证专项方案的执行情况进行跟踪，了解方案落实情况。

第十二条 专家任期为三年，可连聘连任。

第十三条 主管部门按下列要求对专家进行动态管理：

（一）依据工作需要随时聘任符合条件的专家；

（二）接受由于健康、工作调动或工作性质变化等原因，不宜继续任职的专家辞职；

（三）对犯有严重错误的专家除名；

（四）任期届满前，由北京市危险性较大的分部分项工程管理领导小组办公室根据有关规定对轨道交通专家库中专家进行考评，决定续聘或不再聘任。

第十四条 专家有下列情形之一，主管部门视情节轻重给予告诫、暂停或取消专家资格的处理，并予以公告。

（一）不履行本办法第十条第（一）、（二）、（五）、（六）、（七）、（八）款专家义务的；

（二）论证结论无法实施或不符合工程实际情况的；

（三）论证结论无法保证工程安全的；

（四）工程按论证方案实施后发生事故，且事故的原因之一为经论证的方案存在明显缺陷的。

第十五条 本办法自 2012 年 1 月 1 日起执行。

附录6

北京市危险性较大分部分项工程专家库专家考评及诚信档案管理办法

第一条 为加强和完善北京市危险性较大分部分项工程专家库专家管理，提高专家库管理水平，依照《危险性较大的分部分项工程安全管理办法》（建质〔2009〕87 号）等相关文件，并结合本市实际情况，制定本管理办法。

第二条 本办法适用于北京市危险性较大分部分项工程专家库专家的考评和诚信档案管理。

第三条 北京市危险性较大分部分项工程管理领导小组负责专家考评和专家诚信档案的管理。领导小组办公室负责具体事务工作。

第四条 领导小组办公室按北京市危险性较大分部分项工程专家考评项目及分值表（附件一），对库内专家进行考评打分，每年一次，并通过适当的方式公布考评结果。

第五条 专家任期届满前，依据专家三年考评得分之和（专家任期不满三年的，其得分数为任期内考评得分与任期月数之商乘 36 个月），从高到低排名，按专业前 85％的专家获得续聘资格，其余 15％的专家不再续聘。

第六条　通过考评拟续聘的专家名单在市住房和城乡建设委员会网站上公示一周。领导小组向通过公示和审定的专家颁发聘书。

第七条　领导小组办公室为专家库内每名专家建立诚信档案，档案记录的内容包括每年考评得分、加分项目和减分项目等。

第八条　本办法经领导小组批准后实施，由办公室负责解释。

附件一

北京市危险性较大分部分项工程专家考评项目及分值表

序号	项目名称	内　容	分　值	备　注
1	业绩	方案论证	每参与一项论证得2分，每年最多40分	以"危险性较大的分部分项工程安全动态管理平台"（下称"安全动态管理平台"）记录为依据
		方案执行跟踪	每项"安全动态管理平台"上跟踪一次得0.5分，现场跟踪一次得2分，每年最多40分	以"安全动态管理平台"记录和危大工程领导小组办公室记录为依据
2	继续教育	参加危大工程相关的法规培训、技术经验交流	每8学时4分，每年最多20分	以危大工程领导小组办公室记录备案的学时为依据
3	加分	参加市住建委组织的危大工程现场检查	每工日4分，每年最多20分	以危大工程领导小组办公室记录备案的工日为依据
		参加市住建委组织的抢险	每工日5分，每年最多20分	以危大工程领导小组办公室记录备案的工日为依据
		参加市住建委（住建部）组织的规范（危大工程）编制	每项5分，每年最多10分	以危大工程领导小组办公室记录备案的项目为依据
4	减分	参加未登录"安全动态管理平台"的专项方案论证	每项每人扣10分	以市（区/县）住建委和安全质量监督机构及危大工程领导小组办公室查证确认的项目为依据
		应跟踪未跟踪	每项（次）扣0.5分	以"安全动态管理平台"记录和危大工程领导小组办公室查证确认的项（次）为依据
		未审查出专项方案中安全隐患	每项每人扣10分	以市住建委和危大工程领导小组办公室查证确认的项目为依据
		发生事故，且与方案中安全隐患直接相关	重特大事故，每项每人－50分，一般事故－30分	以市住建委和危大工程领导小组办公室查证确认的项目为依据
		受到处罚	告诫－5分、警告－20分、暂停专家资格－30分、取消专家资格－50分	以市住建委和危大工程领导小组办公室查证确认的项目为依据。不重复扣分

附录7

北京市危险性较大的分部分项工程安全动态管理办法

第一条 为进一步加强本市危险性较大的分部分项工程安全动态管理，进一步落实安全生产各方主体责任，提高建设工程施工安全管理水平，有效防范生产安全事故发生，依照《危险性较大的分部分项工程安全管理办法》（建质〔2009〕87号）和《北京市实施〈危险性较大的分部分项工程安全管理办法〉规定》（京建施〔2009〕841号）等相关文件，并结合本市实际，制定本办法。

第二条 本市行政区域内的房屋建筑和市政基础设施工程（以下简称"建设工程"）的新建、改建、扩建以及装修和拆除工程中的危险性较大的分部分项工程的安全动态管理，适用本办法。

第三条 北京市住房和城乡建设委员会（以下简称"市住房城乡建设委"）负责全市危险性较大的分部分项工程的施工安全监督管理工作。区（县）建设行政主管部门负责本辖区内危险性较大的分部分项工程的施工安全监督管理工作。

第四条 市住房城乡建设委建立"危险性较大的分部分项工程安全动态管理平台"（以下简称"危大工程安全动态管理平台"），本市危险性较大的分部分项工程的认定、抽取专家、方案上传、专家预审方案、专家论证会、论证结论上传与确认、方案实施情况上传、专家跟踪及结论等均应通过危大工程安全动态管理平台进行。

第五条 市住房城乡建设委危险性较大的分部分项工程管理领导小组办公室（办公室设在北京城建科技促进会）负责危大工程安全动态管理平台的管理和维护工作。

第六条 危大工程安全动态管理平台登录网址为：www.cjjch.net，施工单位和监理单位凭北京市建设工程发包承包交易中心发的"企业智能IC卡"或"身份认证锁"登录，登录后给各工程项目分配用户名和密码。各工程项目凭分配的用户名和密码登录，具体操作方法见危大工程安全动态管理平台使用说明。

无"企业智能IC卡"或"身份认证锁"的单位凭单位名称和组织机构代码注册用户名和密码后进行登录。

专家凭用户名和密码登录，用户名为专家聘书编号，密码默认为666666，专家登录系统后可自行修改密码。有"身份认证锁"的专家可以直接插锁登录。

市、区（县）建设行政主管部门凭授权的用户名和密码登录。

第七条 对于超过一定规模的危险性较大的分部分项工程，应当由施工单位组织专家对专项施工方案进行论证；实行施工总承包的，由施工总承包单位组织专家论证。组织单位应从危大工程安全动态管理平台专家库中抽取专家，专家人数和专业应符合相关规定。

第八条 组织单位应当于专家论证会召开三天前将专项施工方案上传至危大工程安全动态管理平台，并通知已聘请的专家下载专项施工方案。参加专家论证会的专家应下载专项施工方案并进行预审。

第九条 组织单位可以采用现场会议或远程视频会议的方式召开专家论证会。采用现场会议论证的，专家论证报告需手工签名。采用远程视频会议论证的，专家论证报告须采用电子签名。

第十条 专家组应当就每项论证出具论证报告。采用现场会议论证的，组织单位应当于专家论证会结束后3日内将论证报告的扫描件上传至危大工程安全动态管理平台。论证结论为"修改后通过"的，专家组长须对修改后的专项施工方案再次填写审查意见，该意见作为监理单位是否批准开工的参考依据。

第十一条　施工单位在危险性较大的分部分项工程施工期，应每月 1 日至 5 日（节假日顺延）登录危大工程安全动态管理平台填写上月专项施工方案的实施情况，并应向专家提供能够判断工程安全状况的文字说明、相关数据和照片。监理单位应负责督促落实。

第十二条　对于超过一定规模的危险性较大的分部分项工程，专家组长（或专家组长指定的专家）应当自专项方案实施之日起每月跟踪一次，在危大工程安全动态管理平台上填写信息跟踪报告。当工程项目施工至关键节点时，还应对专项施工方案的实施情况进行现场检查，指出存在的问题，并根据检查情况对工程安全状态做出判断，填写信息跟踪报告。

第十三条　施工单位对危险性较大的分部分项工程专项施工方案的实施负安全和质量责任。专家的论证工作和跟踪工作不替代施工单位日常质量安全管理工作职责。

第十四条　市住房城乡建设委危险性较大的分部分项工程管理领导小组办公室将制定专家考评及诚信档案相关管理办法，每年对专家考核一次，并将考核结果进行公布。

第十五条　各区（县）建设工程安全监督执法机构应对危险性较大的分部分项工程专项施工方案的编制、专家论证及实施情况进行检查。市建设工程安全监督执法机构应对危险性较大的分部分项工程专项施工方案的编制、专家论证及实施情况实施抽查。

第十六条　应急抢险工程中涉及危险性较大的分部分项工程的应急处置不适用本办法。

第十七条　本办法自 2012 年 7 月 1 日起开始施行。

附录 8

北京市危险性较大分部分项工程安全专项施工方案
专家论证细则（2015 版）
通用部分内容
（1 总则、2 程序、3 纪律）

1　总则

1.1　根据住房和城乡建设部《危险性较大的分部分项工程安全管理办法》（建质〔2009〕87 号）、《北京市实施〈危险性较大的分部分项工程安全管理办法〉规定》（京建施〔2009〕841 号）《北京市危险性较大的分部分项工程安全动态管理办法》（京建法〔2012〕1 号）和北京市危险性较大分部分项工程专家库工作制度及相关规定，制订本细则。

同时根据《民用爆炸物品安全管理条例》（国务院令第 466 号）、《爆破安全规程》GB 6722—2014、《建筑拆除工程安全技术规范》JGJ 147—2004，制定本细则。

1.2　《北京市危险性较大分部分项工程安全专项施工方案专家论证细则》（下称本细则）适用于参与专项方案论证活动的专家及相关工作人员。

1.3　专家应本着"安全第一、保护环境、技术先进、经济合理"的原则，客观公正、严肃认真地进行方案论证工作。

2 程序

2.1 抽取专家。论证组织单位从市住建委网上办事大厅登录"危险性较大的分部分项工程安全动态管理平台",聘请专家组成专家组,专家组成员应得到组长同意。

2.2 方案预审。专家应于会前从市住建委网上办事大厅登录"危险性较大的分部分项工程安全动态管理平台"预审方案,为论证会做好准备。

2.3 论证会及论证报告。专家按确认的论证时间、地点聚齐后,由组长组织专家进行专项方案论证,通过现场勘察、质疑和答辩,专家组独立编写和签署专项方案专家论证报告(格式见附件一)。

2.4 宣读并提交论证报告、接受劳务咨询费。组长向与会各方宣读论证报告,并将报告(组长保留一份)提交给组织单位,按规定标准接受劳务咨询费。

论证流程图:

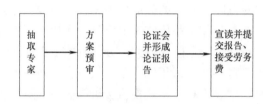

2.5 对于论证结论为"修改后通过"的专项方案,施工单位应按专家组意见对专项方案进行修改并将其上传至危大工程管理平台,专家组长或专家组委托的组员审核修改后的方案并上传审核意见,审核通过后,论证工作结束。

3 纪律

3.1 专家在应诺参加某项目论证活动后,应按约定时间准时参加,不得迟到、早退,不得擅自更改承诺。若遇特殊情况确实不能履行承诺,应在约定论证时间前24小时通知组织单位,并经确认后方可不参加论证活动。

3.2 专家不得参加本单位的论证活动。发现论证项目为本单位项目时,应主动回避。

3.3 专家应树立良好的职业道德,按照本细则及相关技术标准,客观公正、严肃认真地进行论证,不受任何单位或个人的干预,并在论证报告上签名,承担个人责任。

3.4 专家在论证过程中应当做到:

3.4.1 应充分发表自己意见,有权坚持个人意见并写入论证报告;

3.4.2 不得在未填写论证意见的空白表格和文件上签名;

3.4.3 不得中途退出论证;

3.4.4 在论证过程中,应服从有关部门的监督;

3.4.5 专家组对论证结论和修改意见负责,专家对个人坚持的意见负责。

3.5 专家应接受参加论证活动的劳务报酬,但不得接受超出论证合理报酬之外的任何现金、有价证券、礼品等。

3.6 专家有义务向领导小组办公室及时举报或反映论证过程中所出现的违纪违法行为或不正当现象。

3.7 专家应认真学习相关的法律、法规文件,积极参加相关规范规则的培训,不断提高业务能力。

3.8 专家对论证结论负责。专家未认真履行论证职责将受到如下处理:未审出专项方案中的重大缺陷导致工程事故的，取消专家资格；未审出专项方案中的重大缺陷但尚未导致工程事故的，暂停论证资格 6 个月；无故缺席论证会的，给予告诫。

4 拆除工程论证技术标准

4.1 符合性论证内容

4.1.1 专项方案装订成册，封面签章齐全（包括编制人、审核人、审批人签字和编制单位盖章）。

4.1.2 专项方案的主要内容基本完整。主要内容：编制说明及编制依据；工程概况；施工方案选择；施工组织及资源配置；施工计划；施工安全保证措施；拆除施工技术保证措施、文明施工及环保、消防措施；季节性施工措施；拆除施工应急预案。

4.2 实质性论证内容

实质性论证包括 9 项内容：1 编制依据；2 工程概况；3 周边环境条件；4 施工方案选择；5 施工组织及资源配置；6 施工计划；7 安全及技术保证措施；8 文明施工及环保、消防措施；9 拆除施工应急预案。

4.2.1 编制依据

（1）相关图纸资料：招投标资料及业主的有关要求、原有的图纸资料、现场踏勘调查资料等。

（2）相关技术标准：《建筑拆除工程安全技术规范》JGJ 147—2004 等。

（3）相关法规：《建设工程安全生产管理条例》（国务院第 393 号令）、《北京市建设工程施工现场管理办法》（政府令第 247 号）、《危险性较大的分部分项工程安全管理办法》（建质〔2009〕87 号）、《北京市实施〈危险性较大的分部分项工程安全管理办法〉规定》（京建施〔2009〕841 号）等。

4.2.2 工程概况

（1）工程所在位置、场地及其周边环境情况。

（2）工程规模：建（构）筑物平面尺寸、面积、高度；结构形式及结构现状评价等。

4.2.3 工程周边环境条件

（1）邻近建（构）筑物、道路及管线与工程的位置关系。环境平面图应标注与工程之间的平面关系及尺寸；环境复杂时，还应标注邻近建（构）筑物的详细情况及对振动等有害效应的要求。

（2）邻近建（构）筑物的层数、结构形式。对于地下建（构）筑物拆除需介绍周边建（构）筑物基础形式、基础埋深。

4.2.4 施工方案选择

（1）合同及协议中对拆除施工的要求。

（2）根据周围环境条件的约束针对待拆结构物（构筑物）所考虑到的施工难点和关键点，对人工拆除、机械拆除和静态拆除破碎等方法的考虑和安排，对于难点和关键点要有针对性的措施。

（3）对于将拆除设备吊运到高层建筑上进行自上而下逐层拆除要有吊运和结构承力的简单计算，对于大型机械设备作业范围及行走场地承载力要有论述及简单计算。

4.2.5 拆除顺序和拆除方法

（1）根据现场情况介绍工程整体及局部的拆除顺序及现场平面布置情况。

（2）论述主要拆除方法及主要设备性能。

4.2.6 施工计划

（1）根据现场资源配置情况确定施工效率。

（2）根据工程量及施工效率确定施工进度计划。

4.2.7 安全及技术保证措施

（1）安全防护设施、临时用电、施工机械的安全保证。

（2）施工过程中的检查、验收。

（3）施工人员的培训、安全教育。

（4）安全技术交底。

4.2.8 文明施工及环保、消防措施

根据工程实际制定有针对性的文明施工、环境保护及消防施工措施及注意事项，应包括防噪声、粉尘及防火灾的具体办法。

4.2.9 拆除施工应急预案

应急预案主要内容：根据建（构）筑物周边环境、结构特点，对施工中可能发生的情况逐一加以分析说明，制定具体可行的应急预案；应包括组织机构，工作布置，救援预案等内容，并应达到响应级。

4.3 论证结论判定标准

依据相关规定，专家论证结论为三种形式，即"通过"、"修改后通过"和"不通过"。专家组应按下列标准做出论证结论。

4.3.1 拆除工程

1）拆除工程专项方案中出现下列情况之一的应判定为："不通过"。

（1）未装订成册或签章不全。

（2）无待拆建（构）筑物周围环境图或周围环境情况描述；无待拆建（构）筑物结构现况描述。

（3）施工场区有各种管线但无安全防护措施。

（4）拆除工程中结构、机械及人员操作平台受力计算方法错误、计算方法不明确或计算参数取值不合理导致无法判断计算结果的合理性。

（5）无建筑垃圾场内及场外运输路线及防尘措施。

（6）采用升降机或卷扬机提升设备、机具、人员，受力计算方法错误、计算方法不明确或计算参数取值不合理导致无法判断计算结果的合理性。

（7）雷雨季节作业无防雷、防滑措施；冬季施工无冬季施工措施。

（8）无防噪声及防塌落振动控制措施。

（9）无应急预案或应急预案不具备可实施性。

（10）采用定向倾倒拆除时无安全防护措施及预估塌散范围的。

（11）采用小型机械自上而下逐层破碎拆除时无有效的临边安全防护措施及控制局部结构解体范围的。

（12）其他直接涉及施工安全但又不能现场提出明确具体的改进措施的情形。

2）拆除工程专项方案中出现下列情况之一的应判定为："修改后通过"。

（1）待拆建（构）筑物周围环境图尺寸不全或周围环境情况及待拆建（构）筑物结构

现况描述不全面。

（2）拆除机械或人员操作平台受力计算参数取值不合理，但不影响对计算结果合理性判断，可提出明确具体的修改意见。

（3）地下管线或空中管线安全防护措施不符合相关规定。

（4）围护方法不合理或围护范围不能满足安全防护要求。

（5）采用新工艺进行拆除作业，试验性方案不完善，可提出明确具体的修改意见。

（6）拆除群体建筑拆除顺序不妥，可提出明确具体的修改意见。

（7）采用升降机或卷扬机提升设备、机具、人员，受力计算参数取值不合理，但不影响对计算结果合理性判断，可提出明确具体的修改意见。

（8）雷雨季节作业防雷、防滑措施不合理，可提出明确具体的修改意见；冬季施工措施不合理，可提出明确具体的修改意见。

（9）建筑垃圾场内及场外运输路线及防尘措施不合理，可提出明确具体的修改意见。

（10）防噪声及防塌落振动控制措施不合理，可提出明确具体的修改意见。

（11）应急预案不完善，可提出明确具体的修改意见。

（12）其他对施工安全有直接影响，但能够提出明确具体改进措施的情形。

3）拆除工程专项方案中没有出现"不通过"和"修改后通过"情形的，可判定为："通过"。

4.4　关键节点识别标准

依据相关规定，当工程施工至关键节点时，负责跟踪专项方案执行情况的专家应进行现场检查，因此，专家组应当依据表 4.4 拆除工程关键节点识别表识别该工程关键节点，并编写入论证报告之中。

拆除工程关键节点识别表　　　　　　　　　　　　　　　　　　　表 4.4

序号	拆除形式名称	关键节点
1	建（构）筑物工程	机械或人员作业平台搭设或防护设施设置完毕
		小型机具拆除至一定标高改用长臂液压剪、液压锤、挖掘机等大型设备作业变换拆除方法时
		其他拆除到对周边重要建（构）筑物、管线最不利情形时
2	桥梁等结构工程	桥梁等结构拆除至结构体系转换节点时

5　爆破工程论证技术标准

5.1　符合性论证内容

5.1.1　专项方案装订成册，封面签章齐全（包括编制人、审核人、审批人签字和编制单位盖章）。

5.1.2　专项方案的主要内容基本完整。主要内容：工程概况、环境与技术要求；爆破区地形、地貌、地质条件，被爆体结构、材料及爆破工程量计算；设计方案选择；爆破参数选择与装药量计算；装药、填塞和起爆网路设计；爆破安全距离计算；安全技术与防护措施；施工机具、仪表及器材表；爆破施工组织；爆破施工应急预案。

5.2　实质性论证内容

实质性论证包括 9 项内容：1 编制依据；2 工程概况；3 周边环境条件；4 设计方案选

择；5 爆破参数及起爆网路设计；6 爆破安全距离计算；7 安全技术及防护措施；8 爆破施工组织；9 爆破施工应急预案。

5.2.1　编制依据

（1）相关图纸资料：招投标资料及业主的有关要求、原有的图纸资料、现场踏勘调查资料等。

（2）相关技术标准：《爆破安全规程》GB 6722—2014 等。

（3）相关法规：《建设工程安全生产管理条例》（国务院第 393 号令）、《民用爆炸物品安全管理条例》（国务院令第 466 号）、《北京市建设工程施工现场管理办法》（政府令第 247 号）、《危险性较大的分部分项工程安全管理办法》（建质〔2009〕87 号）、《北京市实施〈危险性较大的分部分项工程安全管理办法〉规定》（京建施〔2009〕841 号）等。

5.2.2　工程概况

（1）工程所在位置、场地及其周边环境情况。

（2）工程情况：建（构）筑物平面尺寸、面积、高度，结构形式及结构现状评价等；被爆体结构性质状况描述。

5.2.3　工程周边环境条件

（1）邻近建（构）筑物、道路及管线与工程的位置关系。环境平面图应标注与工程之间的平面关系及尺寸；环境复杂时，还应标注邻近建（构）筑物的详细情况及对振动、飞散物等有害效应的要求。

（2）邻近建（构）筑物的层数、结构形式。对于地下建（构）筑物、岩石爆破需介绍周边建（构）筑物基础形式、基础埋深。

5.2.4　设计方案选择

（1）合同及协议中对爆破施工的要求。

（2）根据周围环境条件的约束，针对被爆体结构所考虑到的施工难点和关键点，对于难点和关键点要有针对性的措施。

（3）对于拆除爆破中有预拆除的部分要进行结构稳定性分析计算。

5.2.5　爆破参数及起爆网路设计

（1）设计参数的合理性。

（2）起爆网路的准爆性、可靠合理。

5.2.6　爆破安全距离计算

（1）爆破振动、拆除爆破落地振动、爆破飞散物、爆破冲击波、塌落等影响范围。

（2）对于拆除爆破倒塌场地范围内有地下管线的和周围有需要重点保护的设施的要增加有针对性的技术措施。

5.2.7　安全及技术保证措施

（1）主要设施与设备的安全防护措施。

（2）安全警戒与撤离区域及信号标志。

（3）爆炸物品使用（购买、运输、贮存、加工）的安全制度。

（4）安全技术交底。

5.2.8　爆破施工组织

（1）爆破作业人员、设备配置及爆炸物品使用计划。

（2）爆破工程施工进度计划。

5.2.9　爆破施工应急预案

应急预案主要内容：根据被爆体周边环境、结构特点，对施工中可能发生的情况逐一加以分析说明，制定具体可行的应急预案；应包括组织机构，工作布置，救援预案等内容。

5.3　论证结论判定标准

依据相关规定，专家论证结论为三种形式，即"通过"、"修改后通过"和"不通过"。专家组应按下列标准做出论证结论。

1）爆破工程专项方案中出现下列情况之一的应判定为："不通过"。

（1）未装订成册或签章不全。

（2）无爆破周围环境图或周围环境情况描述。

（3）无待爆建（构）筑物现况结构描述或岩石开挖区地质及岩石力学参数描述。

（4）施工场区或塌落区有各种管线但无安全防护措施。

（5）爆破设计计算方法错误、计算方法不明确或计算参数取值不合理导致无法判断计算结果的合理性；无起爆网路设计，或网路设计有明显失误；无爆破器材使用计划，或爆破器材使用计划有明显失误。

（6）采用爆破拆除时无预拆除内容及预拆除后无结构稳定性安全验算。

（7）爆破有害效应计算方法错误、计算方法不明确或计算参数取值不合理导致无法判断计算结果的合理性。城镇复杂环境石方爆破或拆除爆破无炮孔填塞和飞散物防护措施，尤其是拆除爆破缺乏药包防护、整体包裹和周围保护对象重点防护等具体设计。

（8）无降噪、降尘及控制爆破塌落振动的措施。

（9）无应急预案或应急预案不具备可实施性。

（10）采用爆破拆除时无预估塌散范围的；未划定警戒范围，或警戒点布置错误。

（11）其他直接涉及施工安全但又不能现场提出明确具体的改进措施的情形。

2）爆破工程专项方案中出现下列情况之一的应判定为："修改后通过"。

（1）爆破周围环境图尺寸不全或周围环境情况及待爆建（构）筑物现况质量描述不全面。

（2）爆破设计计算参数取值不合理，但不影响对计算结果合理性判断，可提出明确具体的修改意见。

（3）施工场区或塌落区各种管线安全防护措施不符合相关规定。

（4）爆破拆除预拆除方法不合理或结构稳定性安全验算不完整。

（5）爆破有害效应计算参数取值不合理，但不影响对计算结果合理性判断，可提出明确具体的修改意见。

（6）警戒范围划分不正确，或警戒点布置不合理，可提出明确具体的修改意见。

（7）爆破振动、飞散物、冲击波等防护设计有缺陷，可提出明确具体的修改意见。

（8）降噪、降尘及控制爆破塌落振动的措施不合理，可提出明确具体的修改意见。

（9）应急预案不完善，可提出明确具体的修改意见。

（10）其他对施工安全有直接影响，但能够提出明确具体改进措施的情形。

3）爆破工程专项方案中没有出现"不通过"和"修改后通过"情形的，可判定为：

"通过"。

5.4　关键节点识别标准

依据相关规定，当工程施工至关键节点时，负责跟踪专项方案执行情况的专家应进行现场检查，因此，专家组应当依据表 5.4 爆破工程关键节点识别表识别该工程关键节点，并编写入论证报告之中。

爆破工程关键节点识别表　　　　　　　　　　　表 5.4

序号	爆破作业形式名称	关键节点
1	岩石爆破或拆除爆破工程	岩石爆破现场确认整体开挖顺序或拆除爆破建筑腾空设备拆除后
		钻孔(包括预拆除)作业完毕验收炮孔、根据设计敷设爆破网络及落实针对爆破有害效应的安全防护措施

附：

北京市拆除工程需评审论证范围

根据住房和城乡建设部《危险性较大的分部分项工程安全管理办法》（建质〔2009〕87 号）、《建筑拆除工程安全技术规范》JGJ 147—2004 和北京市建（构）筑物拆除工程施工管理现状，制订北京市需评审论证的拆除工程范围如下。

1. 桥梁（含天桥、地下通道）、楼房、烟囱、水塔、码头拆除工程、支座更换、建（构）筑物平移等；

2. 待拆建（构）筑物和周边道路、电力设施、通信设施的距离小于待拆建（构）筑物高度的拆除工程；单体建筑面积大于 $1000m^2$ 或高度大于 20m 的建（构）筑物拆除工程；

3. 容易引起有毒有害气（液）体或粉尘扩散、易燃易爆事故发生的特殊建、构筑物（如有限空间）的拆除工程；

4. 文物保护建筑、优秀历史建筑或历史文化风貌区控制范围的拆除工程；

5. 建（构）筑物改造项目有关建筑结构的拆除工程；基坑工程中钢筋混凝土内支撑拆除工程；

6. 整个厂（院、小）区及大面积违建拆除工程。

下篇

拆除与爆破工程专项方案编制要点及范例

第4章　拆除与爆破工程专项方案编写要点

李建设　杨年华　编写

4.1　拆除工程专项方案编制要点

4.1.1　本章与下篇范例的关系

本章是对范例的概括和原则要求，范例是基于本章内容的具体应用。本章内容全面但相对原则，范例则相对单一且具体。为保证范例的完整性及可复制性，下篇中的6个范例均为基于真实工程的完整的专项施工方案，因此，各范例中有一些重复的内容。

4.1.2　专项方案应满足符合性要求

符合性要求是指签章齐全、装订成册、内容完整。

（1）签章齐全指专项方案上应当有编写人、审核人和审批人签字，还应当有法人单位盖章。之所以提出这样的要求，是考虑不这样做会产生很多问题。一是未经相关人员和单位签章，无人无单位对方案负责，造成责任不清；二是签章不全的方案，往往只代表编制人水平，而不代表集体和单位水平，方案编制水平通常不高；三是签章不全往往意味着工程挂靠，挂靠单位通常人员不齐，找不齐签字的人，另外，被挂靠单位为逃避责任常常能不盖章就不盖。因此，一个合格的专项方案应当签章齐全。

（2）装订成册是指经过胶粘不易拆装单独成册的专项方案。之所以提出这样的要求，一是避免施工单位更换方案内容，造成实施的方案与论证的方案不是同一方案，责任不清；二是避免论证意见与方案内容不一致。专家论证会后，施工单位对方案进行修改，然后将专家论证意见与修改后的方案订在一起，如果原方案不是装订成册，而是可以直接替换的，则专家意见中指出的问题在方案中根本不存在，造成混乱。

（3）内容完整是指专项方案中该有的内容都有，不掉项。"危大工程管理办法"中要求的内容包括：工程概况、编制依据、施工计划、施工工艺技术、施工安全保证措施、劳动力计划、计算书及相关图纸。对于拆除工程专项方案，其主要内容应包括：编制说明及编制依据；工程概况；施工方案选择；施工组织及资源配置；施工计划；施工安全保证措施；拆除施工技术保证措施、文明施工及环保、消防措施；季节性施工措施；拆除施工应急预案。其中，编制依据；工程概况；周边环境条件；施工方案选择；施工组织及资源配置；施工计划；安全及技术保证措施；文明施工及环保、消防措施；拆除施工应急预案为必须具有的内容。

4.1.3　编制依据

编制依据包括：相关图纸资料、合同协议、法律法规及规范性文件、技术标准等。

（1）相关图纸资料：招投标资料及业主的有关要求、合同协议、被拆除建（构）筑物的设计图纸或竣工图资料、现场踏勘调查资料、本单位同类的施工业绩等。

（2）相关标准规范、规章、规范性文件、地方性法规：《建筑拆除工程安全技术规范》

JGJ 147—2004、《北京市建设工程施工现场管理办法》（政府令第 247 号）、《危险性较大的分部分项工程安全管理办法》（建质［2009］87 号）、《北京市实施〈危险性较大的分部分项工程安全管理办法〉规定》（京建施［2009］841 号）等。需要列出一些与方案强相关的规范，突出重点。

（3）相关法律法规：《中华人民共和国建筑法》、《建设工程安全生产管理条例》（国务院第 393 号令）等。需要列出一些与方案密切相关的法律法规。

4.1.4 工程概况

工程概况就是概要介绍本工程的基本情况，要让阅读者通过翻阅本章达到基本了解本工程的目的。主要内容是着重说明待拆建（构）筑物结构情况，包括工程所在位置、场地条件及工程规模：建（构）筑物平面尺寸、面积、高度；结构构造形式、构件尺寸和重量、竣工时间、使用年限及结构现状评价等，地下基础类型及设备管线情况等，如改造性拆除工程，需要详细介绍构件尺寸和重量，整体性拆除的可介绍主要构件的情况。若原有资料较少，应通过现场实际勘察补充。

无论何种拆除均需要对于待拆结构有尽可能详细的介绍，详尽了解原施工过程中的变更及后续是否进行过修缮加固，而且需要对待拆建（构）筑物的整体安全情况作出初步评定；如改造性拆除需要介绍待拆与保留结构之间的连接及拆除后保留结构的稳定情况，对于结构必须要说明尺寸及材质。

4.1.5 工程周边环境条件

拆除工程周边环境既是制约拆除工程设计施工的因素，又是拆除工程实施过程中的保护对象，因而必须调查清楚。

（1）邻近建（构）筑物、道路及管线与工程的位置关系。周边环境平面图应表明平面关系及标注尺寸；环境复杂时，还应标注邻近建（构）筑物的详细情况及对振动、粉尘、冲击波等有害效应的要求。

（2）邻近建（构）筑物的层数、结构形式。对于地下建（构）筑物拆除需介绍周边建（构）筑物基础形式、基础埋深。实地察看和调查周边环境及现场场地情况，弄清拆除施工中的重点和难点。

要充分了解待拆建（构）筑物的周边环境及现场场地情况，周边环境及现场场地情况是制约拆除施工的重要因素，必须有比较确切的数据，从而做出符合现场实际的防护措施，选择可行的施工方法；必须附周围环境图。如果方案中"无待拆建（构）筑物周围环境图或周围环境情况描述；无待拆建（构）筑物结构现况描述"，则该方案评审时"不通过"。

4.1.6 施工方案选择

施工方案选择是专项方案的核心内容，是编写的重点，也是专家论证的重点。本书列举的六个范例基本涵盖了危险性较大拆除工程的主要施工方案。

1）合同及协议中对拆除施工的要求。委托方的要求是选择拆除方案的重要条件，必须全面响应。

2）根据周围环境条件的约束针对待拆建筑物（构筑物）结构特点所考虑到的施工难点和关键点，对选用人工拆除、机械拆除和静力破碎拆除等方法的考虑和安排，对于难点和关键点要有针对性的措施。

3）对于将拆除设备吊运到高层建（构）筑物上进行自上而下逐层拆除的要有起重吊

运和结构承载力的计算，对于大型机械设备作业范围及行走场地承载力要有论述及计算。由于结构拆除受力的特殊性及复杂性，对于实际计算方法尚不完善的可通过强化施工监测反馈及进行信息化施工来指导现场拆除作业。由于建（构）筑物逐层拆除工程中涉及拆除阶段的计算尚没有符合实际的计算方法，则可通过现场进行应力应变监测反馈或通过监测数据计算模拟来指导现场拆除作业。如果方案中"拆除工程中结构、机械及人员操作平台受力计算方法错误、计算方法不明确或计算参数取值不合理导致无法判断计算结果的合理性"及"采用升降机或卷扬机提升设备、机具、人员，受力计算方法错误、计算方法不明确或计算参数取值不合理导致无法判断计算结果的合理性"且又没有施工监测反馈及进行信息化施工的，则该方案评审时"不通过"。

常用的拆除方法如下：

（1）破碎及解体拆除方法

从破碎及解体的原理上可以分为整体破碎和切割解体拆除两大类。其中破碎方法包括爆破破碎、液压破碎锤冲击破碎、液压破碎剪静力加压破碎、重锤撞击（断）破碎、液压破碎钳静力加压破碎、手持液压镐及风镐冲击破碎、液压劈裂机劈裂破碎及静力破碎剂静力胀裂破碎等；切割方法包括选用金刚石薄壁钻（水钻）排孔切割、手持锯及金刚石液压片锯切割、金刚石液压绳（链）锯切割、高压水射流切割、液压剪切器切割金属、气焊切割金属、手持式砂轮机切割金属等。

（2）高耸构筑物（水塔、烟囱）拆除

①爆破方法，应用炸药爆炸破坏高耸构筑物的局部结构，造成失稳，使其倾倒或塌落，包括定向倾倒、折叠式倒塌和原地坍塌三种方法；其原理是在高耸构筑物相应部位炸出一个缺口，从而破坏其结构的稳定性，导致整个结构失稳和重心产生位移，在自身重力作用下形成倾覆力矩迫使其按预定方向倾倒或塌落。②机械拆除方法。一是在烟囱筒体内部搭设内架子，然后作业人员以内架子为作业平台采用手持风动或液压破碎工具自上而下破碎烟囱筒体，破碎渣土自烟囱外侧筒体散落到地面。二是在烟囱四周搭设外脚手架，然后作业人员以外脚手架为作业平台采用手持风动或液压破碎工具自上而下破碎烟囱筒体，破碎渣土自烟囱筒体内部散落到地面，烟囱根部要开出渣洞口并及时清理下落的渣土。三是采用可移动作业平台（内吊篮或外吊篮）进行拆除，作业平台在烟囱顶部或根部进行组装，自上而下对烟囱筒体进行破碎，作业平台随烟囱拆除高度下降。四是在筒壁外侧设置数条轨道，作业平台沿轨道自上而下移动拆除，如范例 3。五是当拆除施工现场有较宽阔的倾倒场地，可根据定向爆破的原理采用大型液压破碎锤破碎出定向缺口进行定向倾倒拆除，主要是在烟囱底部用液压破碎锤按照定向倾倒的原理设计破碎出一个定向缺口，破坏烟囱自身的静力平衡，当缺口范围达到设计要求时，烟囱在重力作用下将产生重心失稳，使烟囱向着预定的方向整体定向倾倒。如范例 4。如果方案中"采用定向倾倒拆除时无安全防护措施及预估塌散范围的"，则该方案评审时"不通过"。

（3）建筑物液压破碎锤或超长臂液压破碎剪拆除方法

可根据建筑物高度和现场场地条件（具备大型液压破碎机械作业的场地）选用不同作业高度的液压破碎锤，3 层以下的建筑物其高度在 10m 以下，可直接使用液压破碎锤自上而下拆除，6 层以下的楼房其高度一般在 20m 以下，可直接采用大型超长臂液压剪或堆筑坡道及工作平台（高度不等）采用液压破碎锤自上而下拆除，10 层以下的建筑物其高度在 30m 以下，可利用堆筑渣土坡道及工作平台（＜10m）采用大型超长臂液压剪自上而下拆除，对于 10 层（30m）以上的高层建筑物宜采用小型液压破碎锤自上而下逐层破碎解体拆除的方法。液压破碎锤在建筑拆除施工中主要用于破碎建筑物的墙、柱、梁等主要承重结构，钎杆连续冲击破碎混凝土，达到松动、破碎、解体的目的，使破碎的结构自上而下逐层破碎塌落解体，主要作业为"切梁断柱"，对于支撑及连接结构的关键点进行破碎切断，使其逐层逐跨塌落解体破碎。如范例 2。

（4）建筑物小型液压破碎锤或液压破碎剪逐层破碎拆除

对于 10 层（30m）以上的高层建筑物综合考虑经济、工期及安全等因素宜采用小型液压破碎锤自上而下逐层破碎解体拆除的方法。根据现浇钢筋混凝土楼板结构的特点能在楼板上作业的液压破碎机械最大重量不宜超过 15t，利用大型起重机将液压破碎机械吊上建筑物顶层，在建筑物的四周搭设高于建筑物高度的防护脚手架，防止破碎渣块溅落；每层的拆除作业顺序为先内后外，外部墙、柱、梁均采用分段向内倾倒的方法解体，在倾倒前内侧的钢筋不能切断；破碎渣土采用液压挖掘机或装载机进行归堆清运，渣土垂直运输一般利用电梯井作为通道，在地面层设置出渣水平通道运出渣土；作业人员上下通道要按要求进行隔断封闭。如范例 1。如果方案中"采用小型机械自上而下逐层破碎拆除时无有效的临边安全防护措施及控制局部结构解体范围的"，则该方案评审时"不通过"。

（5）钢结构建（构）筑物或钢结构支撑拆除

钢结构或钢结构支撑拆除应首先对被拆除物采用防护支撑架体进行支护，搭设防护支撑架时应注意架体的刚度，使待拆除的钢结构卸载，然后根据计算起吊重量的长度对钢结构进行切割解体，并对解体的块体吊运出拆除现场，放置在指定位置。

（6）人工拆除及其他拆除方法

人工拆除：从严格的意义上讲基本不存在单独的人工拆除，人工拆除主要用于装修改造内部装修材料拆除及修缮维修利旧材料拆除。静力拆除包括采用静态破碎剂、劈裂机、液压钳、液压破碎剪、液压剪切剪、金刚石薄壁钻头排孔切割、片锯及绳锯切割等方法。对于环境及场地要求比较苛刻和对于保留结构需要保护的结构拆除或加固改造项目的拆除，可采用静力破碎、劈裂机、液压钳、液压剪、金刚石薄壁钻头排孔切割、片锯及绳锯切割、液压镐、风镐对结构进行破碎或切割解体，然后采用起重机械将解体后的结构物吊运至指定地方进行拆除。如范例 5、范例 6。

4.1.7　拆除顺序和拆除方法

（1）根据现场情况介绍工程整体及局部的拆除顺序及现场平面布置情况。

（2）论述主要拆除方法及主要设备性能。介绍主要的拆除施工机械的作业效率及现场的布置情况，对于大型拆除机械需要考虑其下部结构的承载力及稳定状况，避免出现承载力不足或不稳定而导致坠落或倾覆等事故；而且对于操作机手要进行培训及详细的技术交底；常用的拆除施工机械有液压破碎锤（又称镐头机、破碎机）、液压破碎剪、重锤机、挖掘机、装载机和起重机、空压机、风动破碎机、凤镐、液压破碎钳、劈裂机、金刚石切割机械及钢管脚手架等，应标明拆除机械设备的行走路线和运输车辆道路以及进出口位置。如果方案中"无建筑垃圾场内及场外运输路线及防尘措施"，则该方案评审时"不通过"。

4.1.8　施工计划

（1）根据现场资源配置情况确定施工效率。

（2）根据工程量及施工效率确定施工进度计划。

编制拆除工程的施工进度计划，通常采用网络图或横道图表示，并配有文字说明。同时明确施工人员及材料设备计划，如拆除操作时施工作业面较大，可在同一水平层上分成几个作业区同时进行；如果施工作业面较小，可分成二班制或三班制施工，以加快拆除工作进度。对于作业时间短的工程，可不采用网络图或横道图表示，文字叙述表达清楚即可，如范例4。

4.1.9　安全及技术保证措施

（1）安全防护设施、临时用电、施工机械的安全保证。①拆除施工使用的脚手架、安全网，必须由专业人员按设计方案搭设，由有关人员验收合格后方可使用。水平作业时，操作人员应保持安全距离。②安全防护设施验收时，应按类别逐项查验，并有验收记录。③作业人员必须配备相应的劳动保护用品，并正确使用（劳动保护用品是指安全帽、安全带、防护眼镜、防护手套、防护工作服等）。④施工单位必须依据拆除工程安全专项施工方案或安全施工组织设计，在拆除施工现场划定危险区域，并设置警戒线和相关的安全标志，应派专人监管。⑤拆除工程施工中，原结构中的受力平衡体系将会改变甚至破坏，要制订重点安全防护部位的安全措施，拆除受力情况较为复杂的结构，如刚架结构、壳体结构、筒仓结构等，应根据其受力特点，制定相应的安全技术措施，防止在拆除施工中产生意外倒塌事故，必要时应加设临时防护支撑，以保证拆除施工顺利、安全地进行。如果方案中"施工场区有各种管线但无安全防护措施"，则该方案评审时"不通过"。

（2）施工过程中的检查、验收。①工地（项目）每周或每旬由主要负责人带队组织定期的安全大检查。②生产施工班组每天上班前由班组长和安全值日人员组织的班前安全检查。③季节变换前由安全生产管理小组和安全专职人员、安全值日人员等组织的季节劳动保护安全检查。④由安全管理小组、职能部门人员、专职安全员和专业技术人员组成对电气、机械设备、脚手架、登高设施等专项设施设备、高处作业、用电安全、消防保卫等进行专项安全检查。⑤由安全管理小组成员、安全专（兼）职人员和安全值日人员进行日常的安全检查。⑥对脚手架、起重设备、井架、龙门架等设施设备在安全搭设完成后进行安全验收、检查。

（3）施工人员的培训、安全教育。

（4）安全技术交底。必须严格履行对拆除施工作业人员的安全教育和施工安全交底管理制度，拆除工程施工企业必须根据施工方案和施工现场环境特征按分项分部作业的细节要求，对施工作业人员做到"交底内容具体、到位，作业指导针对性强、实用，安全施工环节不丢失不遗漏"，关键拆除部位必须委派工程技术人员旁站监督拆除施工。

4.1.10　文明施工及环保、消防措施

根据工程实际制定有针对性的文明施工、环境保护及消防措施，应包括防噪声、粉尘及防火灾的具体办法，积极响应《北京市建设系统空气重污染应急预案》的相关要求。①根据拆除工程施工现场作业环境，制定相应的消防安全措施，落实防火安全责任制，建立义务消防组织，明确责任人，负责施工现场的日常防火安全管理工作；施工现场应设置消防车通道，保证充足的消防水源，配备足够的灭火器材；建立健全动火管理制度，施工

作业动火时，必须履行动火审批手续，方可在指定时间、地点作业，作业时，应配备专人监护，作业后必须确认无火灾危险后方可离开作业地点；当遇有易燃、易爆物及保温材料时，严禁明火作业。②清运渣土的车辆应封闭或覆盖，出入现场时应有专人指挥，清运渣土的作业时间应遵守工程所在地的有关规定；拆除工程完工后，应及时将渣土清运出场。③对于需要保护的各类地下管线，施工单位应在地面上设置明显标志，对水、电、气的检查井、污水井应采取相应的保护措施。④拆除工程施工时，应有防止扬尘和降低噪声的措施，现场必须配备洒水车等降尘设备。如果方案中"无防噪声及防塌落振动控制措施"及"雷雨季节作业无防雷、防滑措施；冬季施工无冬季施工措施"，则该方案评审时"不通过"。

4.1.11　拆除施工应急预案

对危险源辨识及风险分析要有针对性，拆除工程危险源一般包括火灾、物体打击、机械伤害、坍塌、高处坠落、触电、起重伤害、机器工具伤害等；应急预案主要内容：根据建（构）筑物周边环境、结构特点，对施工中可能发生的情况逐一加以分析说明，制定具体可行的应急预案，应包括施工现场应急组织机构、应急救援响应程序、应急处置措施及注意事项和应急保障措施等内容，应急预案要达到响应级。如果方案中"无应急预案或应急预案不具备可实施性"，则该方案评审时"不通过"。

4.2　爆破工程专项方案编制要点

4.2.1　本章与下篇范例的关系

本章是对范例的概括和原则要求，范例是基于本章内容的具体应用。本章内容全面但相对原则，范例则相对单一且具体。为保证范例的完整性及可复制性，下篇中的2个范例均为基于真实工程的完整的专项施工方案，因此，各范例中有一些重复的内容。爆破工程安全专项施工方案要符合《爆破安全规程》GB 6722—2014 的要求。

4.2.2　专项方案应满足符合性要求

符合性要求是指签章齐全、装订成册、内容完整。

（1）签章齐全指专项方案上应当有编写人、审核人和审批人签字，还应当有法人单位盖章。之所以提出这样的要求，是考虑不这样做会产生很多问题。一是未经相关人员和单位签章，无人无单位对方案负责，造成责任不清；二是签章不全的方案，往往只代表编制人水平，而不代表集体和单位水平，方案编制水平通常不高；三是签章不全往往意味着工程挂靠，挂靠单位通常人员不齐，找不齐签字的人，另外，被挂靠单位为逃避责任常常能不盖章就不盖。因此，一个合格的专项方案应当签章齐全。

（2）装订成册是指经过胶粘不易拆装单独成册的专项方案。之所以提出这样的要求，一是避免施工单位更换方案内容，造成实施的方案与论证的方案不是同一方案，责任不清；二是避免论证意见与方案内容不一致。专家论证会后，施工单位对方案进行修改，然后将专家论证意见与修改后的方案订在一起，如果原方案不是装订成册，而是可以直接替换的，则专家意见中指出的问题在方案中根本不存在，造成混乱。

（3）内容完整是指专项方案中该有的内容都有，不掉项。"危大工程管理办法"中要求的内容包括：工程概况、编制依据、施工计划、施工工艺技术、施工安全保证措施、劳动力计划、计算书及相关图纸。对于爆破工程专项方案，其主要内容应包括：工程概况、环境与技术要求；爆破区地形、地貌、地质条件，被爆体结构、材料及爆破工程量计算；设计方案选择；爆破参数选择与装药量计算；装药、填塞和起爆网路设计；安全允许距离与对环境影响的控制；安全技术与防护措施；施工机具、仪表及器材表；爆破施工组织；爆破施工应急预案。其中，编制依据；工程概况；周边环境条件；设计方案选择；爆破参数及起爆网路设计；安全允许距离与对环境影响的控制；安全技术及防护措施；爆破施工组织；爆破施工应急预案为必须具有的内容。

4.2.3　编制依据

编制依据包括：相关图纸资料、合同协议、法律法规及规范性文件、技术标准等。

（1）相关图纸资料：招投标资料、合同书及业主的有关要求、原有的图纸资料、现场踏勘调查资料等。

（2）相关技术标准：《爆破安全规程》GB 6722—2014、《爆破作业单位资质条件和管理要求》GA 990、《爆破作业项目管理要求》GA 991等。

（3）相关法律法规：《中华人民共和国安全生产法》、《民用爆炸物品安全管理条例》（国务院令第466号）、《建设工程安全生产管理条例》（国务院第393号令）、《北京市建设工程施工现场管理办法》（政府令第247号）、《危险性较大的分部分项工程安全管理办法》（建质〔2009〕87号）、《北京市实施〈危险性较大的分部分项工程安全管理办法〉规定》（京建施〔2009〕841号）等。

4.2.4　工程概况

（1）工程所在位置、场地及其周边环境情况。爆破对象及相关图纸，爆破工程的质量、工期、安全要求。

（2）工程情况：建（构）筑物平面尺寸、面积、高度，结构形式及结构现状评价等，被爆体结构性质状况描述。爆破对象的形态，包括爆区地形图，建（构）筑物的设计文件、图纸及现场实测、复核资料；爆破对象的结构与性质，包括爆区地质图，建（构）筑物配筋图；影响爆破效果的爆体缺陷，包括大型地质构造和建（构）筑物受损状况。如果方案中"无待爆建（构）筑物现况结构描述或岩石开挖区地质及岩石力学参数描述"，则该方案评审时"不通过"。

4.2.5　周边环境条件

（1）邻近建（构）筑物、道路及管线与工程的位置关系。环境平面图应标注与工程之间的平面关系及尺寸；环境复杂时，还应标注邻近建（构）筑物的详细情况及对振动、飞散物、粉尘等有害效应的要求，爆破有害效应影响区域内保护物的分布图。

（2）邻近建（构）筑物的层数、结构形式。对于地下建（构）筑物、岩石爆破需介绍周边建（构）筑物基础形式、基础埋深。爆破工程施工过程中，发现地形测量结果和地质条件、拆除物结构尺寸、材质完好状态等与原设计依据不相符或环境条件有较大改变，应及时修改设计或采取补救措施。如果方案中"无爆破周围环境图或周围环境情况描述"，则该方案评审时"不通过"。

4.2.6　爆破技术方案

（1）方案比较、选定方案的钻爆参数及相关图纸；合同及协议中对爆破施工的要求。

（2）根据周围环境条件的约束，针对被爆体结构所考虑到的施工难点和关键点，对于难点和关键点要有针对性的措施。

（3）对于拆除爆破中有预拆除的要进行结构稳定性分析计算。如果方案中"采用爆破拆除时无预拆除内容及预拆除后无结构稳定性安全验算"，则该方案评审时"不通过"。

4.2.7 爆破参数及起爆网路设计

（1）设计参数的合理性。

（2）起爆网路的准爆性、可靠合理，附起爆网路图。如果方案中"爆破设计计算方法错误、计算方法不明确或计算参数取值不合理导致无法判断计算结果的合理性；无起爆网路设计，或网路设计有明显失误；无爆破器材使用计划，或爆破器材使用计划有明显失误"，则该方案评审时"不通过"。

4.2.8 安全允许距离与对环境影响的控制

（1）爆破振动、拆除爆破塌落触地振动、爆破飞散物、爆破冲击波、塌落区域等影响范围。如果方案中"爆破有害效应计算方法错误、计算方法不明确或计算参数取值不合理导致无法判断计算结果的合理性。城镇复杂环境石方爆破或拆除爆破无炮孔填塞和飞散物防护措施，尤其是拆除爆破缺乏药包防护、整体包裹和周围保护对象重点防护等具体设计"，则该方案评审时"不通过"。

（2）对于拆除爆破倒塌场地范围内有地下管线的和周围有需要重点保护的设施的要增加有针对性的安全防护措施。如果方案中"施工场区或塌落区有各种管线但无安全防护措施"，则该方案评审时"不通过"。

4.2.9 安全设计及防护

（1）主要设施与设备的安全防护措施。

（2）安全警戒与撤离区域及信号标志，安全设计及防护、警戒图。如果方案中"采用爆破拆除时无预估塌散范围的；未划定警戒范围，或警戒点布置错误"，则该方案评审时"不通过"。

（3）爆炸物品使用（购买、运输、贮存、加工）的安全管理制度。

（4）安全技术交底。

4.2.10 爆破施工组织设计

（1）施工组织机构及职责；施工准备工作及施工平面布置图。

（2）施工人、材、机的安排及安全、进度、质量保证措施；爆破作业人员、设备配置及爆炸物品使用计划；爆破工程施工进度计划。

（3）爆破器材管理、使用安全保障；文明施工、环境保护及预防事故的措施。如果方案中"无降噪、降尘及控制爆破塌落触地振动的措施"，则该方案评审时"不通过"。

4.2.11 爆破施工应急预案

应急预案主要内容：根据被爆体周边环境、结构特点，对施工中可能发生的情况逐一加以分析说明，制定具体可行的应急预案；包括组织机构，工作布置，救援预案等内容，比如爆破器材丢失、被盗抢、火灾、爆炸事故应急预案，爆破作业引发的水、电、煤气等公共设施损坏，人员伤亡、财产损失等安全事故应急预案。如果方案中"无应急预案或应急预案不具备可实施性"，则该方案评审时"不通过"。

范例1 建筑物逐层拆除工程

李建设 郭小双 编写

李建设 北京矿冶爆锚技术工程有限责任公司，教授级高级工程师，总工程师，第五届国家安全生产专家组建筑施工、非煤矿山安全生产专家，从事爆破、拆除、矿山及岩土工程工作三十多年。

郭小双 北京嘉源骏诚建筑物拆除有限公司，工程师，总经理，从事拆除工程施工及管理工作十几年。

某大厦主楼拆除工程安全专项施工方案

编制：

审核：

审批：

＊＊＊公司

年　月　日

目　　录

1　编制依据 ·· 61
2　工程概况 ·· 61
3　周边环境条件 ··· 61
4　施工方案选择 ··· 62
　4.1　拆除破碎机械的吊运 ··· 62
　4.2　渣土水平及垂直运输通道 ··· 63
　4.3　人员、材料上下通道设置及封闭防护 ······································ 65
　4.4　脚手板铺设及防护 ·· 65
　4.5　标准层拆除施工 ··· 65
　4.6　拆除施工中的安全防护及防尘 ··· 69
　4.7　高处破碎作业防止碎块溅落措施 ··· 70
　4.8　机械作业层楼板承重荷载估算及现场测试 ·································· 70
5　施工组织及资源配置 ··· 70
　5.1　技术准备 ·· 70
　5.2　材料准备 ·· 71
　5.3　施工现场准备 ·· 71
　5.4　其他准备工作 ·· 72
　5.5　各阶段劳动力安排和进出场计划 ··· 72
　5.6　施工材料计划 ·· 72
　5.7　拟投入施工机械设备 ·· 73
6　施工计划 ·· 75
　6.1　总体施工部署 ·· 75
　6.2　施工平面布置图 ··· 75
　6.3　围挡布置 ·· 75
　6.4　施工部署 ·· 76
　6.5　施工人员交通 ·· 76
7　安全及技术保证措施 ··· 76
　7.1　项目 OHSMS 管理体系目标 ··· 76
　7.2　项目 OHSMS 管理岗位 ·· 77
　7.3　安全生产教育 ·· 77
　7.4　安全生产措施 ·· 79
　7.5　预防"五大"伤害事故措施 ··· 81
　7.6　拆除施工安全技术措施 ·· 82
　7.7　季节性施工 ·· 83

8　文明施工及环保、消防措施··· 83

　8.1　文明施工·· 83

　8.2　环保措施·· 84

　8.3　消防安全措施··· 85

9　施工应急预案··· 86

　9.1　应急救援组织机构··· 86

　9.2　应急响应及措施··· 87

　9.3　高处坠落应急情况处理原则和措施·· 88

　9.4　物体打击应急情况处理原则和措施·· 89

　9.5　机械、起重设备伤害应急情况处理原则和措施··· 90

　9.6　触电应急情况处理原则和措施·· 90

　9.7　火灾、灼伤应急情况处理原则和措施·· 91

　9.8　坍塌应急情况处理原则和措施·· 92

　9.9　脚手架搭设、防护应急情况处理原则和措施··· 93

1 编 制 依 据

（1）《建筑拆除工程安全技术规范》JGJ 147—2004；

（2）《建筑机械使用安全技术规程》JGJ 33—2012；

（3）《建筑施工高处作业安全技术规范》JGJ 59—91；

（4）《建筑施工扣件式钢管脚手架安全技术规范》JGJ 130—2011；

（5）《危险性较大的分部分项工程安全管理办法》（建质〔2009〕87号）；

（6）《北京市建设工程施工现场环境保护工作基本要求》；

（7）《ISO 9001质量管理体系》；

（8）《ISO 14001环境管理体系》；

（9）《GB/T 28001职业健康安全管理体系》；

（10）招投标资料及业主的有关要求、合同协议、被拆除工程的竣工图或设计图纸资料、现场踏勘调查资料、本单位同类的施工业绩等。

2 工 程 概 况

该大厦主楼部分为地上16层、地下1层，室外设计地坪−0.6m，东西及南北长度均为33.10m，结构形式为钢筋混凝土框架剪力墙，±0.00以上总高度为59.60m，1～2层层高4.2m，其他层高均为3.60m，外立面为白色铝板和蓝色玻璃幕墙。框架柱规格为800mm×800mm，角筋为4ϕ22，中部筋为3ϕ22，全部加密箍筋ϕ12-100；梁体为井字梁设计，主梁规格为500mm×550mm，ϕ12−100/200（4），2ϕ25+2ϕ12/5ϕ22，次梁规格为200mm×400mm，ϕ10−200（2），2ϕ18/2ϕ18、2ϕ22/2ϕ20、2ϕ22/2ϕ22；框架填充墙采用陶粒混凝土空心砌块，墙厚为200mm。拆除范围包括：地上、地下建筑物整体拆除，施工渣土全部消纳外运，对施工后的场地进行清理、平整。

3 周边环境条件

该大厦东侧距离公路辅路21m，西南侧距离新建楼房已开挖基坑边界3.8m，西北侧紧邻已施工完毕的CFG复合地基（未开挖），东北侧有施工场地，但是大厦内一层分界室及配电室位于7-8轴、E-F轴区域，其供应全区域的用电，由于前期拆除时外部配电室尚未建好，需要继续使用，因而前期拆除时要采取措施进行保护。而且西南侧基坑较深，距离大厦较近，拆除过程需要控制振动、坍塌等不利影响因素，确保周边基坑的安全。根据现场实际情况，拆除施工需充分利用北侧的现有开阔场地来进行。大厦周边环境情况见图3-1。

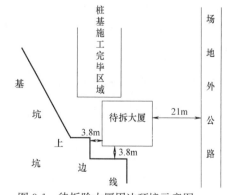

图3-1 待拆除大厦周边环境示意图

4　施工方案选择

本项目被拆除主楼地上 16 层，高度达 60m 以上，对拆除施工的组织、安全、专项作业等要求较高，整体施工难度较大。根据对现场的实地勘察，分析被拆除建筑物的结构形式、分布位置及周围环境情况等，该楼无法采用爆破拆除、人工拆除及超长臂液压剪等方法直接进行拆除，只有采用小型液压破碎锤自上而下逐层破碎解体拆除。

工程整体施工顺序为：楼内附属设施拆除→搭设双排外防护脚手架→设置底层水平出渣运输通道→16～1 层逐层破碎解体→主楼地下部分破碎拆除（基坑回填后）→渣土清运、现场清理。

16～1 层逐层破碎解体：搭设与建筑物等高的（始终保持架体顶部高于建筑物 1.5m）防护用双排钢管脚手架，使用小型液压锤破碎解体，由上至下逐层拆除。小型液压锤为小松 PC120 挖掘机配备液压锤，使用 300t 汽车吊吊卸至顶层。地下及基础部分破碎拆除采用挖掘机配备液压锤由东向西破碎拆除。

楼内附属设施拆除：楼内附属设施主要包括门、天花板、管线等。门拆除主要采用大锤、撬棍等手持工具，直接拆除破坏其四角的固定点，将门整樘卸下，及时搬运至楼外空地。天花板拆除时使用撬棍等工具，直接将天花板及龙骨拆除。各种线缆拆除时，直接采用手钳、虎钳等将线缆分段剪断，缠圈后直接搬运至楼外空地。消防、空调、上下水等各种管道直接使用割炬分段切割拆除。楼内附属设施拆除后及时清运出现场。

双排外脚手架的搭设：本工程主楼部分拆除的防护用落地式钢管脚手架，在施工前编制安全专项施工方案并进行论证。

主楼 16～1 层逐层破碎解体：由于国内现有的超长臂机械拆除设备作业高度均在 30.0m 以下，如全部采用地表铺设作业平台的方法拆除，周围场地不具备堆土的条件及现场需要大量土方条件，故在该部分楼体拆除设计时，采用小松 PC120 挖掘机配备液压锤进行自上而下破碎解体拆除，小松 PC120 挖掘机配备液压锤通过汽车起重机直接吊卸至楼体顶部。破碎作业时采用东侧的 4 号、5 号电梯井及清洁间作为破碎渣土的垂直运输通道，渣土散落到底层后通过水平运输通道运出，每层破碎渣土采用挖掘机向垂直出渣口归集倾泻，垂直出渣通道设置完毕后进行封闭隔离，除检查人员外其他未经许可人员禁止入内。施工人员的上下使用西侧的楼梯间，并进行隔离封闭。每层破碎解体作业顺序为：设置渣土倾落口→逐层破碎顶板→破碎梁体→破碎各墙体→破碎承重柱体→破碎剪力墙体。

4.1　拆除破碎机械的吊运

大厦外部防护脚手架搭设完毕后，首先将破碎机械起吊至 16 层楼顶屋面。

1) 吊车的选择

(1) 小松 PC120 的自重为 9.9t。

(2) 吊装时，吊车的最大作业半径为 16m 以内，吊臂伸展在 70m 以内。

(3) 选择吊车时，参照汽车吊（液压吊）数据表（表 4.1），300t 汽车吊作业半径

16m 以内，臂长 73.40m 时，最大起吊重量为 31.0t，故 300t 汽车吊完全满足施工需要（图 4.1）。

2）拆除机械吊至 16 层顶屋面

吊车站位于主楼的东北侧，采用四点起吊的方法，四个吊点固定在机械四角。起吊前系好晃绳，用以控制挖掘机方向（重心），以保持平衡。为确保钢丝绳不受损伤而造成安全隐患（割伤吊绳），应在吊点位置的吊绳上外穿一厚胶皮管，以保证安全起吊。

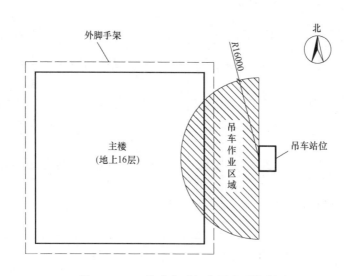

图 4.1　300t 汽车起重机位置布置示意图

4.2　渣土水平及垂直运输通道

首先在大楼四周外侧搭设落地式脚手架（架顶部始终高于建筑物 1.5m），外挂密目安全网，做到全面封闭式施工。

拟计划将主楼东侧 1～16 层的 4 号、5 号电梯井及清洁间形成由上至下的渣土垂直运输通道，逐层破碎施工时，渣土块儿采用挖掘机或小型前端式装载机水平运输到该层倾渣口，通过倾渣口直接倾落至一层地面，在首层地面出渣口处采用中型挖掘机向外挖运渣土，下方掏渣口处设置彩条布防尘帘，并设置一处洒水抑尘点，随拆除随洒水，全面抑制扬尘飘洒。

（1）渣块及切割后的废旧钢筋等，随时拆除，随时向下倾泻。

（2）在首层安置一辆小松 PC300 反铲挖掘机，随时掏运倾泻下的渣土块儿，场内运输至楼体的北侧空地。北侧防护脚手架的东部在搭设时预留出渣通道口，长 15.0m，高 8.0m。

（3）渣土倾泻口位置如图 4.2-1 所示。

（4）作业层下方的各个倾渣口所处的区域、房间必须全部封闭，严禁人员进入。

（5）渣土倾倒口设置安全护栏，被拆除层施工作业时，在该层提前做安全护栏，使用直径 38mm 的钢管，护栏高度不低于 1.0m（图 4.2-2）。

300t 汽车起重机起重作业参数表　　　　　　　　　　　　表 4.1

主臂额定性能：支腿开距＝10×9.6m、旋转角度＝360°、标准配重＝135t。

回转半径 (m)	主臂长度(m)								回转半径 (m)
	47.3	52.5	57.7	62.9	68.1	73.4	78.6	84	
8	93								8
9	87	73							9
10	81	69	60						10
12	72	63	54	46.5	41				12
14	63	57	49.5	43	38	33.5			14
16	57	52	45	39	35	31	27.4	20.9	16
18	50	45	41.5	36	32.5	28.8	25.8	19.5	18
20	45	41.5	38	33	30	26.8	24.2	18.2	20
22	40	37.5	35	30.5	27.8	24.9	22.6	16.8	22
24	36.5	34	32	28.2	25.9	23.2	21.1	15.6	24
26	34	30.5	28.9	25.9	24.1	21.6	19.8	14.4	26
28	31.5	28.1	26.4	24	22.5	20.2	18.6	13.4	28
30	28.9	26	24.8	22.2	20.7	18.6	17.4	12.4	30
32	26.6	24	23	20.6	19	17.3	16.3	11.4	32
34	24.5	22.2	21.4	19	17.5	16.1	15	10.2	34
35	22.5	20.5	19.8	17.4	16.1	15	13.9	9.2	35
38	20.3	18.9	18.3	15.8	15	13.9	12.9	8.4	38
40	18	17.4	16.9	14.2	14	12.9	12	7.6	40

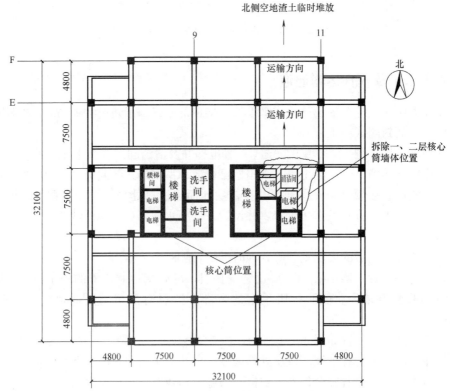

图 4.2-1　破碎渣土垂直运输布置示意图

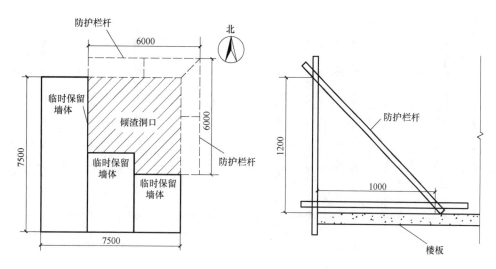

图 4.2-2　倒渣土洞口防护布置示意图

4.3　人员、材料上下通道设置及封闭防护

（1）施工过程中，楼体内部西侧楼梯为人员上下至作业层的通道，该区域在施工过程中需做好安全防护，楼梯间栏杆及扶手逐层破碎一层拆除一层，临时保留栏杆，以保证人员上下楼梯的安全，非作业层在楼梯间门洞处搭设防护栏杆，禁止施工人员进入非作业区域。

（2）进出路线：由北侧大厅进出（脚手架预留出入口），使用西侧楼梯。

（3）作业层的楼梯口在施工前使用竹胶板铺盖、封闭，杜绝渣块进入楼梯口及通道，封闭区域设置明显的警示标识。

（4）人员、施工材料尽量安排一次性进、出作业层，拆除过程中人员进入施工区域，需通过对讲机通知作业层人员，在确保安全的情况下方可打开封闭楼道口的竹胶板进入。在底层设置出入口人员登记处。

4.4　脚手板铺设及防护

逐层破碎拆除时，作业层地面相对应该步脚手架及下步脚手架上铺设脚手板，与墙结合紧密，内立面再铺设一层安全网，作业层及上部防护层脚手架体内侧挂设一道密目网和一道大眼网，全面防止渣块外溅。并在本层液压锤破碎时沿防护脚手架内侧竖立块状挡板，防止破碎碎块向外溅落；在逐层破碎期间如发现密目安全网有碎块溅落形成的洞口应及时增补或更换。见图 4.7。

4.5　标准层拆除施工

（1）机械拆除的顺序依次为

玻璃幕墙→开楼板倾渣口→内墙→板→梁→柱→剪力墙。

（2）拆除顺序示意图见图 4.5-1。

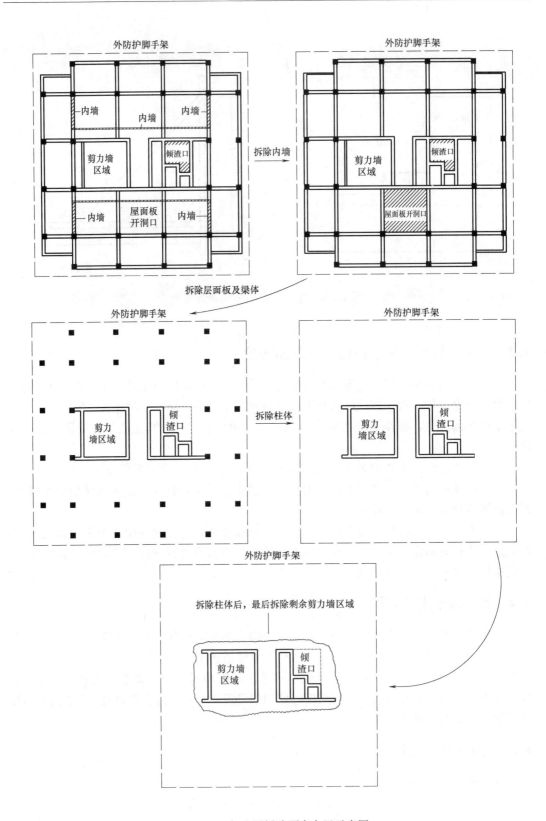

图 4.5-1 标准层拆除顺序布置示意图

（3）外墙的拆除：主楼的外墙采用的是玻璃幕墙，先拆除玻璃卡扣将玻璃整块卸下，再分段切割幕墙框体。

（4）每层顶板的拆除方法：由开洞口处（9-10、B-C轴区域）拆除，使用机械配备液压锤破碎拆除主楼中部的屋面板、连接梁体，将大块楼板切三边留一边，楼板下落形成坡道，机械沿坡道驶入下层楼板，液压破碎锤在下行时利用液压锤钎杆支撑于下层楼板，因而坡道楼板在下行过程中受力很小，不会压垮坍塌，然后向四周逐步拆除（图4.5-2）。机械逐块儿破碎、剔除顶板中的混凝土，裸露出内部的钢筋后，再使用割炬切断钢筋。见图4.5-3、图4.5-4。

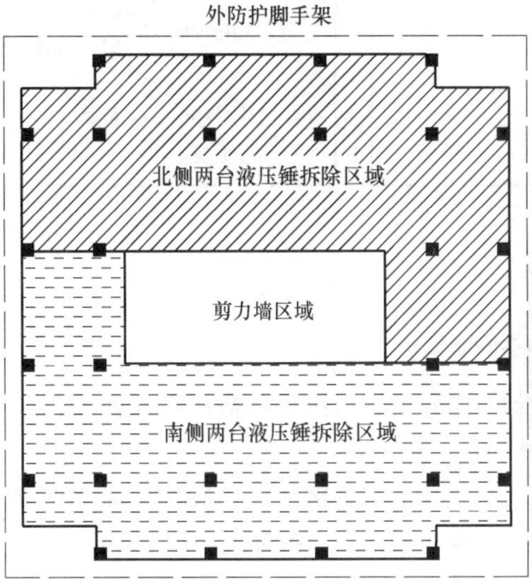

图 4.5-2　标准层拆除机械作业布置示意图 　　　　图 4.5-3　楼层转换坡道布置示意图

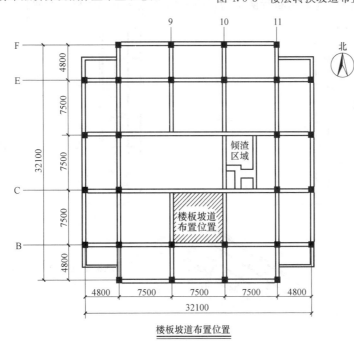

图 4.5-4　标准层楼层转换楼板坡道布置示意图

（5）梁体的破碎拆除：以两柱（墙）之间的梁段为一个单位，使用机械配备液压锤由上至下破碎混凝土，裸露出内部钢筋后，再使用割炬切断。

（6）内部隔断墙的机械拆除：使用液压锤由上至下逐区域拆除，严禁整体放倒。见图4.5-5。

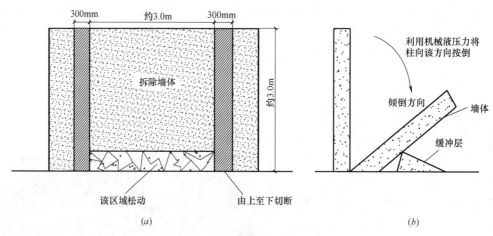

图 4.5-5 标准层墙体拆除布置示意图

（7）柱体拆除顺序为先中间、再四周。先拆除中间区域的柱体，最后拆除四周最外侧的柱体，四周最外侧的柱体倾倒方向必须为由外向内。

（8）柱体破碎拆除：首先确定倾倒方向，然后使用液压剪将柱体的倾倒方向和两侧的保护层混凝土剔除，区域大小：距底板150mm，高度200mm。裸露出内部钢筋后，使用割炬切断该区域的主筋和箍筋，保留背部主筋，最后使用小松PC120强大的液压力将柱体缓缓放倒，再使用割炬切断背部主筋，将柱体运至楼下二次破碎。见图4.5-6。

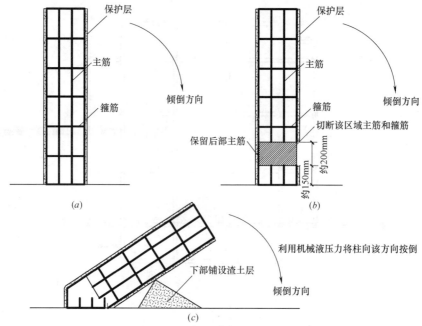

图 4.5-6 标准层柱体拆除布置示意图

（9）6层以上层高均为3.6m，除去板厚度及剔凿区域，严格控制放倒后的柱体长度在1.0m以下，以防止其向下倾落时卡挂在落渣通道内。

（10）由于需拆除电梯井剪力墙体，施工方法与拆除柱体类似。墙体以每3.0m×3.0m为一个单元拆除，使用液压锤将墙体两侧由上至下破碎出豁口，然后使用PC120机械钩住墙体上部，另一台液压锤沿墙体下部将底部混凝土拆除松动（保留内部筋），最后使用机械将该部分墙体缓缓倒下。人工使用割锯切断底部钢筋后，使用液压锤二次破碎成1.0m×1.0m以下的块，再将墙体倾泻至楼下进行二次破碎。

（11）上部渣块下落前严格控制渣块的大小，板、梁的渣块大小控制在300mm×300mm以下，柱控制在1.0m/段以下，最大限度减少下落造成的振动影响。

液压破碎锤破碎作业见图4.5-7～图4.5-9。

图4.5-7 小型液压破碎锤破碎作业图

图4.5-8 液压破碎锤破碎临边柱体作业图

4.6 拆除施工中的安全防护及防尘

（1）拆除过程中安排专人监测建筑结构状态，当发现有不稳定状态趋势时，停止作业并采用有效措施。

（2）作业人员必须全程戴安全帽、挂安全带，安全带挂在稳定的架体上。

（3）施工作业期间随拆除随洒水降尘，先将渣土浇湿、浇透，再倒入落渣口。由于被拆除楼体的顶板标高达到59.60m，普通的高压水枪喷洒高度只有30m左右，为确保全面抑制扬尘，计划在地面配置一移动式储水罐（容量为15t），

图4.5-9 液压破碎锤临边破碎防溅布置图

水罐中配置一台高压泵，喷洒高度可达60m以上，配套耐高压水管、喷枪由储水罐接引至楼顶作业面，随作业随洒水抑尘。

4.7 高处破碎作业防止碎块溅落措施

逐层破碎拆除时，作业层地面相对应该步脚手架及下步脚手架上铺设脚手板，与墙结合应紧密，内立面再铺设一层安全网，作业层和上部防护层脚手架体内侧挂设一道密目网和一道大眼网，全面防止渣块儿外溅。见图4.7。

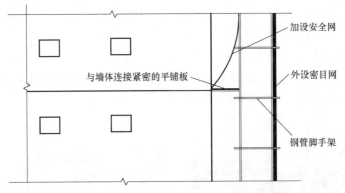

图4.7 防护脚手架防止碎块飞溅布置示意图

4.8 机械作业层楼板承重荷载估算及现场测试

梁体为井字梁设计，主梁规格为 $500mm \times 550mm$，$\phi 12-100/200$（4），$2\phi 25 + 2\phi 12/5\phi 22$，次梁规格为 $200mm \times 400mm$，$\phi 10-200$（2），$2\phi 18/2\phi 18$、$2\phi 22/2\phi 20$、$2\phi 22/2\phi 22$；主梁及次梁间距为2400mm、2500mm、2600mm、3000mm不等，标准层楼板厚度为100mm，配筋为双层双向 $\phi 6$、$\phi 8$、$\phi 10@200mm$，混凝土强度为C30。

在方案设计时委托相关单位对于楼板的结构受力进行计算，计算时应根据具体情况选用安全系数，根据计算结果选用适合的破碎机械型号或采用适当的加固措施。由于计算内容较多，本项目计算内容略。

由于该楼房为整体现浇钢筋混凝土结构，小型液压破碎锤在楼板上行走及破碎作业时，由于小型液压挖掘机履带长度为3435mm，远远大于主梁、次梁的最大间距3000mm，因而小型液压破碎锤主要受力作用点在梁上，有利于液压破碎锤的作业。

由于在结构拆除过程中的计算方法和公式欠缺，因而其计算结果与实际使用有较大的差别，在实际施工过程中应采取信息化施工技术，即对于楼板、梁等结构受力进行应力应变监测，根据监测结果分析受力数据，对使用的施工机械型号由小到大进行调整，在保证安全的情况下提高施工效率。

对于该大厦标准层楼板采用ABAQUS有限元受力分析表明，在静载作用下标准层楼板能够承受的最大液压破碎锤重量为20t；在动载作用下标准层楼板能够承受的最大液压破碎锤重量为17t。

5 施工组织及资源配置

5.1 技术准备

根据业主要求，施工前公司组织技术人员对施工现场做进一步的踏勘工作，确认拆除区域的准确位置，并做出明显的标记、标志。根据施工现场确定施工方法，渣土运输车辆的出行路线等。

施工时需要办理各种许可证的时间：

（1）开始动工前到各相关部门进行备案；

（2）提前办理好开工、交通运输等相关手续，以保证工期；

（3）工程大面积施工期间提前与相关部门沟通、协调，文明施工。

5.2 材料准备

按施工机械计划表，组织相应施工机械（液压破碎锤、装载机、挖掘机等）、施工车辆（渣土运输车、材料用车、生活用车等）、施工用品（脚手架管及扣件、围挡板等）进场就位。

5.3 施工现场准备

1）拆除工程施工前根据建设单位提供的地下管线图进行现场勘查，确保影响拆除工程的各种管线断切和迁移工作已完成。如在勘查过程中发现不明管线，需由建设单位进行确认，拆除前对管道进行吹洗，避免管道内存有毒有害气体，在确定无安全隐患的情况下方可拆除管道。

2）施工区域的布置和封闭管理

（1）施工人员进场后根据业主的要求和现场实际情况对施工区域进行封闭，并做好各种安全生产的宣传工作。

（2）对施工现场进行封闭管理。

（3）施工时，拆除区域四周必须设立警戒线，指派安全员全程监督。

（4）在施工区域的明显位置设立安全生产标语。

（5）施工人员统一佩戴人员卡，严格控制其他人员进出拆除施工现场。

3）施工人、机、物进场安排

施工物资、机械、人员进场后，根据业主方要求和现场的实际情况，确定机械、物资的存放位置、临建的搭设位置。

4）临时施工道路

（1）主楼拆除期间在东侧新设一出入口，具体施工前由业主指定、确认。

（2）施工前检查现场道路，以便全面施工时能保证道路的畅通。

（3）机械停置场地及物资、渣土堆场分区域确定停放地点，分区存放。

5）现场用水

（1）现场用水主要为拆除施工期间的洒水降尘。

（2）根据业主提供的接驳口进行连接，设定固定水源降尘点，并根据拆除部位的变换及时做出调整，确保降尘、抑尘效果。

6）临时供电设计

（1）配电电压380/220V引自业主方提供的电源接驳口（以实际位置为准）。

（2）楼内附属物拆除时，每层设置配电箱。结构拆除时，在建筑物四周设置照明设施。

（3）做好雷雨天气的防淋、干燥晴朗天气的防火工作，发现隐患及时处理。

5.4 其他准备工作

（1）岗前教育：各专业工种进行安全技术交底及岗前培训。

（2）规范各项操作工序：各专业工种必须严格按照规范操作，工人必须持证上岗。

（3）现场通信联络装置配备：由于工程量大、工期较紧，施工作业面多，多处作业，为便于总体指挥，现场配备20只对讲机，各工长、机械操作员及安全员必须做到人手一机。

5.5 各阶段劳动力安排和进出场计划（表5.5）

劳动力计划表 表5.5

工种	按工程施工阶段和部位投入劳动力情况（人）						
	施工准备及附属设施等拆除	外脚手架搭设	主楼3~16层逐层破碎拆除	主楼1~2层以下拆除	地下部分破碎拆除	渣土外运、消纳	现场清理、平整
普工	110	20	50	80	60	30	25
安全员	5	5	5	6	6	5	5
电气焊工	10	5	15	20	20	20	4
电工	2	2	2	2	2	1	1
水暖工	4	2	2	2	2	2	2
架子工	5	20	40	5	5	5	4
各专业司机	5	10	20	20	10	50	10
合计	141	64	134	135	105	113	51

进出场计划：人员的进出场使用金杯汽车运输，根据施工进度表的安排及时安置。在实际施工中可根据实际情况做相应的调整，同时我公司将预留30~50名工人，以备施工高峰期使用，全面保证安全、如期完工。

5.6 施工材料计划

1）施工材料计划一览表（表5.6）

材料计划一览表 表5.6

序号	名 称	规格型号	数 量	用 途	备注
1	脚手架	2m/3m/4m/6m	—	封闭现场、搭设防护脚手架	施工高峰期时可随时调整、增加
2	氧气、乙炔	套	—	切割钢筋	
3	消防灭火器	MFZL5型	50具	预防消防事故	
4	安全帽、安全带	套	200套	劳保、安全防护	
5	密目安全网	2000目	—	安全防护	
6	手持工具	—	20套	人工拆除管线、破碎	

2）材料采购要求

（1）所有材料由专职材料员管理，对所采购、调拨的材料，要认真检查质量，严格验收，凡品种、规格不符、型号不对、外观粗糙、检测数据不符要求，或有变质、变形等质量问题，一律不准采购、调拨。

（2）采购人员在购料前，要先向供方单位索取产品合格证，或出厂证明单，对单据所列质量数据，认真审查，符合要求方可采购。

3）材料进场计划

以上材料在接到业主方施工通知后在2天的时间内全部运抵施工现场，同时公司仓库储备充足的后备材料，以备现场材料不足时及时调运。

5.7 拟投入施工机械设备

1）拟投入施工机械设备表（表5.7-1）

施工机械设备表　　　　　　　　　　　　　　　　　　表5.7-1

序号	机械或设备名称	型号规格	数量	国别/品牌	制造年份	生产能力	备注
1	液压破碎锤	PC300-7	4台	日本/小松	2012年12月	优良	
2	反铲挖掘机	PC300-7	2台	日本/小松	2012年8月	优良	
3	液压破碎锤	PC110-7	4台	日本/小松	2012年11月	优良	
4	反铲挖掘机	PC110-7	4台	日本/小松	2012年11月	优良	
5	铲车	ZL-50	1台	中国	2012年10月	优良	
6	吊车	300t	1台	中国	2013年7月	优良	
7	多功能洒水车	8t	2辆	中国/东风	2010年3月	优良	
8	大型拖运车	50t	2辆	中国/斯太尔	2010年9月	优良	
9	运输车	10t	15辆	中国/斯太尔	—	优良	
10	生活用车	1041	5辆	中国/轻汽	2012年10月	优良	
11	生活用车	SY6480	2辆	中国/金杯	2013年7月	优良	

2）小松PC300挖掘机性能资料（表5.7-2）

小松PC300挖掘机性能　　　　　　　　　　　　　　　表5.7-2

项　目			单位	PC300-7
工作重量			kg	31200
额定功率			PS(kW)	245(180)
标准斗容			m³	1.4
性能	最大行走速度	高速	km/h	5.5
		中速	km/h	4.5
		低速	km/h	3.2
	铲斗挖掘力(最大)		kgf	23100
	斗杆挖掘力(最大)		kgf	17400
尺寸	全长		mm	11140
	全宽		mm	3190
	全高		mm	3280

续表

项目		单位	PC300-7
工作范围	最大挖掘高度	mm	10210
	最大卸载高度	mm	7110
	最大挖掘深度	mm	7380
	最大垂直挖掘深度	mm	6480
	最大挖掘半径	mm	11100
	在地平面的最大挖掘半径	mm	10920
发动机	名称	—	小松 SAA6D114E
	额定转速	rpm	1900
	排量	ltr	8.27

3）阿特拉斯-科普柯 MB1700 液压破碎锤

重量 1700kg，钎杆长度 630mm，钎杆直径 140mm，工作压力 16～18MPa，打击频率 320～600Bpm，适配挖掘机 18～34t。与 PC300 液压挖掘机相配作为液压破碎锤整机使用，破碎效率高。

4）小松 PC110-7 挖掘机性能资料（表 5.7-3）

小松 PC110-7 挖掘机性能

表 5.7-3

项目			单位	PC110-7
工作重量			kg	10980
额定功率			PS(kW)	90(66)
标准斗容			m³	0.48
性能	最大行走速度	高速	km/h	5.5
		低速	km/h	2.7
	铲斗挖掘力（最大）		kgf	9400
	斗杆挖掘力（最大）		kgf	6100
尺寸	全长		mm	7170
	全宽		mm	2490
	全高		mm	2810
工作范围	最大挖掘高度		mm	7910
	最大卸载高度		mm	5650
	最大挖掘深度		mm	5060
	最大垂直挖掘深度		mm	4570
	最大挖掘半径		mm	7730
	在地平面的最大挖掘半径		mm	7600
发动机	名称		—	小松 SAA4D95LE-3
	额定转速		rpm	2200
	排量		ltr	3.26

5）阿特拉斯-科普柯 SB452 液压破碎锤

重量 441kg，高度（不含钎杆）849mm，钎杆长度 465mm，钎杆直径 95mm，打击频率 540～1260Bpm，工作压力 100～150kgf/cm^2，适配挖掘机 6～12t。与 PC110-7 液压挖掘机匹配作为液压破碎锤整机使用，破碎效率高。

6　施工计划

6.1　总体施工部署

为保证邻近基坑安全，大厦先拆除至±0.00，待邻近基坑肥槽回填完成以后再拆除地下室部分。根据业主总的施工进度安排，计划主楼拆除总工期为 100 个日历天（表 6.1）。

大厦拆除施工进度表　　　　　　　　　　表 6.1

工序项目名称	天数(天)																								
	4	8	12	16	20	24	28	32	36	40	44	48	52	56	60	64	68	72	76	80	84	88	92	96	100
施工准备																									
搭设防护脚手架																									
内部设施拆除																									
16～3 层逐层破碎解体																									
防护脚手架拆除																									
2～1 层逐层破碎解体																									
地下结构基础破碎拆除																									
渣土外运																									
场地平整竣工验收																									

6.2　施工平面布置图

根据业主总的平面布置图及现场实际情况，办公区、仓库及机械停放区布置在大厦北侧区域。大厦北侧区域为待建楼房基坑，且 CFG 桩复合地基已施工完毕，混凝土龄期已超过 28d，故大厦拆除时，可先期在使用范围内铺垫渣土，高度需超过东侧路平面 0.2m，以确保下部 CFG 桩不受影响。

6.3　围挡布置

搭设围挡的材料清洁干净，围挡脚手架高度为 2.0m，使用压型板硬质挡板进行封挡，并设置明显的安全、警示标志。见图 6.3。

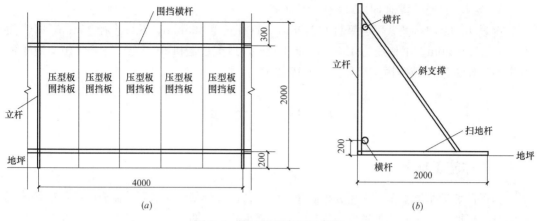

图 6.3 施工围挡布置示意图
（a）围挡墙；（b）围挡墙侧面示意图

6.4 施工部署

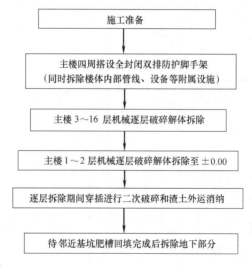

```
┌──────────────────────────────┐
│           施工准备              │
└──────────────────────────────┘
              ↓
┌──────────────────────────────┐
│  主楼四周搭设全封闭双排防护脚手架      │
│（同时拆除楼体内部管线、设备等附属设施）  │
└──────────────────────────────┘
              ↓
┌──────────────────────────────┐
│  主楼 3～16 层机械逐层破碎解体拆除     │
└──────────────────────────────┘
              ↓
┌──────────────────────────────┐
│ 主楼 1～2 层机械逐层破碎解体拆除至±0.00 │
└──────────────────────────────┘
              ↓
┌──────────────────────────────┐
│ 逐层拆除期间穿插进行二次破碎和渣土外运消纳 │
└──────────────────────────────┘
              ↓
┌──────────────────────────────┐
│ 待邻近基坑肥槽回填完成后拆除地下部分      │
└──────────────────────────────┘
```

6.5 施工人员交通

拆除期间作业人员以西侧人行楼梯作为上下通道，楼梯栏杆随楼层拆除，不得提前拆除。在地面入口处进行人员出入登记，作业人员凭胸牌进入，并保存记录；并对行人楼梯进行封闭登记管理。

7 安全及技术保证措施

在拆除施工中以制订的本工程职业健康安全方针和目标为宗旨，争创优质、样板工程。

7.1 项目 OHSMS 管理体系目标

职业健康安全方针：预防为主，控制拆除作业风险；科学管理，提高全员安全素质；

职业健康安全目标：重大人身伤亡事故率为零，重大火灾、爆炸事故为零，重大机械设备事故为零。

（1）设备操作人员持证上岗，机械设备定期维修保养，定期检查，定点存放，符合《建筑施工安全检查标准》的要求，确保无机械伤害。

（2）临时用电的选材、搭设、使用、维护严格按施工方案进行，符合公司程序文件《施工现场临时用电管理规定》的要求，确保无触电事故发生。

（3）高处作业严格按施工方案进行，符合公司程序文件《预防高处坠落若干规定》的要求，杜绝高处坠落。

（4）脚手架选用合格材质，搭设严格按施工方案进行，搭设及拆除人员持证上岗，按规程操作，符合《建筑施工安全检查标准》的要求，确保脚手架无严重变形、倒塌或坠落事故。

（5）消防作业的器材用具符合要求，配置充足，各类易燃、易爆物品、化学品存放及使用满足公司程序文件《油品及易燃易爆化学危险品管理程序》的要求，确保无火灾爆炸等事故发生。

（6）饮食卫生杜绝无食物中毒事故。

（7）物体打击率确保 0％，"三宝"等防护率 100％。

（8）工人的职业健康安全防范意识确保到位。项目部开工前组织工人进行三级安全教育及开工后日常督促教育工作和安全法律、法规安全防范常识的宣传，注重以人为本的安全管理，抓好治安综合治理工作。

7.2　项目 OHSMS 管理岗位

1）项目经理

（1）审核本项目部 OHS 管理方案，确认本项目的 OHS 目标、指标。

（2）对本项目部 OHS 工作负全面责任。

（3）确定项目各类人员在 OHS 工作中的职责。

2）项目技术负责人

（1）负责本项目 OHS 管理体系的建立和运行。

（2）负责安全技术措施交底（作业指导书）的落实。

（3）参与事故、事件、不符合预防措施制订和运行控制。

3）班组长

（1）负责施工现场的 OHSMS 管理体系并保持运行。

（2）对班组和特种作业及关键部位交底并负责实施。

4）操作工人

（1）负责本岗位 OHSMS 要素的控制和应急预案与响应。

（2）执行法律、法规及相关要求规定的各项操作规程。

7.3　安全生产教育

1）安全生产教育规定

项目部对调换工种的工人必须按规定进行安全教育和技术培训，且按规定持证上岗。

2）工人入场安全教育

新工人入场必须进行公司、项目部、班组三级安全教育。

3）特种作业人员安全生产教育

电工、电焊工、机械司机、架子工等特殊工种按不同工种分别进行安全教育。

4）安全生产培训

定期轮训项目部成员，提高技术水平，熟悉安全技术，做好安全生产工作。

5）安全生产的经常性教育

项目部把经常性安全教育贯穿于管理工作的全过程，并根据接受教育对象的不同特点，采取多层次、多渠道和多种方法进行。

6）安全培训、教育

（1）不定时组织施工技术人员、管理人员、专职安监人员和施工班组长进行安全教育培训与考试。

（2）根据施工现场的具体情况，运用各种形式，广泛开展安全施工宣传教育和活动。

（3）新工人入场，必须进行三级 OHSMS 教育，并办理签字手续（各级教育者、受教育者必须履行签字）后方能上岗工作。

（4）公司一级安全教育。由项目部负责组织，公司安全设备科进行教育。教育的主要内容：

① OHSMS 的重大意义；

② 国家安全生产方针、政策、法规；

③ 公司 OHSMS 规章制度、安全生产纪律；

④ 讲解典型拆除工程安全事故案例有应吸取的教训；

⑤ 事故发生后抢救伤员、报告、保护现场要求。

（5）项目一级安全教育：工人分配到施工点后由施工员和项目技术负责人组织教育，安全员参加，教育主要内容：

① 本拆除工程施工特点、预防事故方法；

② 本拆除工程 OHSMS 制度、规定及安全注意事项等；

③ 本拆除工程安全操作规程、技术操作规程；

④ 安全防护用品使用基本知识及要求。

（6）队（组）一级安全教育，由队（组）长负责组织进行，专（兼）职安全员参加，教育主要内容：

① 本队（组）安全生产情况；

② 本队（组）工作场所环境情况和安全注意事项；预防事故的主要方法；

③ 本队（组）安全管理制度和安全活动要求；

④ 个人安全防护用品使用要求。

（7）对从事电气、起重、切割、特殊高处作业的人员，场内机动车驾驶员、机械操作工以及接触易燃、易爆、有害气体等特种作业人员，必须进行专业操作技术培训和安全规程学习，经有关部门考试合格并取证后方可上岗独立操作。对上述人员进行定期考核，不合格者，待重新考试合格后方可上岗工作。

（8）工人调换工种等必须进行适应新岗位、新的操作方法的安全技术教育和必要的实际操作训练，经考试合格并取证后，方可上岗工作。

（9）对严重违反安全规章制度的人员，应由安监部门组织重新进行安全学习，并经考试合格后方可上岗工作。

7.4 安全生产措施

1）临时用电

（1）各级配电、用电电源必须设置漏电保护开关，单机漏电保护开关额定动作电源≤30mA，手持电动工具应选用15mA，漏电保护作电流的防溅型产品。

（2）所有配电箱开关箱在使用过程中的作用顺序如下，送电：总配电箱→分配电箱→开关箱→用电设备；停电：用电设备→开关箱→分配电箱→总配电箱。

（3）各组配电用电器应安装在绝缘电路安装板上，电器及熔断丝规格必须与电流量相一致。

（4）各级配电箱必须固定设置，箱底距地面不小于1.4m，各级配电箱必须设置防雨措施，设门备锁。

（5）接地电阻符合要求，减少触电事故发生。

（6）施工现场的总配电箱和开关箱应至少设置两级漏电保护器，而且两级漏电保护器的额定动作电流和额定动作时间应作合理配合，使之具有分级保护的功能。

（7）漏电保护器的选择应符合《漏电电流动作保护器（剩余电流动作保护器）》的要求，开关箱内的漏电保护器其额定漏电动作电流应不大于30mA，额定电动作时间应小于0.1s，使用潮湿和有腐蚀介质场所的漏电保护器应采用防溅型产品，其额定漏电动作电流应不大于15mA，额定漏电动作时间应小于0.1s。

（8）安全要求

① 各用电电器的安装维修或拆除必须由电工完成，电工等级应同工程的难易程度和技术复杂性相适应。电工必须持有相关部门颁发的电工证方能上岗。

② 各用电人员应掌握安全用电基本知识和所用设备的性能，使用设备前必须按规定穿戴和配备好相应的劳动防护用品，并检查电器装置和保护设施是否完成，严禁设备带病工作运行。

③ 停用的设备必须拉闸断电，锁好开关箱，专业电工负责保护所用设备的负荷线、保护零线和开关箱，发现问题及时解决。

④ 施工现场的施工人员必须严格按照OHSMS的要求，积极推行施工现场标准化管理，按施工方案组织施工。

（9）临时用电定期安全检查

① 施工现场电工每天上班前检查一遍线路和电气设备的使用情况，发现问题及时处理，每周对所有配电箱开关箱进行检查和维修，并且做好记录。

② 施工现场每周由班组长、安全员、电工对工地的用电设备用电情况进行全面检查。

③ 查出问题定人定时定措施进行整改，对整改情况进行复查。

2）高处作业防护措施

（1）高处作业施工前逐级进行安全技术教育及交底，落实所有安全技术措施和人身防护用品。

（2）高处作业中的安全标志、工具和各种设备施工前经检查确认后方可投入使用。

（3）高处作业人员必须经过专业技术培训及专业考试合格后持证上岗，并在施工前现场进行安全教育。

（4）雨、雪天进行高处作业时，必须采取可靠的防滑措施，待水、冰清除后方能作业。

（5）施工作业场所有坠落可能的物件，一律先行撤除或加以固定。

（6）拆卸下的物件及物资等及时清理运走，不得任意乱置或向下丢弃。传递物件禁止抛掷。

（7）高处作业时，在下方设置警戒区，设立安全警示牌，由现场安全员在下方监督安全生产和维持周边秩序。

3）其他安全措施

（1）全面接受甲方的安全指导。

（2）公司、项目部、班组长在进场前进行三级安全教育和消防安全教育，并由各班组和职工签订《施工安全协议书》，明确安全责任，提高职工自我保护意识。

（3）各个班组安排专人作为安全监督员，在实际施工作业中专职进行监督和巡查。

（4）现场设置安全生产巡逻人员，全天候、全方位监督施工现场，发现问题及时纠正，找出原因并督促改正。情况严重者，巡逻人员有权要求停工，并及时向项目经理汇报。

（5）各工种必须持证上岗，按照本工种的安全技术操作规程操作。

（6）使用明火要经安全部门同意，开具动火证以后才可动火，气割须配备专职灭火工，并且配备灭火器材。

（7）各类电器也要本着谁使用、谁负责的原则，做到安全用电，防止电器损坏和火灾发生。

（8）拆除前要检查被拆除建筑物的内部情况，确定该建筑物具备施工条件后方可施工。

（9）四级以上大风及雷雨天停止施工。

（10）拆除施工之前首先要将现场清理，不得有无关人员并在四周设立警戒后方可动工。

（11）对施工现场进行封闭管理，施工人员一律统一服装进场，与工程无关的人员严禁进入施工现场。

（12）拆除施工严格按照施工方案进行。

（13）劳动防护用品购买时严把质量关，发放及时，并根据使用要求在使用前对其防护功能进行必要的检查。

（14）进入施工现场必须戴安全帽，高空作业时必须系安全带。施工人员对"三宝"的使用必须符合相关的使用要求。

① 安全帽佩戴要求：安全帽必须经有关部门检验合格后方能使用；正确使用安全帽并扣好帽带；不准把安全帽抛、扔或坐、垫；不准使用缺衬、缺带及破损的安全帽。

② 安全带佩戴要求：安全带必须经有关部门检验合格后方能使用；安全带必须按规定抽检，对抽检不合格的必须更换后方能使用；安全带应储存在干燥、通风的仓库内，不

准接触高温、明火、强碱或尖锐的坚硬物体；安全带应高挂低用，不准将绳打结使用；安全带上的各种部件不得随意拆除；更换新绳时要注意加绳套。

（15）驾驶员认真遵守交通规则，精心驾驶，中速行驶，及时维修机械、车辆，严禁酒后驾车，确保行车安全。

（16）按防治职业病的要求提供职业病防护设施和个人使用的职业病防护用品，改善工作条件。

（17）搞好工地卫生，防止工地中毒。

（18）施工现场的卫生管理制度和操作规程根据实际情况随时改进。

（19）施工现场制定消防管理规定、消防紧急预案，配备的消防器材做到布局合理、数量充足。

（20）施工现场保证供应卫生饮水，有固定的盛水容器和有专人管理，并定期清洗消毒。

（21）施工现场制定卫生急救措施，配备保健药箱、一般常用药品及急救器材。

（22）施工现场制定伤亡事故处理办法。

7.5　预防"五大"伤害事故措施

（1）高处坠落

高处作业时要设置安全标志，张挂安全网，系好安全带，患有心脏病、高血压、精神病等人员不能从事高处作业。高处作业人员和衣着要灵便，但决不可赤身裸体，脚下要穿软底防滑鞋、硬质底鞋、带钉易滑的靴鞋，操作要严格遵守各项安全操作规程和劳动纪律，攀爬和悬空作业人员持证上岗。高处作业中所用的物料应该堆放平稳，不可置放在临边或洞口附近，也不可妨碍通行和装卸。严禁从高处往下丢弃物体，各施工作业场所内，凡有坠落可能的任何物料都要一律先行撤除或者加以固定，以防跌落伤。高处作业的防护设施应经常检查，并加强工人的安全教育，防患于未然。

（2）防治"触电"伤害措施

施工现场用电采用"三相五线制"，各用电电器的安装、维修或拆除必须由电工完成，电工等级符合国家规定要求，各用电人员应掌握安全用电基本知识和所用设备的性能，停用的设备必须拉闸断电，锁好开关箱。施工现场电工每天上班前应检查一遍线路和电气设备的使用情况，发现问题及时处理，加强管理人员及工人的用电安全教育，严禁私自接设线路，严防"触电"事故。

（3）防治"物体打击"措施

加强施工管理人员和工人的防护意识的教育，高处作业中所用的物料应该堆放平稳，不可置放在临边附近，对作业中的走道、通道和登高用具等，都应随时加以清扫干净。拆卸下的物体，剩余材料和废料都要加以清理和及时运走，不得从高处任意往下乱丢弃物体，传递物件时不能抛掷。施工作业场所内，凡有坠落可能的任何物料，都要一律先撤除或者加以固定，以防跌落伤人。进入施工现场所有人员均要求戴好安全帽，挖掘机、液压锤等大型机械设备要定人定机，高空作业中严禁从高处向下抛物体，要用绳子系好后慢慢往下传送，现场要设置物体打击的警告牌。

（4）防治"机械伤害"措施

要认真学习掌握本工程安全技术操作规程和安全知识，自觉遵守安全生产规章制度，严格按交底的要求施工，作业中坚守岗位，遵守操作规程，不违章作业，有权拒绝违章指挥，实行定人定机制，不得擅自操作他人操作的机具，作业前应检查作业环境和使用的机具，做好作业环境和操作防护措施。

（5）防治"坍塌伤害"措施

拆除施工期间由专职安全员在其四周巡查，严禁有人员靠近，并时刻观察建筑物的情况，机械施工必须严格按照既定的施工方案实行，仔细分析被拆除建筑物的结构特点，全面杜绝坍塌事故的发生。

7.6　拆除施工安全技术措施

（1）保持安全的现场施工环境，非施工人员禁止入内，现场防护设施、安全标志齐全有效，未经许可不得擅自移动或拆除。

（2）杜绝交叉作业，高空作业时有专人指挥，设警戒人员。杜绝非施工人员靠近。

（3）拆除建筑物过程中，现场照明不得使用被拆除建筑物中的配电线，应另外单独敷设配电线路。

（4）拆除作业应严格按拆除方案进行，拆除建筑物自上而下依次进行；拆除建筑物的栏杆、楼梯等，应该和整体进度相配合，不能先行拆除。

（5）禁止数层同时拆除；建筑物的承重支柱和横梁，要等待它所承担的全部结构和荷载拆除后方可进行。

（6）先拆板、次梁再主梁，严禁顺序颠倒。

（7）独立柱、墙、附墙柱的拆除，应从上至下基本同步进行和在楼板楼梯转角平台的结构上立设稳妥的作业平台后才可进行作业，严格禁止拆除作业人员直接站在柱、墙截面、梁上的作业，尤其在拆除外墙、梁时，更应特别注意，落实好作业的安全防护。

（8）拆除梁和楼梯板时，必须从中间往两端基本对称进行，绝不允许先拆两端或一端后，而让梁和楼板下坠；对凡是跨度和荷重较大的梁、楼梯段的拆除，还应视情况研究是否落实加设预支护措施；在转角楼梯板的上节未拆除前，绝不允许对楼梯梁有破坏性的损伤；上层楼梯未拆除前，绝不允许进入下节楼梯板的拆除。

（9）各层的落渣口位置，都应选取在非作业人员上下和水平行走的通道位置上，并应落实防护措施，对拆下的板面上的渣块材料，要做到及时逐层下落到底层并清理，以免出现结构压断的危险。

（10）靠路边的部位需设置必要的安全防护措施及安全警示标志，搭设的安全围挡及必要的安全防护措施不能影响周边道路正常人、车通行。由于施工区域东侧与周边道路相邻，施工时在施工区域的周边设专职安全员、设置警戒线，逐层破碎施工时，脚手架外除挂设密目网外，随着拆除高度在作业层和上部防护层脚手架的内侧再增加一道密目网和一道大眼网，防止渣块外溅。

（11）逐层破碎施工时严格管理，杜绝渣块外溅，6层以下拆除时，先期在楼体西侧及南侧地面铺设竹胶板，全面杜绝因渣块外溅而砸伤锚索索头。确保拆除过程中周边基坑的安全。

7.7 季节性施工

1）拆除工期需根据业主总的施工进度计划确定，拆除过程可能经历雨季。

2）雨期施工相应措施：

（1）根据业主的总施工进度计划及时安排拆除进度。

（2）现场施工人员、安全员、技术人员在雨期来临前对现场进行雨期安全检查，发现问题及时处理，并在雨期施工期间定期检查。

（3）四级大风以上及雷雨天必须停止所有拆除施工。

（4）四级大风以上天气必须停止渣土倒运及运输。

（5）雨期要经常检查现场电器设备的接地、接零保护装置是否灵敏；雨期使用电器设备和平时使用的电动工具应采取双重保护措施，注意检查电线绝缘是否良好，接头是否包好，严禁把电线泡在雨水中。

（6）出入施工现场的车辆应保持清洁干净，不得将泥土带出工地，污染市政道路。

（7）保证现场和生活区、办公区干净整洁，并派专人清理干净，必要时对生活区、办公区进行洒水、消毒。

（8）严格落实食堂卫生管理制度和责任制度，做好预防夏季易发生的食物中毒事故的发生。

（9）雨期天气闷热，后勤保障部应采购有关夏季防暑降温的医疗药品和食品。做好夏季的防暑降温和医疗保健工作。

8 文明施工及环保、消防措施

8.1 文明施工

1）建筑物内施工

（1）作业层设置 5 个消防灭火器，安排 1 名安全员，24 小时巡查。

（2）先期必须将所有易燃、易爆物清除出场，包括木质门窗，办公桌、椅、柜，走道木质扶手，各管道的保温层等，并经过业主验收合格。在与业主方进行现场水、电交接，确保无安全隐患后，方可进行后续的切割作业。

（3）管道切割时，氧气、乙炔距离必须保持在 5m 以上，设置专职看火人，并在切割区域配备 4 条灭火毯。

（4）严禁与工程无关人员进入施工现场，施工工人必须佩戴安全帽，进行管道切割时，利用移动架体，并佩戴安全带。

（5）施工区域严禁吸烟。

（6）渣土倾倒口设置安全护栏，被拆除层施工作业时，在该层提前做安全护栏，使用直径 48mm 的钢管，护栏高度不低于 1.0m。

2）逐层破碎施工

逐层破碎施工时，除作业面允许有施工人员，其他作业面严禁有人员存在。

（1）下部的渣块掏运期间，上部楼层作业面停止施工，上、下部楼层作业面应通过对讲机及时联络、配合。

（2）脚手架按设计尺寸搭设，搭设工人必须戴好安全帽，系安全带，安全带固定在稳固的架体或结构上。

（3）逐层破碎施工时，机械移动时尽量保持骑坐在柱和梁体上。

（4）逐层破碎施工时，该层脚手架上铺设脚手板，与墙结合应紧密，东侧内立面再挂设 1 道密目网及大眼网（该层脚手板作为防护使用，脚手板铺设不少于两步。防止渣块下落、外溅，不作为施工作业面使用）。拆除时应精细施工，控制渣块的直径、大小，由上至下拆除，全面杜绝渣块向外溅落。

（5）逐层破碎施工时，需进行切割作业，设专职看火人，作业面配备 5 个灭火器，并配备 4 条灭火毯。

3）建筑物外施工安全防护

（1）根据施工平面布置图设立围挡、警戒线。

（2）做好主楼拆除期间的安全警戒工作，由于主楼东侧外墙与围墙相隔 11.0m，与围墙外道路辅路相距 21.0m，为确保安全施工，东侧搭设防护棚与架体相接，并在人行甬道外边界处设置警戒线，安排专职看护人员，确保施工期间过往人员、车辆安全。

（3）进入施工现场严禁吸烟，场地的材料堆放区必须设置灭火器。

（4）施工期间现场设置专职安全员，二次切割时设专职看火人。

8.2 环保措施

（1）逐层破碎施工时，在地面设置一移动式储水罐（容量为 15t），水罐中设置一高压消防泵，喷洒高度可达 60m 以上，配套耐高压水管、喷枪由储水罐接引至楼顶作业面，随作业随洒水抑尘。

（2）建筑物解体作业期间，全程洒水降尘，现场设置三个洒水点，其中两个紧随拆除机械随拆除随洒水，另一个使用洒水车移动洒水，将粉尘污染降到最低。由于机械作业区域不固定，降尘水源也根据机械的移动位置而改变，但不得少于三个洒水点。

（3）逐层破碎作业时，主要采用机械配备液压破碎锤、液压破碎剪施工，液压挖掘机清运破碎后的渣土。

（4）被拆除建筑物的外立面幕墙做到逐层破碎一层拆除一层，临时保留外立面窗户以最大限度防止施工尘土的向外飘散。

（5）地面下落的渣块二次破碎时，使用反铲挖掘机将渣块二次平移至楼体的北侧空地进行二次破碎和渣土归堆。

（6）施工作业时间严格按业主的规定，严格控制作业时间，晚间机械作业不超过19：00，21：00 以后只能进行渣土材料的运输，早晨作业不早于 6：00，严禁各种车辆鸣笛，确保施工区域的周边环境。

（7）渣土消纳：充分利用我方的施工机械设备，提高施工的机械化程度。配备 15 辆自卸汽车，保证渣土顺利运输。施工作业时间：早上 6：00 至 12：00，13：00 至19：00。垃圾清运时，车辆封闭覆盖应符合国家、北京市相关渣土车辆运营标准；垃圾清运时间安排应符合国家、北京市相关要求。

8.3 消防安全措施

1）消防保卫管理体系

成立以项目经理为组长，施工队队长为副组长的防火安全管理领导小组，负责施工现场消防工作。

2）消防保卫管理体系

（1）设消防保卫部负责监督、检查现场消防管理和现场保卫工作。

（2）项目经理部设专职消防保卫干部，负责施工现场的消防、保卫组织管理工作。

（3）项目经理部设立现场保卫，负责现场的安全保卫工作，并且24小时值班。

（4）施工作业层成立义务消防员、义务小分队，义务治安员、义务治安小分队，负责现场的治安保卫、消防工作。

3）消防管理制度

（1）消防工作实行"预防为主，防消结合"的方针，现场有明显的防火标志。

（2）施工现场实行逐级防火责任制，设一名专职干部全面负责消防安全工作。

（3）新到工人必须经过防火安全教育。

（4）严格执行贯彻消防法规、规章和消防技术规范。

（5）在职工中开展防火安全的宣传教育，定期进行防火知识教育和灭火技术训练。

（6）经常进行防火安全检查，及时制止、纠正违章行为，防止和消除火灾隐患。

（7）消防保卫人员每天对施工场所，用火用电等情况进行巡查，做到及时掌握情况，问题认定准确，隐患整改及时。

（8）现场严禁明火作业，如用火必须开用火证，对用火地点周围、上下进行检查，并填写消防检查记录，做到责任明确。

4）消防管理措施

（1）认真贯彻《中华人民共和国消防条例》，坚持"预防为主，防消结合"的方针，增强施工人员的消防意识。在施工时将制订严密的消防安全措施和消防应急预案。

（2）施工现场配备足够的消防器材和消防设备，做到经常检查，发现问题及时上报处理。现场施工作业，设备、材料堆放不得占用或堵塞消防通道。

（3）先清理楼体内的所有易燃、易爆物品，再进行切割作业。严格执行现场用火审批制度，使用电气焊时办理用火证，并设专人看火，配备消防器材，看火人不得擅自离开看火地点。氧气、乙炔瓶严禁放在动火地点下方，并采取有效措施遮盖，夏季不得暴晒。严禁采用明火检查漏气情况。遇四级以上大风时停止室外气割作业。气割作业完毕切断气源，并检查操作区域内无火灾隐患后方可离开。现场配备不少于50个灭火器，每个楼层不少于5个。

（4）施工现场严禁吸烟。

（5）乙炔瓶与氧气瓶必须分开保管，使用时两瓶间距不得小于5m，两瓶与用火点使用间距不得小于10m。

（6）主体结构拆除时，需割炬切割区域每个区域不少于5个灭火器，每个割炬切割区域设置专职"看火人"，全程监督，同时并做好各种消防预防措施，杜绝一切消防隐患。

5）用火用电管理

（1）电、气焊工经专门培训，掌握焊割消防安全技术，并经考试合格后，持上岗证进行操作，禁止非焊工进行作业。

（2）进行电、气焊作业前，必须由现场消防保卫人员或防火负责人指定的专人办理用火审批手续，用火地点变更时，应重新办理用火审批手续，用火证当日有效。

（3）进行电、气焊作业时，要选择安全地点，认真落实有针对性的防火措施，必须派专人进行监视，随身携带灭火用具。

（4）乙炔发生器（瓶）、液化石油气瓶与氧气瓶的工作间距不小于 5m，乙炔发生器（瓶）、氧气瓶与电、气焊用火地点不得小于 10m。

（5）乙炔发生器发生冻结时，不得用明火烘烤。检查漏气时要用肥皂水，禁止用明火试漏。

（6）氧气瓶、乙炔瓶不得接近热源，夏季不宜在日光下曝晒，搬运时禁止滚动撞击，氧气瓶不得接近油脂。

（7）电、气焊停止作业时，应切断电、气源，焊钳、焊枪使用完，不得放在可燃物及周围，焊条头不得随便乱扔。

（8）电气焊禁止与其他工种同时间、同部位、上下交叉作业。遇有五级以上大风时，应停止露天及高空的焊割作业。

（9）禁止在"严禁明火"的部位及周围进行焊割。禁止焊割未经清洗的可燃气、易燃气、液体及喷漆过的容器和设备。

（10）用电管理执行施工现场安全用电实施细则。使用电热器具，必须经过批准设专人负责管理。

（11）施工现场内根据实际情况设置吸烟室，贴明显管理要求和标志，配备烟头容器和灭火器材。

9 施工应急预案

9.1 应急救援组织机构

1）应急救援人员小组及联系方式（表 9.1）

应急救援人员小组及联系方式 表 9.1

序号	姓名	应急救援职位	联系方式	备注
1	＊＊＊	组长	＊＊＊＊＊＊＊＊＊＊＊＊	
2	＊＊＊	副组长	＊＊＊＊＊＊＊＊＊＊＊＊	
3	＊＊＊	副组长	＊＊＊＊＊＊＊＊＊＊＊＊	
4	＊＊＊	副组长	＊＊＊＊＊＊＊＊＊＊＊＊	
5	＊＊＊	救援分队长	＊＊＊＊＊＊＊＊＊＊＊＊	
6	＊＊＊	保卫分队长	＊＊＊＊＊＊＊＊＊＊＊＊	
7	＊＊＊	后勤保障分队队长	＊＊＊＊＊＊＊＊＊＊＊＊	
8	＊＊＊	医疗救护分队队长	＊＊＊＊＊＊＊＊＊＊＊＊	
9	＊＊＊	善后处理分队队长	＊＊＊＊＊＊＊＊＊＊＊＊	
10	＊＊＊	事故调查分队队长	＊＊＊＊＊＊＊＊＊＊＊＊	

2）组织机构领导职责

组　长：＊＊＊（项目经理；第一负责人）负责紧急情况处理的指挥工作。

副组长：＊＊＊（项目生产副经理；第一执行人）负责紧急情况处理的具体实施和组织工作。

副组长：项目总工＊＊＊是坍塌事故、大型脚手架应急小组负责人，负责相应事故抢救组织工作的配合和事故调查的配合工作。

副组长：安全总监＊＊＊是高处坠落事故、机械伤害事故、触电事故、车辆火灾事故、交通事故、火灾及爆炸事故、工地盗抢事故应急负责人，负责相应事故抢救组织工作的配合和事故调查的配合工作。

3）下设机构及职责：

（1）救援组：组长由项目安全总监＊＊＊担任，成员由安全部、工程部、机电部和各分包单位负责人组成。

主要职责是：组织实施救援行动方案，协调有关部门的救援行动；及时向指挥部报告救援进展情况。

（2）保卫组：组长由消防保卫工程师＊＊＊担任，成员由项目内保及保安队员组成。

主要职责是负责事故现场的警戒，阻止非抢险救援人员进入现场，负责现场车辆疏通，维持治安秩序，负责保护救援人员的人身安全。

（3）后勤保障组：组长由项目生产经理＊＊＊担任，成员由项目物资部、行政部、合约部、食堂组成。

主要职责是：负责调集救援器材、设备；负责解决全体参加抢救工作人员的食宿问题。

（4）医疗救护组：组长由项目总工＊＊＊担任，成员由技术部、质量管理部组成。

主要职责是：负责现场伤员的救护，联系急救车辆，为120、999救护车辆引路等工作。

（5）善后处理组：组长由项目经理＊＊＊担任，成员由项目领导班子及伤亡职工所属单位负责人组成。

主要职责是：负责做好对遇难者家属的安抚工作，协调落实遇难者家属抚恤金和受伤人员住院费问题，做好其他善后事宜。

（6）事故调查组：组长由项目经理、公司责任部门领导担任，成员由项目安全主管、公司相关部门、公司有关技术专家组成。

主要职责是：负责对事故现场的保护和图纸的测绘，查明事故原因，确定事件的性质，提出应对措施。如确定为事故，提出对事故责任人的处理意见。

9.2　应急响应及措施

1）应急响应（图9.2）

2）应急措施

（1）一旦发生安全事故，总指挥立即率领现场人员投入抢救，同时马上进行急救并联系就近医院。

（2）根据现场实际情况有组织地进行抢救，如现场还有危险发生的可能性，应立即将

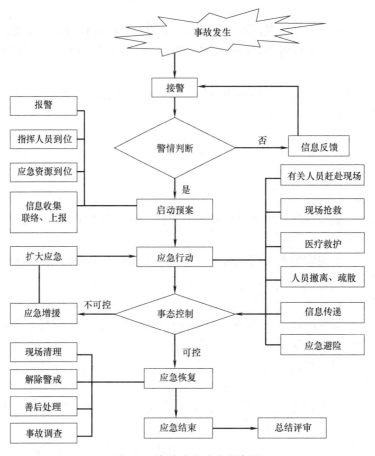

图 9.2 事故应急响应程序图

伤员转移至安全地带，如现场没有危险应尽量少搬动伤员。

（3）应先对伤员进行简单的止血包扎，如伤员呼吸、心跳停止应对伤员进行人工呼吸和心脏按压，在救护车到来之前不要停止对伤员的抢救。

（4）对伤情不太严重的伤员进行简单的止血包扎后直接用车送往就近医院相关科室进行治疗。

（5）小组其他成员负责维护现场秩序、疏散无关人员、设置警戒线、保护好事故现场。

（6）及时、具体、真实地向上级汇报事故的损失和人员伤亡情况，配合事故的调查处理工作。遵循"四不放过"的原则查清事故原因，总结经验、吸取事故教训，落实整改措施。

9.3 高处坠落应急情况处理原则和措施

1）应急情况处理原则

（1）一旦发生作业人员从高处坠落，总指挥应立即率领现场人员根据现场的实际情况有组织地进行抢救，同时负责拨打急救电话 120 联系救援车辆。

（2）如现场还有危险发生的可能性，应立即将伤员转移至安全地带，如现场没有危险应尽量少搬动伤员，应先对伤员进行简单的止血包扎，发生骨折的应用木板固定。

（3）如伤员呼吸、心跳停止，应对伤员进行人工呼吸和心脏按压，在救护车到来之前不要停止对伤员的抢救。对伤情不太严重的伤员进行简单的止血包扎后直接用车送往就近医院进行治疗。

（4）施工人员负责维护现场秩序，疏散无关围观人员，设置警戒线安排人员保护好事故现场。

（5）安全员负责及时、具体、真实地向上级汇报事故的损失和人员伤亡情况，配合事故的调查处理工作。总结经验、吸取事故教训，落实整改措施。

2）现场防护重点及预防措施

（1）质安部加强对职工的安全生产教育，严格遵守操作规程，不违章作业，认真执行安全技术交底。正确佩戴和使用安全帽、安全带等劳动保护用品。

（2）机械设备专人负责、定人定岗、持证操作。作业前检查机械的各种保险装置是否有效。

（3）重点检查施工现场"四口、五临边"等关键部位的安全防护设施是否齐全到位，是否符合安全生产标准。

（4）检查外架拉接点是否符合标准，脚手板是否铺设严密、牢固，安全网、拴结是否结实、严密。

9.4　物体打击应急情况处理原则和措施

1）应急情况处理原则

（1）一旦发生作业人员受到物体打击，总指挥应立即率领现场人员投入抢救，同时拨打急救电话120联系救援车辆。

（2）根据现场的实际情况有组织的进行抢救，如现场还有危险发生的可能性，应立即将伤员转移至安全地带；如现场没有危险应尽量少搬动伤员。

（3）应先对伤员进行简单的止血包扎，发生骨折的应用木板固定；如伤员呼吸、心跳停止应对伤员进行人工呼吸和心脏按压，在救护车到来之前不要停止对伤员的抢救。

（4）对伤情不太严重的伤员进行简单的止血包扎后直接用车送往就近医院进行治疗。

（5）员工负责维护现场秩序、疏散无关人员、设置警戒线、保护好事故现场。

（6）及时、具体、真实地向上级汇报事故的损失和人员伤亡情况，配合事故的调查处理工作。遵循"四不放过"的原则查清事故原因，总结经验、吸取事故教训，落实整改措施。

2）现场防护重点及预防措施

（1）加强对职工的安全生产教育，严格遵守操作规程，不违章作业。高空作业时不乱掷料具物品，使用的工具随时入袋。

（2）认真执行安全技术交底。正确佩戴和使用安全帽，安全帽佩戴时扣紧下颚带。

（3）机械设备专人负责、定人定岗、持证操作。作业前检查机械的各种保险装置。

（4）重点检查施工现场"四口、五临边"的安全防护设施是否齐全到位，是否符合安全生产标准。

（5）脚手板铺设严密、牢固，安全网拴结结实、严密。

（6）设置专门存放点存放脚手板，存放场地平整。

9.5　机械、起重设备伤害应急情况处理原则和措施

1）应急情况处理原则

（1）一旦发生机械设备伤害事故，可根据现场的实际情况进行抢救，并积极采取相应的应急措施。

（2）发生轻伤时，先对受伤人员进行止血包扎；发生重伤或伤员被机械设备卡住时，应本着先救人后减少经济损失的原则，尽快使伤员脱离危险处境，同时拨打120急救电话。

（3）救护组抢救伤员时，要根据不同的伤情，采取止血、包扎、固定等不同的抢救方法。

（4）及时查看伤员的受伤部位、受伤情况，如发生残肢、断指等严重情况时，要及时进行查找，用干净的纱布包裹，尽快送往附近医院或急救中心。

（5）副总指挥负责带领员工设立警戒线，清理无关人员。

（6）材料配备：急救药箱、止血绷带、消毒纱布等必备用品。伤员运输由项目经理负责准备车辆备用。

2）预防重点及防护措施

（1）不违章指挥；租赁资质、手续齐全单位的机械设备；用有资质的单位进行拆卸、安装作业。机械设备及时淘汰更新，不超期服役。

（2）明确机械负责人；施工机械定人定岗，操作机手上岗工作前细致检查。认真执行机械安全技术操作规程。正确使用和佩戴个人劳动保护用品。

（3）工人上岗前先教育培训，操作机手持证上岗，不擅自脱岗；机械验收合格后再投入使用；下班后、机械维修时要拉闸断电。

（4）夜间施工光照条件不足的要及时采取措施满足施工作业要求。机械设备使用专门开关箱，执行"一机、一闸、一漏、一箱"的规定。

（5）购买和使用合格的经过国家质量认证的优质产品和机械配件。及时保养、更换设备磨损过度的零部件；完善机械动力传动的防护装置，及各种警示标识。

9.6　触电应急情况处理原则和措施

1）应急情况处理原则

（1）一旦发现有人触电，首先要切断电源，使触电者尽快脱离危险区。如果电箱不在附近，在抢救触电者时要用干燥、绝缘的物品（如干燥的衣服、绳索、木板、木棒）将电源线挑离触电者身体。

（2）万一触电者因抽筋而紧握电线，可用干燥的木柄消防斧、胶把钳等工具切断电源线。

（3）如果触电者身上或周围发生着火时，抢救前要先拉闸断电或使用干粉灭火器进行灭火，不能用水直接泼。

（4）抢救出触电者以后，首先要查看伤员是否还有心跳、呼吸。如果伤员的心跳、呼吸已经停止，应该先对其进行胸腔按压和人工呼吸；在救护车到来之前此项工作不能停止。

（5）员工负责设立警戒线，清理无关人员。保护好事故现场，以免事故现场被破坏，影响事故调查。

2）预防重点及防护措施

（1）制定施工组织设计方案；对新工人上岗前进行安全生产教育培训，持证上岗；正确佩戴安全保护用品；禁止酒后作业；禁止非电工操作。

（2）不违章指挥，对操作人员进行安全技术交底；安全管理人员要认真履行职责，严格、细致地做好现场检查工作。

（3）电器设备进行检修时电闸箱处按照规定悬挂警示标识；并安排专人进行值守，严格按照规定程序送电。

（4）与外高压线距离太近的机械设备、高大脚手架，按规定设置安全有效的防护措施、避雷设施。

（5）不符合安全使用要求的电气设备、电气材料坚决不用。及时更换磨损、老化、绝缘不合格的动力线，不使用麻花线或塑料胶质线。

（6）电箱安装位置合理，防护措施齐全；电闸箱进出线清楚明了，不随便拉接。

（7）室外照明灯具距地不低于3m，室内照明灯具距地不低于2.4m；在潮湿的作业场所、金属容器内进行施工作业时按照规定使用安全电压照明；焊机的一次电源线、二次电源线符合安全使用标准。

9.7 火灾、灼伤应急情况处理原则和措施

在对现场实际情况进行检查、评估、监控和危险预测的同时，确定安全防范和应急重点，特制定火灾灼伤应急预案，旨在加强施工现场的消防安全工作，消除火灾隐患，扑灭初起火灾以确保工程项目顺利进行。

1）应急情况处理原则

（1）在发现火情的第一时间，由发现人首先向周围人员报警，可用直接大声呼喊等方式。同时报告项目部领导或现场负责人。

（2）项目部接警后，立即组织人员投入应急抢险工作的实施，由总指挥请示总经理后拨打119火警电话，报清火灾地点，保证迅速、沉着、准确、简明的报告火警，并派专人在工地门口等候、引导消防车辆。

（3）首先安排电工切断电源，接通水源，疏通现场道路，员工在项目经理的带领下，根据起火原因和燃烧物的性质、状态、燃烧范围等因素，正确选择灭火方向、部位，采取适当的措施，正确使用消火栓或干粉灭火器进行灭火。

（4）员工在总指挥的带领下，抢救现场受伤人员，将伤员转移到安全地带，对烧伤人员的伤口用干净的纱布敷盖，注意保暖，实施简单包扎，待救护车到后将伤员送往医院。

（5）安全员负责带领员工，迅速查明起火部位的物资情况，根据现场实际情况，在确保人员安全的前提下积极实施受伤人员的救助和重要物资的抢救。

（6）安全员负责保障信息畅通，并随时向总指挥汇报，切实保证灭火工作中各项需求信息准确到位。

（7）安全员负责现场的安全保卫工作，维持现场秩序，疏散无关人员，保障消防车辆通行。加强警戒，设置警戒线，禁止无关人员进入现场，保护好火灾现场和重要物资。

（8）消防队到达现场后，义务消防队要听从火场指挥员的指挥，并将相关情况和信息进行汇报沟通。积极协助消防队采取技术性的或相应的补救措施。

（9）灭火后协助有关部门调查火灾原因，吸取火灾教训，落实整改措施，如实向上级汇报。

2）现场防范重点、预防措施

（1）杜绝违章指挥，施工前对工人进行进场安全教育；多工种交叉作业时要对工人进行详细的安全技术交底。

（2）安全管理人员加强对施工现场的督促检查工作；检查安全预防措施的实施，出现问题督促落实整改。

（3）专业工种持证上岗；履行动火作业审批手续；气割工具现场作业时，配备专职看火人、灭火器材；作业前清理现场的易燃物品；操作时按规定佩戴安全保护用品。

（4）杜绝现场吸烟现象；宿舍不私拉乱接，不违章使用电器，不躺在床上吸烟，不酒后作业。

（5）食堂的液化气罐与工作间分开放置，单设隔离间，与灶眼保持安全距离，下班后拧紧阀门，经常检查，发现故障及时更换。

9.8　坍塌应急情况处理原则和措施

1）坍塌应急情况处理原则

（1）一旦发生坍塌安全生产事故，由总指挥组织工作人员立即投入抢救，使伤者尽快脱离危险区。

（2）如伤员已被掩埋，要及时向其他在场人员了解情况，询问被掩埋人员数量、基本具体位置，抢救中注意保护伤员，不能盲目施救。

（3）抢救过程中不准违章指挥，以免造成更大的人员伤亡。抢救中发生困难的，由总指挥经请示后向其他单位进行求助，紧急调运机械设备，使伤员尽快脱离危险。

（4）抢救伤员时，要根据不同的伤情，采取止血、包扎等不同的抢救方法。对发生骨折的伤员要采取木板固定的方法，并小心谨慎搬运。

（5）抢救出伤员后，首先要查看伤员是否还有心跳、呼吸。如果伤员的心跳、呼吸已经停止，应该先对其进行胸腔按压和人工呼吸，在救护车到来之前此项工作不能停止。

（6）发生轻伤时，先对受伤人员进行止血包扎，发生重伤或伤员被机械设备、构造筑件卡住时，本着先救人后考虑减少经济损失的原则，尽快使伤员脱离危险处境，由总指挥经请示后拨打120急救电话。

（7）安全员负责组织工作人员设立警戒线，清理无关人员。禁止非抢救人员围观现场；保护好事故现场，以免事故现场被破坏，影响事故调查。

2）预防措施

（1）工人上岗前进行安全生产教育培训，消除麻痹大意思想；严格遵守安全操作规程；管理人员不违章指挥；对作业工人进行专项的安全技术交底。

（2）制定专项的施工方案、安全措施；雨期施工时采取相应的防止坍塌措施。在沟、坑、槽1m以内不违章堆土、堆料、停置机具。

（3）机械设备施工时与坑、槽边保持一定的安全距离，距离不符合规定时采取有效的安全措施，从而确保安全施工。

9.9　脚手架搭设、防护应急情况处理原则和措施

1) 脚手架搭设、防护应急情况处理原则

(1) 发生脚手架倒塌、高空坠落等伤害事故，由总指挥带领施工人员，立即投入对伤员的现场救护工作。可根据现场的实际情况积极采取相应的应急措施。

(2) 抢救伤员时，要根据不同的伤情，采取止血、包扎等不同的抢救方法。对发生骨折的伤员要采取木板固定的方法，并小心谨慎搬运。

(3) 抢救出伤员后，首先要查看伤员是否还有心跳、呼吸。如果伤员的心跳、呼吸已经停止，应该先对其进行胸腔按压和人工呼吸，在救护车到来之前此项工作不能停止。

(4) 发生轻伤时，先对受伤人员进行止血包扎。发生重伤或伤员被机械设备、构造筑件卡住时，本着先救人后减少经济损失的原则，尽快使伤员脱离危险处境，同时由总指挥拨打120急救电话。

(5) 安全员负责带领员工设立警戒线，清理无关人员。禁止非抢救人员围观现场。保护好事故现场，以免事故现场被破坏，影响事故调查。

2) 安全防护措施

(1) 施工作业前制定完善、具体的搭设方案，各立杆、横杆、剪刀撑、护身栏的搭设严格按照搭设方案的尺寸进行施工作业。

(2) 脚手架搭设前对地基夯实、平整，具有排水功能。立杆下设底座铺设通长垫板，按规定设扫地杆。

(3) 作业层内侧脚手板与外墙的距离符合要求，不得大于20cm；作业面按规定设护身栏、挡脚板；安全网封闭严密，不留缝隙、豁口。

(4) 脚手板铺搭牢靠、严密，严禁飞跳板、探头板。及时清理脚手板上的杂物，不在脚手板作业面违章放置其他料具。

(5) 按规定设置剪刀撑，剪刀撑的跨越宽度不准大于7根立杆、水平夹角在45°~60°之间。

(6) 脚手架的拉接点垂直、水平距离均不得大于4m。禁止违章使用柔性拉接，机砖单排堆放不准超过三层。拆除防护脚手架实际荷载每平方米不准超过200kg的标准，工程脚手架的荷载每平方米不准超过270kg的标准。脚手架按规定安装避雷装置，接地电阻不得大于4Ω。在高压线附近进行脚手架作业时必须采取停电措施。脚手架外沿与高压线安全距离不够时采取安全有效的防护措施。

(7) 脚手架经验收合格后再投入使用，大风、大雨过后及时对安全防护设施逐一进行检查，检查是否有松动、脱落、变形、损坏等现象，并及时恢复整改。

(8) 拆除脚手架时安排专人进行警戒，设置警戒区域和警戒标志。脚手架的拆除应遵循"后装先拆、先装后拆"的原则，按顺序、层次进行拆除作业。安全生产管理人员加强对施工现场安全生产情况的检查力度，及时发现事故隐患，及时督促落实整改，把事故隐患消灭在萌芽状态。

范例 2　建筑物超长臂液压剪拆除工程

李建设　编写

李建设　北京矿冶爆锚技术工程有限责任公司，教授级高级工程师，总工程师，第五届国家安全生产专家组建筑施工、非煤矿山安全生产专家，从事爆破、拆除、矿山及岩土工程工作三十多年。

某医院高层楼房超长臂液压剪拆除工程

安全专项施工方案

编制：

审核：

审批：

＊＊＊公司

年　月　日

目　　录

1　编制依据 ··· 98

2　工程概况 ··· 98

3　周边环境条件 ··· 99

4　施工方案选择 ··· 99

  4.1　拆除施工方案选择 ··· 99

  4.2　各建筑物拆除方法 ··· 99

  4.3　保留（受保护）建筑物的安全防护 ····················· 102

  4.4　拆除作业中的难点 ··· 104

5　施工组织及资源配置 ··· 104

  5.1　项目管理机构的组成 ·· 104

  5.2　项目管理机构组建要求 ······································ 105

  5.3　施工劳动力配备计划 ·· 105

  5.4　主要施工机械、设备配备计划 ···························· 106

  5.5　施工机械设备用途说明 ······································ 106

6　施工计划 ··· 107

  6.1　整体拆除次序 ·· 107

  6.2　计划进度安排 ·· 107

  6.3　工期保障措施 ·· 108

7　安全及技术保证措施 ··· 108

  7.1　方针目标 ··· 108

  7.2　管理体系 ··· 108

  7.3　工作制度 ··· 109

  7.4　行为控制 ··· 109

  7.5　劳务用工管理 ·· 109

  7.6　安全防护管理 ·· 109

  7.7　临时用电管理 ·· 110

  7.8　施工机械管理 ·· 110

  7.9　危险源辨识、评价 ·· 111

  7.10　其他安全技术措施 ··· 111

  7.11　邻近病房楼脚手架的防护措施 ··························· 112

  7.12　有关超长臂液压剪拆除联系廊的工作安排 ············ 113

  7.13　冬期施工方案 ·· 113

8　文明施工及环保、消防措施 ···································· 115

  8.1　环境保护承诺 ·· 115

8.2　降尘措施 ………………………………………………………… 115

8.3　降低噪声措施 …………………………………………………… 115

8.4　渣土清运措施 …………………………………………………… 115

8.5　文明施工措施 …………………………………………………… 116

8.6　环卫措施 ………………………………………………………… 117

8.7　消防管理 ………………………………………………………… 117

9　施工应急预案 ……………………………………………………… 118

9.1　组织机构 ………………………………………………………… 118

9.2　生产安全事故报告程序 ………………………………………… 119

9.3　事故应急救援保证 ……………………………………………… 119

9.4　生产安全事故应急救援程序 …………………………………… 119

9.5　应急救援预案的技术装备 ……………………………………… 119

9.6　事故应急救援措施 ……………………………………………… 120

1　编　制　依　据

(1)《中华人民共和国建筑法》；

(2)《中华人民共和国安全生产法》；

(3)《建设工程安全生产管理条例》国务院令第 393 号；

(4)《关于防止拆除工程发生伤亡事故的通知》建监安〔94〕第 15 号；

(5)《危险性较大的分部分项工程安全管理办法》建质〔2009〕87 号；

(6)《北京市实施〈危险性较大的分部分项工程安全管理办法〉的规定》（京建施〔2009〕841 号）；

(7)《建筑施工高处作业安全技术规范》JGJ 80—91；

(8)《建筑施工扣件式钢管脚手架安全技术规范》JGJ 130—2011；

(9)《建筑机械使用安全技术规程》JGJ 33—2001；

(10)《建筑拆除工程安全技术规范》JGJ 147—2004；

(11)《建筑施工临时用电安全技术规范》JGJ 46—2005；

(12)招投标资料及业主的有关要求、合同协议、被拆除工程的竣工图或设计图纸资料、现场踏勘调查资料、本单位同类的施工业绩等。

2　工　程　概　况

北京市某医院拆除工程包括以下建筑物：门诊楼（4 层，框架结构，8349m²，68m×68m）、联系廊（地上 9 层地下 1 层，框架剪力墙结构，高度 30m，7247m²，20m×60m）、MR. CT（放射科楼，1 层，砖混结构）、医技楼（包括同位素楼及医疗楼，4 层，砖混结构，5306m²，20m×86m）、制冷站（1 层，砖混结构），以上建筑均为 20 世纪 90 年代建成，拆除面积共计 22398m²。见图 2-1。

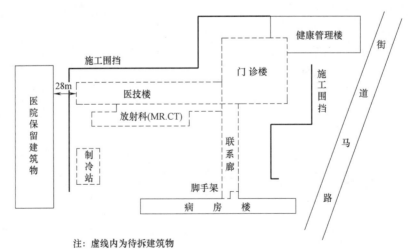

注：虚线内为待拆建筑物

图 2-1　待拆楼房及周围环境布置示意图

3　周边环境条件

所有待拆建筑物均在医院院内，周围环境复杂，周边有需要保护的建筑物，一是门诊楼的东北部与保留（受保护）的健康管理楼紧密相接，相接触部分平面延长约15m，二是联系廊的南部与保留（受保护）的病房楼紧密相接，两个建筑物墙体间伸缩缝宽度约为20cm；其他待拆的建筑物拆除具备机械施工及渣土堆放场地。由于以上两处均邻近正在使用的建筑物，因而拆除施工时要采取防护措施保证拆除施工对使用建筑物的影响最小，确保正在使用建筑物的安全，联系廊高度较大，拆除施工难度大。见图2-1。

4　施工方案选择

4.1　拆除施工方案选择

目前建筑物常用的拆除方法主要有以下三种：人工拆除、机械拆除和爆破拆除。由于人工拆除工期长、劳动强度及安全风险大，因而它主要作为机械及爆破拆除的辅助手段，很少作为单独的拆除方法使用；而爆破拆除由于首都地理位置的特殊性，使用范围及使用地点均有严格的要求，审批手续繁琐、严格，也不宜采用；而机械拆除由于近年来大型液压机械的快速发展，使用范围快速扩大，拆除房屋高度及拆除房屋规模越来越大，先后发展出低层建筑（6层以下）直接采用大型液压机械直接自上而下拆除，高层建筑（高于6层）采用大型超长臂液压剪利用铺垫渣土平台自上而下拆除或采用小型液压破碎锤（自重小于8t，采用大型吊车吊至楼顶）自上而下逐层破碎解体拆除等方法。

根据待拆建筑物情况及周围环境条件，本项目对于低层建筑（6层以下）直接采用大型液压机械直接自上而下整体拆除，而对于高层建筑（高于6层）采用大型超长臂液压剪利用铺垫渣土平台增高自上而下进行拆除的方法进行施工。

整体拆除次序：根据现场情况，整体拆除次序布置的原则为先易后难、先低层后高层、先局部后整体；在空间布置上自上而下逐层分段拆除。平面结构体系拆除：先用机械把板拆除然后分主次断开破碎大梁，先拆内部墙体后再拆除外围墙体，由内部向外围进行扩展。竖直结构体系拆除：先拆除非承重结构后再拆除承重结构、先拆墙体后断柱的顺序逐步推进。在拆除每一层时遵循先顶板后大梁，先内部后外围的原则进行拆除，逐步拆除至室外地坪。

施工总程序如下：

搭设现场封闭施工围挡→安排专人配合拆迁单位或业主进行搬迁及移交工作→人工内拆→对使用建筑物搭设脚手架进行安全防护→建筑物拆除→渣土归堆清运

本项目单体建筑物整体拆除顺序如下：

制冷站→MR.CT（放射科楼）→医技楼→门诊楼→联系廊

4.2　各建筑物拆除方法

1）四层及以下建筑物拆除

（1）人工拆除建筑物的门窗、设备等旧材料

① 在施工准备工作做好后，即组织人员对所拆除区域设置围挡进行维护，同时对被拆除的建筑物内外的旧材料进行拆除，并组织人员对被拆除建筑物的旧材料等进行清理分类及归堆，以便于旧材料的回收利用，同时安排对旧材料的外运工作。

② 人工拆除旧材料时，利用小锤子及手撬棍等非动力工具进行拆除，先拆除容易拆的，后拆除难拆的，先上后下顺序拆除施工，临边拆除时严禁上下楼层平行作业。

③ 人工拆除施工前必须进行班前教育，做好安全技术交底，拆除过程中现场指挥人员必须亲临现场，要求施工人员遵循安全技术操作规程进行施工，严格把好安全关，拆除外墙窗户时工作人员必须系好安全带，上下层不得平行混合作业，工人要站在室内楼板上，不得上窗台，禁止从窗户往外抛投物料。

（2）机械拆除地上建筑物部分

在人工拆除完旧材料后，立即开始机械拆除，机械拆除前首先要确认是否封堵（切断）好通往被拆建筑物区域内的一切水、电、煤气、通信线路及各种管道，并有确认签字记录，机械开始施工后，非现场施工人员不得进入现场，在机械施工现场，采取高压水车洒水降尘。

2）制冷站、MR.CT（放射科楼）、医技楼、门诊楼的拆除

直接采用大型液压破碎锤自上而下分段进行破碎解体拆除。制冷站可直接自北向南进行拆除，MR.CT（放射科楼）可直接自西向东、自南向北进行拆除，医技楼可直接自上而下、自西向东及自北向南进行拆除，门诊楼可直接自上而下、自西向东及自北向南进行拆除。

3）联系廊拆除

由于联系廊为9层高（30m）的框剪结构，楼房结构坚固，拆除难度较大，此处为关键性拆除，拟采用机械铺垫堆筑渣土平台（利用前期拆除渣土）自上而下、自北向南逐层逐段拆除。

檐高大于18m的楼房采用超长臂液压剪、液压破碎锤配合进行拆除作业，机械作业施工时，拆除顺序为自建筑物的一端平行向另一端进行拆除，拆除前对建筑物洒水预湿，机械施工时，用洒水车配备高压水枪边喷洒水边拆除；首先将建筑物一端从上向下剪出豁口，露出梁、板、柱、墙体，先行拆除非承重墙，然后由上至下依次拆除楼板、次梁、主梁、柱、墙体等承重结构，拆除过程中要控制墙体渣土的坠落方向，将向其建筑物内侧倾拉，墙体应及时拆除，避免失稳。施工中必须由专人负责监测被拆除建筑的结构状态，当发现有不稳定状态的趋势时，必须停止作业，采取有效措施，消除隐患；超长臂液压剪、液压锤等机械施工时应严格遵守自上而下，逐层分段进行施工的原则，随施工随进行洒水降尘。机械施工时，严禁超载、超高作业或任意扩大使用范围，供机械设备使用的场地必须保证足够的承载力。作业中不得同时回转、行走，机械不得带故障运行。施工采用超长臂液压剪进行施工，超长臂液压剪具有无噪声、无粉尘、速度快、操作灵活的特点，是目前理想的环保型拆除工具，可以在有效的时间利用施工空间和施工机械，缩短工期。采用两台超长臂液压剪，拆除高度达到26m，开口直径850mm，粉碎性拆除，具有振动小，无噪声的特点。液压剪作业中如同人的双手一样灵活，易于操作。其前部剪头装置如同一把大剪，在任何角度，利用前部反转装置转动剪头方向，均可把砖墙、混凝土及低于10cm厚的

钢板剪断拆除，不留任何大块混凝土及墙体，只见粉碎状的混凝土块落于地面。在剪口后端镶有 20cm 长的刀口，可直接切断钢筋及钢板。拆除操作具有安全、快捷、高效等多项优点，避免了高层建筑拆除时人工作业的危险性的同时又保证了拆除作业的可操作性。

本工程渣土平台在联系廊的北侧搭设，沿楼房北侧东西向铺垫，渣土来源于制冷站、MR. CT（放射科楼）、医技楼、门诊楼楼房拆除后的渣土。渣土平台顶面长度（东西）约 25m，顶面宽度（南北）15m，平台高度 10m，平台西侧坡度 1∶2.5，以利于超长臂液压剪上下平台。铺垫渣土平台主要是为大型超长臂液压剪拆除作业通过作业平台，通过铺垫渣土平台超长臂液压剪作业高度可由 26m 增大到 36m，这样就可以利用渣土平台直接采用超长臂液压剪自上而下拆除联系廊。为保证平台铺垫质量，渣土铺垫时应随铺垫随碾压密实，采用卡特 320D 型挖掘机反复行走碾压密实。

铺垫渣土平台及超长臂液压剪拆除布置如图 4.2-1～图 4.2-5 所示。

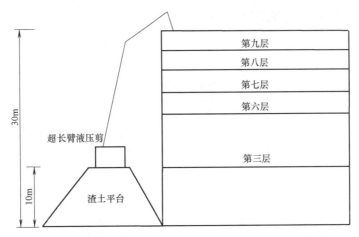

图 4.2-1　铺垫渣土平台及超长臂液压剪拆除布置示意图

图 4.2-2　上部逐层逐跨解体拆除图

图 4.2-3　渣土作业平台布置图

图 4.2-4 超长臂液压剪拆除柱体结构图　　　图 4.2-5 超长臂液压剪在渣土平台上作业图

4.3 保留（受保护）建筑物的安全防护

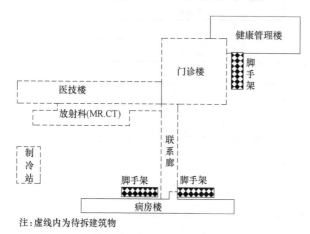

注：虚线内为待拆建筑物

图 4.3 防护脚手架搭设防护布置示意图

门诊楼的东北部与未拆除（受保护）的健康管理楼紧密相接，相接触部分平面延长约 15m，联系廊的南部与未拆除（受保护）的病房楼紧密相接，两个建筑物墙体间是伸缩缝宽度约为 20cm。因而在门诊楼的东部沿南北方向搭设长度为 24m、高度为 15m 的双排脚手架对健康管理楼进行防碎块飞溅、滑落安全防护；在联系廊沿病房楼的东西两侧各搭设长度为 18m、高度为 32m 的双排脚手架对健康管理楼进行防碎块飞溅、滑落安全防护（图 4.3）。

采用落地式全封闭双排钢管外脚手架，其组成为：

（1）立杆

立杆接头采用对接扣件连接，立杆与大横杆采用直角扣件连接。接头交错布置，两个相邻立柱接头避免出现在同步同跨内，并在高度方向错开的距离不小于 500mm；各接头中心距主节点的距离不大于 600mm。上下立杆采用对接连接，立柱的搭接长度不小于 1m，端部扣件盖板的边缘至杆端距离不小于 100mm。立杆垂直度偏差不得大于架高的 1/400，每根立杆按 6m 计，即单根立杆垂直度偏差不大于 15mm。开始搭设立柱时，每隔 6 跨设一根抛撑，直至连墙杆件安装完毕后，方可根据情况拆除。当搭设至有连墙杆件的构造层时，搭设完该处的立柱、纵向水平杆、横向水平杆后，立即设置连墙件。

（2）大横杆

大横杆置于小横杆之上，在立柱的内侧，用直角扣件与立柱扣紧，其长度大于 3 跨、不小于 6m，同一步大横杆四周要交圈。大横杆采用对接扣件连接，其接头交错布置，不在同步、同跨内。相邻接头水平距离不小于 500mm，各接头距立柱的距离不大于 500mm，并避免设在纵向水平杆的跨中。

（3）小横杆

每一立杆与大横杆相交处（即主节点），都必须设置一根小横杆，并采用直角扣件扣紧在大横杆上，该杆轴线偏离主节点的距离不大于 150mm。小横杆间距应与立杆柱距相同，且根据作业层脚手板搭设的需要，可在两立柱之间再等间距设置 1～2 根小横杆，其最大间距不大于 750mm。小横杆伸出外排大横杆边缘距离不小于 100mm；伸出里排大横杆距结构外边缘 150mm，且长度不大于 440mm。若同步内有小横杆超过这一限制，要在作业层采取钢管三角斜撑的方式予以加固。上、下层小横杆应在立杆接长处错开布置，同层的相邻小横杆在立柱接长处相间布置。每一主节点必须设置一根横向水平杆，并采用直角扣件扣紧在纵向水平杆上，该杆轴线偏离节点的距离不大于 150mm，靠墙（柱）一侧的外伸长度不大于 500mm。操作层上非主节点处的横向水平杆宜根据支承脚手板的需要作等间距设置，最大间距不大于柱距的 1/2。

（4）纵、横向扫地杆

纵向扫地杆采用直角扣件固定在距底座下皮 200mm 处的立柱上，横向扫地杆则用直角扣件固定在紧靠纵向扫地杆下方的立柱上。

（5）剪刀撑

本脚手架采用剪刀撑与横向斜撑相结合的方式，随立柱，纵、横向水平杆同步搭设，用通长剪刀撑沿架高连续布置，采用单杆通长剪刀撑。剪刀撑每 6 步 4 跨设置一道，斜杆与地面的夹角在 45°～60°之间。斜杆相交点处于同一条直线上，并沿架高连续布置。剪刀撑的一根斜杆扣在立柱上，另一根斜杆扣在小横杆伸出的端头上，两端分别用旋转扣件固定，在其中间增加 2～4 个扣结点。所有固定点距主节点距离不大于 150mm。最下部的斜杆与立杆的连接点距地面的高度控制在 300mm 内。剪刀撑的杆件连接采用搭接，其搭接长度≥1000mm，应用 3 个旋转扣件固定，端部扣件盖板的边缘至杆端的距离≥100mm。横向斜撑搭设在同节内，由底至顶层呈"之"字形，在里、外排立柱之间上下连续布置，斜杆应采用旋转扣件固定在与之相交的立柱或横向水平杆的伸出端上。除拐角处设横向斜撑外，中间应每隔 6 跨设置一道。

（6）脚手板

脚手板采用定制的毛竹片。在作业层下部架设一道水平兜网，随作业层上升，同时作业不超过两层。首层满铺一层脚手板，以上每施工层都要满铺一层脚手板，并设置安全网及防护栏杆。脚手板设置在三根横向水平杆上，并在两端 80mm 处用 16 号钢丝箍绕 2～3 圈固定。当脚手板长度小于 2m 时，可采用两根小横杆，并将板两端与其可靠固定，以防倾翻。脚手板应平铺、满铺、稳铺，接缝中设两根小横杆，各杆距接缝的距离均不大于 150mm。靠墙一侧的脚手板离墙的距离不应大于 150mm。拐角处两个方向的脚手板应重叠放置，避免出现探头及空挡现象。

（7）连墙件

连墙件采用刚性连接，垂直间距为楼层层高、水平间距为 3.6m（悬挑架为 2.4m），同一位置设置两道连墙杆。连墙杆采用 $\phi48$mm×3.5mm 钢管，通过旋转扣件与预埋在楼层边框梁上的钢管连接。连墙件在横、竖向要顺序排列、均匀布置。与架体和结构立面垂直，并尽量靠近主节点（距主节点的距离不大于 300mm）。连墙杆伸出扣件的距离应大于 100mm。底部第一根大横杆就开始布置连墙杆，靠近框架柱的小横杆可直接作连墙杆用。

（8）防护设施

脚手架要满挂全封闭式的密目安全网。密目网采用 1.8m×6.0m 的规格，用网绳绑扎在大横杆外立杆里侧。作业层网应高于平台 1.2m，并在作业层下步架处设一道水平兜网。在架内高度 3.6m 处设首层平网，往上每隔五步距设隔层平网，施工层应设随层网。作业层脚手架立杆于 0.6m 及 1.2m 处设有两道防护栏杆，底部侧面设 200mm 高的挡脚板。

4.4　拆除作业中的难点

门诊楼的东北部与未拆除（受保护）的健康管理楼紧密相接，相接触部分平面延长约 15m，联系廊的南部与未拆除（受保护）的病房楼紧密相接，两个建筑物墙体间是伸缩缝宽度约为 20cm。由于距离正在使用的建筑物很近，因而拆除作业时要计划周密、精细施工，这两个地方的拆除是本次拆除施工中的难点。

对于邻近健康管理楼处门诊楼的拆除，自上而下逐层进行，在每层拆除时，先在上部圈梁上找好锚固点固定钢丝绳，然后采用液压破碎锤将圈梁及墙体在靠近墙角处断开，然后再采用液压破碎锤沿墙体及柱体的底部进行破碎，底部所有柱体破碎深度大于 1/2 柱体宽度时，采用液压破碎锤拽拉钢丝绳将柱体及墙体缓慢放倒，然后利用液压破碎锤将其破碎解体；而对于邻近病房楼处联系廊的拆除，自上而下逐层进行，在每层拆除时，先采用大型超长臂液压剪沿墙体及柱体的底部进行破碎，底部所有柱体破碎深度大于 1/2 柱体宽度时，采用大型超长臂液压剪剪持夹住上部横梁将柱体及墙体缓慢放倒，然后利用大型超长臂液压剪将其破碎解体。

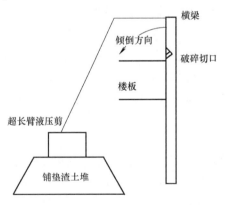

图 4.4　防护脚手架搭设计防护布置示意图

5　施工组织及资源配置

5.1　项目管理机构的组成

根据工程特点，我公司将委派经验丰富的工程技术人员及管理人员组成项目机构，合理组织施工，项目管理组织机构见图 5.1。

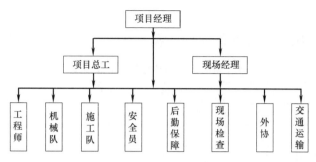

图 5.1 项目安全管理组织机构图

5.2 项目管理机构组建要求

项目经理部肩负实施项目管理、履行承包合同的重任，是为实现本工程各项管理目标而设置的施工现场管理组织，完善的项目组织机构是工程能否顺利进行的基础和重要保证，因此组建项目部、设置组织机构时，有如下要求。

（1）专业性强、素质高

从项目经理、总工程师、项目现场经理到现场各类专业人员，选派能力强、素质高、有类似工程施工经验、具有奉献和敬业精神的人员，组建精干、高效的项目经理部。

（2）层次分明、分工明确

组织机构分为总部保障层、项目管理层、施工作业层，总部保障是后盾，项目管理是主体，施工作业是基础，各层次之间职责分明。

项目部根据任务要求，分成若干个职能部室，各职能部室之间既分工明确，又相互协作。

（3）具有超强凝聚力

项目的最终成功要依靠项目团队的努力，因此，组织机构的设置和人员配备要有利于大家充分发挥团队精神。在目标设置上，努力把项目目标和员工个人目标有机地结合起来。

5.3 施工劳动力配备计划（表 5.3）

施工劳动力配备计划表 表 5.3

序号	工种	数量	班组	每班人数	总人数	备注
1	挖掘机司机	8	1	8	8	
2	装载机司机	2	1	2	2	
3	自卸车司机	25	1	25	25	
4	拖板车司机	1	1	1	1	
5	货运车司机	3	1	3	3	
6	吊车司机	2	1	2	2	人员可根据实际需要随时增加或减少
7	起重工	4	1	4	4	
8	其他车辆司机	3	1	3	3	
9	气割工	5	2	5	10	
10	架子工	10	1	10	10	
11	普工	30	2	30	60	
	合计				121	

5.4　主要施工机械、设备配备计划（表 5.4）

施工机械、设备及材料配备计划表　　　　　　　　　　表 5.4

序号	名称	品牌	型号	单位	数量	备注
1	液压剪	小松	PC450	台	2	
2	液压锤	卡特	323DL	台	3	
3	挖掘机	卡特	323DL	台	2	
4	挖掘机	日立 300	RAEAL290	台	1	
5	装载机	ZL50	ZL50	台	2	机械数量可根据实际需要随时增加
6	吊车	徐州	40 吨	台	1	
7	自卸车	欧曼	—	辆	25	
8	货运车	北京	BJ1041	辆	3	
9	消防车	东风		辆	2	
10	气割设备	—		套	5	

5.5　施工机械设备用途说明（表 5.5）

施工机械设备用途说明　　　　　　　　　　表 5.5

序号	机械名称	用途
1	液压剪	拆除
2	液压破碎锤	拆除、破碎
3	挖掘机	建筑物拆除、渣土归堆、装车
4	装载机	渣土归堆、装车
5	自卸车	渣土运输
6	拖板车	大型机械运输
7	货运车	物资、设备运输
8	吊车	吊运拆除中较大碎块、楼板及设备
9	消防水车	消防、降尘
10	气割设备	切割金属结构

（1）日立 ZX450LC 超长臂高空拆除机

整机工作重量（不含附件）：54500kg，接地比压：93kPa，额定功率：235kW，最大作业高度：26200mm，最大作业半径：14400mm，附件最大安装重量（26m）：2300kg，后端回转半径 3820mm，履带全宽度 3490mm，履带长度 5470mm。低噪声、高效率、低排放，操作灵活，性能稳定。

（2）日立 HSC155F 液压破碎剪

重量 2200kg，长度 2406mm，宽度 1479mm，最大开幅 850mm，360°全方位旋转，最大开幅破碎力 981kN。与日立 ZX450LC 超长臂高空拆除机相匹配组成液压破碎剪整机，破碎效率高。

（3）卡特323DL挖掘机

工作重量：22550kg，总功率：118kW，标准斗容：1.19m³，爬坡能力：35°，铲斗挖掘力：140kN，最大挖掘高度：9490mm，最大挖掘范围（半径）：10020mm，最大垂直挖掘深度：6720mm，履带长度：4455mm，履带宽度：3170mm，行走高速：5.6km/h。

（4）阿特拉斯-科普柯MB1700液压破碎锤

重量1700kg，钎杆长度630mm，钎杆直径140mm，工作压力16～18MPa，打击频率320～600Bpm，适配挖掘机18～34t。与卡特323DL挖掘机相匹配组成液压破碎锤整机，破碎效率高。

6　施　工　计　划

6.1　整体拆除次序

根据现场情况，整体拆除次序布置的原则为：先易后难、先低层后高层、先局部后整体；在空间布置上自上而下逐层分段拆除。平面结构体系拆除：先让机械把板拆除然后分主次断开破碎大梁，先拆内部墙体后再拆除外围墙体，逐步向外围进行扩展。竖直结构体系拆除：先拆除非承重结构后再拆除承重结构、先拆墙体后断柱的顺序逐步推进。在拆除每一层时遵循先顶板后大梁，先内部后外围的原则进行拆除，逐渐拆除至室外地坪。

施工总程序如下：

进行围挡搭设施工→安排专人配合拆迁单位或业主进行搬迁及移交工作→人工内拆→对使用建筑物搭设脚手架进行安全防护→建筑物拆除→渣土归堆清运

本项目单体建筑物整体拆除顺序如下：

制冷站→MR.CT（放射科楼）→医技楼→门诊楼→联系廊

6.2　计划进度安排

针对本工程的特点，现场实际情况，依据我公司机械设备和技术力量，按照拆除工程量计算，按照甲方的要求，按时、按质、按量完成施工任务。

实际施工工期根据甲方要求，在甲方将被拆除建筑物交于我方后30日历天内拆除清理完毕。详见拆除施工进度计划表6.2。

拆除施工进度计划表　　　　　　　　　　　　　　表6.2

序号	工序名称	天　数																													
		1	2	3	4	5	6	7	8	9	10	11	12	13	14	15	16	17	18	19	20	21	22	23	24	25	26	27	28	29	30
1	施工准备																														
2	防护施工																														
3	拆除施工																														
4	渣土清运																														
5	场地清理																														
6	竣工验收																														

6.3　工期保障措施

为了确保施工工期的实现，特制定如下措施：

（1）编制确实可行的施工准备计划，科学合理安排组织施工工序，对准备工作建立严格的责任制和检查制度，做到有计划、有分工、有布置、有检查，各部分项目工程必须按计划完成。

（2）公司全力保证优先安排人力、物力，确保业主施工进度要求，使之能按计划完成。

（3）严格各工序工程质量的监控，确保各工序按照操作规范要求进行作业，在确保安全的前提下提高作业效率。

（4）推动全面计划管理，采用网格计划跟踪技术和动态管理的方法，定期召开生产计划调度会，以保证施工计划的实施。

（5）精心组织，指挥得力，加强施工现场的控制与协调，超前预测，并及时解决好施工过程中可能发生劳动力、机具、设备、工序交接、材料和资金等方面的矛盾，使施工过程紧张有序、有条不紊地均衡生产。

（6）根据总施工进度计划的要求，制定详细的日计划、周计划。加强计划的科学性、严肃性，在编制日、周计划时要考虑各种不利因素的影响，以保证计划的有效性、可行性，一旦发生日计划与总进度计划相比有滞后现象时，要及时调整，采取相应的补救措施，制定可行的计划，以保证总的进度计划实现。

（7）为保证计划目标的实现，各部门必须密切配合，协调一致，材料、设备的供应，劳动力的调配，专业队伍的配合等。

（8）项目部施工班组必须严格按施工程序，施工规范的要求组织施工，确保工程施工的连续性和计划性。

（9）为保证本工程连续施工，保证工期内每天不虚度，严格执行考勤制度。

7　安全及技术保证措施

7.1　方针目标

（1）在施工中，始终贯彻"安全第一、预防为主、综合治理"的安全生产工作方针，认真执行上级关于建筑施工企业安全生产管理的各项规定，重点落实《北京市建筑施工现场安全防护基本标准》，把安全生产工作纳入施工组织设计和施工管理计划，使安全生产工作与生产任务紧密结合，保证职工在生产过程中的安全与健康，严防各类事故发生，以安全促生产。

（2）强化安全生产管理，通过组织落实、责任到人、定期检查、认真整改，实现"确保无重大工伤事故，杜绝死亡事故发生"的工作目标。

7.2　管理体系

针对本工程的规模与特点，以项目经理为首，由现场经理、项目总工、安全总监、各施工小组等各方面的管理人员组成安全保证体系。

(1) 安排专职且经验丰富的安全员，负责施工现场的安全生产管理工作。

(2) 安全员需经常对施工现场进行安全生产检查。

7.3 工作制度

(1) 在每天的生产例会上，总结当天的安全生产情况，安排第二天的安全生产工作。

(2) 严格执行施工现场安全生产管理的技术方案和措施，在执行中发现问题应及时向有关部门汇报。

(3) 建立并执行安全生产技术交底制度。要求必须有书面安全技术交底，安全技术交底必须具有针对性，并有交底人与被交底人签字。

(4) 建立并执行班前安全生产讲话制度。

(5) 建立并执行安全生产检查制度。对检查中所发现的事故隐患问题和违章现象，检查组有权下达停工指令，待隐患问题排除或者违章现象得到纠正，并经检查组批准后方可后续施工。

7.4 行为控制

(1) 进入施工现场的人员必须按规定戴安全帽，并系下颌带。戴安全帽不系下颌带视同违章。

(2) 参加现场施工的所有电工、焊工、气割工等特殊工种，必须是自有职工或长期合同工，不允许安排外施队人员担任。

(3) 参加现场施工的所有特殊工种人员必须持证上岗，并将证件复印件报项目经理部备案。

7.5 劳务用工管理

(1) 对使用的外施队人员，进行建筑施工安全生产教育，经考试合格后方可上岗作业，未经建筑施工安全生产教育或考试不合格者，严禁上岗作业。

(2) 每日上班前，召集全体人员，针对当天任务，结合安全技术交底内容和作业环境、设施、设备状况、本队人员技术素质、安全意识、自我保护意识以及思想状态，有针对性地进行班前安全活动，提出具体注意事项，跟踪落实，并做好活动纪录。

(3) 强化对外施工队人员的管理。用工手续必须齐全有效，严禁私招乱雇违法用工。

7.6 安全防护管理

(1) 拆除过程中，结构相连的建筑物内不得交叉其他工种的作业。

(2) 机械运行过程中，无关人员严禁进入挖掘机回转半径范围内，确保人身安全。

(3) 在恶劣的气候条件下，严禁进行拆除作业。

(4) 当日拆除施工结束后，所有机械设备应远离被拆除建筑物；施工期间的临时设施，应与被拆除建筑物保持安全距离。

(5) 在拆除施工现场划定危险区域，并设置警戒线和相关的安全标志，派专人监管。

7.7 临时用电管理

（1）建立现场临时用电检查制度，按规定对现场的各种线路和设施进行定期检查和不定期抽查，并将检查、抽查记录存档。

（2）现场采用双路供电系统，临时配电线路必须按规范架设，架空线必须采用绝缘导线，不得采用塑胶软线，不得成束架空敷设，也不得沿地面明敷设。

（3）施工机具、车辆及人员，应与内、外电线路保持安全距离。达不到规范规定的最小距离时，必须采用可靠的防护措施。

（4）配电系统必须实行分级配电。现场内所有电闸箱的内部设置必须符合有关规定，箱内电器必须可靠、完好，其选型、定值要符合有关规定，开关电器应标明用途。电闸箱内电器系统须统一式样、统一配制，箱体统一刷涂橘红色，并按规定设置围栏和防护棚，流动箱与上一级电闸箱的连接，采用外插连接方式。

（5）独立的配电系统必须按部颁标准采用三相五线制的接零保护系统，非独立系统可根据现场的实际情况采取相应的接零或接地保护方式。各种电气设备和电力施工机械的金属外壳、金属支架和底座必须按规定采取可靠的接零或接地保护。

（6）在采用接地和接零保护方式的同时，必须设两级漏电保护装置，实行分级保护，形成完整的保护系统。漏电保护装置的选择应符合规定。

（7）手持电动工具的使用应符合国家标准的有关规定。工具的电源线、插头和插座应完好，电源线不得任意接长和调换，工具的外绝缘应完好无损，维修和保管应由专人负责。

（8）电焊机应单独设开关。电焊机外壳应做接零或接地保护。施工现场内使用的所有电焊机必须加装电焊机触电保护器。电焊机一次线长度应小于 5m，二次线长度应小于 30m。接线应压接牢固，并安装可靠防护罩。焊把线应双线到位，不得借用金属管道、金属脚手架、轨道及结构钢筋作回路地线。焊把线无破损，绝缘良好。电焊机设置地点应防潮、防雨、防砸。

（9）氧气瓶、乙炔瓶工作间距不少于 5m，两瓶同明火作业点距离不少于 10m。

7.8 施工机械管理

（1）对所有进场设备进行严格验收（包括自购设备和分包队伍自带设备）。应对设备进行详细检查，确认其证照齐全，机械性能合格，安全装置齐全有效，严禁带病运行。

（2）施工机械应设定专人负责，施工机械的操作人员必须持证上岗，并进行有关的技术交底及岗位培训。

（3）施工机械应定期检查、维修、保养。

（4）机械工作时，出现故障必须进行维修后，方可继续作业。不准超负荷超范围作业。

（5）拆除施工现场必须设专职指挥员，直接指挥作业人员按施工方案和约定的指挥信号，完成建（构）筑物的解体拆除作业。专职指挥员应监视被拆除物的动向，及时用对讲机指挥机械操作员进退。当发现有不稳定趋势时，必须停止作业，采取有效措施，消除隐患。

（6）机械拆除时，严禁超载作业或任意扩大使用范围。打击点必须选在顶层，不可选在次顶层或以下。

（7）机械拆除作业应自上而下，分段逐层进行，严禁用机械掏空建筑物内部或局部，使其原地倒塌或定向倒塌。使用拆除机械逐跨拆除建筑物时，必须确保未拆除部分结构的完整和稳定。

（8）机械拆除时应划定安全警戒范围，其范围的大小应根据以下情况考虑：在拆除过程中若该建筑物发生意外倒塌时，其散落物构件（包括可能崩出的混凝土碎块）的最大散落范围。划定安全警戒范围可以防止发生倒塌事故时伤及机械设备、施工人员和其他人员。

7.9   危险源辨识、评价

根据施工特点和工艺流程，采用投入产出法进行危险源识别，定量计算每一种危险源所带来的风险，计算方法为：$D=L \cdot E \cdot C$，其中 D 为风险值，L 为发生事故的可能性大小，C 为发生事故时后果，评价风险等级标准为：D 值大于 600 为高度风险，D 值小于 300 为低度风险，D 值小于 600 大于 300 为中度风险。

经辨识，风险评价结果，可能导致高度风险的有：机械伤害、高处坠落；可能导致中度风险的有：物体打击、触电、火灾。

危险源控制措施及对策

针对危险源评价结果，采取有效控制措施，特别是对中高度危险源可能产生的危害事件重点关注，加强生产过程中的运行控制、应急准备与响应，一旦发生险情或事故，立即启动应急预案进行抢险救援。

（1）高处坠落：高层脚手架四周设牢固的护栏，并挂密目网封闭，在高处的施工人员必须系安全带，当发生高处坠落事故时，救援人员先查明受伤人员情况，就地抢救，并立即通知医疗急救机构。

（2）触电：动力、照明系统加漏电保护器，施工人员严格按安全操作规程操作，当发生触电事故时，先切断电源，对触电人员就地实施人工呼吸等抢救，同时通知医疗急救机构。

（3）火灾：施工区内设置防火标志牌和紧急疏散标志，现场重点部位准备足够的灭火、消防器材，电气焊施工作业前必须办理动火证，发生火灾事故时，立即组织义务消防队员进行扑救，控制火情，疏散现场人员撤离，同时拨打火警报警电话。

（4）物体打击：施工人员进入现场必须戴安全帽，进行垂直运输时，施工人员避开吊装物下方，发生物体打击事故时，立即组织抢救受伤人员，同时通知医疗急救机构组织。

（5）机械伤害：机械操作手必须经过培训，且有上岗证，机械上的保险设施要齐全有效，运行时，操作范围不得站人停留，发生机械伤害事故时，立即切断机械电源，对料斗等活动部件进行固定，然后抢救受伤人员，在初步处理后尽快送医院抢救。

7.10   其他安全技术措施

（1）在高处作业时，须检查下部结构情况是否稳固，分段作业要观察结构连接情况，不得立体交叉作业。

（2）拆除前要检查被拆除建筑物的内部情况，确定该建筑物具备施工条件后方可施工。

（3）四级以上大风及雷雨天停止施工。

（4）拆除建筑物之前须清理现场，撤离无关人员，且在设立安全警戒线后方可动工。

（5）对施工现场进行封闭管理，与工程无关的人员严禁进入施工现场。

（6）拆除施工严格按照施工组织设计进行。

（7）劳动防护用品购买时严把质量关，发放及时，并根据使用要求在使用前对其防护功能进行必要的检查。

（8）进入施工现场必须戴安全帽，高处作业时必须系安全带。施工人员对各种安保用品的使用必须符合相关使用规范。

（9）按《施工现场临时用电安全技术规范》JG 46—88 的规定接驳施工现场的临时用电。

（10）按防治职业病的要求提供职业病防护设施和个人使用的职业病防护用品，改善工作条件。

（11）临近拆除区域的各种通信设施采取保护措施，必要时搭设防护架并加盖安全网或硬质板材。

（12）临近拆除区域的各种树木和绿化带采取保护措施，必要时搭设防护架并加盖安全网。

（13）临近拆除区域的各种线路、管道等设施采取保护措施，对其设施搭设防护架并加盖安全网。

（14）防护设施的钢管应符合《碳素结构钢》GB 700—88 的相应规定，其搭设符合《钢结构设计规范》GBJ 17—88 的相应规定。以上的保护设施派专职的安全员负责，并对防护措施定期检查。

（15）防护脚手架必须由专业人员搭设，搭设完毕后应组织验收，验收合格后才能投入使用。

（16）高处作业施工前逐级进行安全技术教育及交底，落实所有安全技术措施和个人防护用品。高处作业中的安全标注、工具、仪表电气设施和各种设施施工前经检查确认后方可投入使用。高处作业人员必须经过专业技术培训及专业考试合格后持证上岗，并在施工前现场进行安全教育。

（17）雨天和雪天进行高处作业时，必须采取可靠的防滑、防寒和防冻措施，凡水、冰、雪应及时清除后方能作业。

（18）施工作业场所所有有可能坠落的物件，一律先行撤除或加以固定。拆卸下的物件及物资等及时清理运走，不得任意乱置或向下丢弃。禁止抛掷废旧物资及器具。

（19）高处作业时，在下方设置警戒线区，设立安全警示牌，由现场安全员在下方监督安全生产和维持周边秩序。

7.11　邻近病房楼脚手架的防护措施

由于邻近病房楼的脚手架高度大，而拆除作业时，为防止散落的混凝土碎块下落及飞溅造成病房楼玻璃及其他附属物损坏，在双排脚手架的外侧（远离病房楼一侧）沿脚手架全高全长挂密目安全网，而在脚手架内侧沿病房楼电梯井的东西两侧各 5m 长沿全高挂细目铁丝网，确保碎块不会对病房楼玻璃及其他附属物造成损坏，确保病房楼的安全。

7.12 有关超长臂液压剪拆除联系廊的工作安排

采用铺垫 10m 高渣土平台后，超长臂液压剪利用渣土平台增大作业高度直接自上而下拆除 9 层高的联系廊，拆除次序整体上在高度方向分为上部和下部，上部包括 4～9 层，下部为 1～3 层，联系廊自北向南为 I 跨→···Ⅵ跨 6 跨，为逐层逐跨拆除，即上部 I 跨⑨→⑧→···→④→Ⅱ跨⑨→⑧→···→④···→Ⅵ跨⑨→⑧→···→④→下部 I 跨③→②→①→Ⅱ跨③→②→①→···Ⅵ跨③→②→①。在上部逐跨拆除的同时，渣土平台也随拆除前进方向向南逐跨沿下部结构推进；在上部北侧开始拆除时先利用液压剪在楼板及墙体上破碎出缺口，然后再对上部梁体及柱体进行剪切破碎，使建筑物逐层逐跨坍落解体，然后将大块倒运至北部集中破碎，整体拆除次序如图 7.12 所示。靠近病房楼的一跨，在北侧柱体剪切破碎后，沿南侧柱体的根部利用液压剪破碎出切口，然后采用超长臂液压剪拉拽上部横梁使其失稳慢慢倒下，不会对病房楼造成任何不利影响。

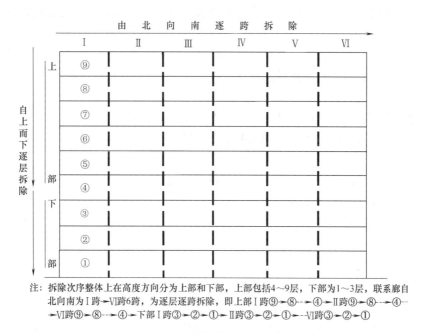

注：拆除次序整体上在高度方向分为上部和下部，上部包括4～9层，下部为1～3层，联系廊自北向南为I跨→Ⅵ跨6跨，为逐层逐跨拆除，即上部I跨⑨→⑧→···→④→Ⅱ跨⑨→⑧→···→④··· →Ⅵ跨⑨→⑧···→④→下部I跨③→②→①→Ⅱ跨③→②→①···Ⅵ跨③→②→①

图 7.12 联系廊拆除次序布置示意图

7.13 冬期施工方案

1）气象资料

（1）当进入冬期时。连续 5 天日平均气温稳定在 5℃ 以下，则此 5 天第一天为进入冬期施工的初日。当气温转暖时，最后一组 5 天的日平均气温稳定在 5℃ 以下，则此 5 天中的最后一天为冬期施工的终日。

（2）根据中国气象局 1951～1960 年的统计资料，北京的日平均气温稳定低于 5℃ 的初终日期为：每年的 11 月 12 日～次年的 3 月 22 日。

（3）因此根据本工程的施工进度安排，本工程需经过冬季施工。

2）准备工作

（1）成立冬施领导小组

成立以项目经理为第一负责人的施工现场冬期施工领导小组，成员主要由工程、技术、质量、材料等人员组成。

（2）冬施原则及方针

根据气象资料分析，今年冬季气候条件比较恶劣，气温较低，风力大等不利条件，同时必须保证工程施工安全，故要求现场所有部门提前做好准备，思想上高度重视，工作严谨，做到万无一失。

（3）冬施施工管理

项目部应加强冬季施工的安全检查，发现有异常情况时，应立即与甲方、监理联系，采取加固措施，排除隐患，经检查认可后，方可施工，在此期间停止作业。

进入冬期施工前，对相关人员，应专门组织技术业务培训，学习本工程范围内的有关知识，明确职责，经考试合格后，方准上岗工作。

冬期施工期间，施工单位应密切注意和掌握天气预报和寒潮、大风警报，以便及时采取防护措施。

（4）现场准备

根据工程量提前组织有关机具和材料进场。

3）技术措施

（1）冬期施工时必须周密计划，组织强有力的施工力量，进行连续不断施工。

（2）雪天运输时对运输的道路须采取防滑措施，如撒上炉渣或砂子等，以保持正常运输和安全。

（3）应准备碎砖、炉渣等防滑、防陷材料，以备随时使用，铺垫坡道。

（4）超过 5 级（含）大风停止吊车作业。

（5）加强工人的劳动保护，防止工人冻病冻伤，备足热水饮用洗刷，并加强工人的饮食热量。

（6）所有电缆均架高，及时检查防止破裂漏电。

（7）施工现场各类机械，每天工作班后、公休、节假日应停放在较高的安全地带，并排净机械内的水，防止冻坏。

（8）现场机电设备应有防冻设施，机电设备要有接地、接零安全装置，并定期检查，发现问题及时处理。

4）安全、消防措施

（1）施工时如接触汽源、热水，要防止烫伤。

（2）现场火源，要加强管理；消火栓要有明显标志，消防道路畅通。使用焦炭炉、煤炉或天然气、煤气时，应注意通风换气，防止煤气中毒。

（3）电源开关，控制箱等设施要加锁，并设专人负责管理，防止漏电触电。

（4）冬季施工要注意防滑。

（5）对工地所有人员尤其是外包队加强冬施安全、消防教育。

（6）严格执行用火申请制度，设专人看火。

（7）所有露天机具设备及时覆盖防水材料，下雪后及时清除道路上的冰雪，以及机具设备附近的积雪。

（8）挡风设备要使用非易燃品。

8　文明施工及环保、消防措施

8.1　环境保护承诺

（1）在本次工程施工中遵守并达到国家和北京市政府规定的环保排放标准。

（2）认真履行我公司在投标文件中规定的各项施工环保制度。

（3）做好拆除现场内及周边区域的防尘工作，防止污染周边环境，确保安全、文明、环保施工。

（4）降尘用水：原则上使用中水、绿化用水，并采用高压水罐车配备高压水枪喷洒水进行破碎拆除降尘，以有效控制扬尘、减小污染。

8.2　降尘措施

（1）建筑物拆除前，预先使用人工对楼房内部进行清理，减少尘土，并用水预先对墙体、楼板等易产生粉尘处进行预先洒水湿润。

（2）拆除过程中，作业层上用水进行喷洒，配备专职的洒水工进行喷洒，尽量减少灰尘，同时保证水不漫流。大型机械破碎解体作业时采用洒水车配备高压水枪对破碎点进行强力喷水降尘。

（3）地面上破碎时，也采取洒水的方式进行降尘。

（4）对已拆除完毕的施工场地定期进行防尘网覆盖、洒水湿润，防止刮风扬尘。

（5）现场拆除后产生的渣土要及时清运出场地；对未清运的渣土堆洒水喷湿；渣土清运后的地面铺防尘网，防止扬尘。

8.3　降低噪声措施

（1）合理配备拆除机械，在保证施工进度的同时，减少多台设备的集中使用，尽量将噪声降低到最小。

（2）多机械作业的时间尽量安排在 8：00～11：00，14：00～18：30。

（3）严格管理施工人员，尽量减少施工人员喧哗产生的噪声。

（4）尽量采用新设备，杜绝机械设备带病作业，降低因设备本身所产生的噪声。

（5）渣土挖运装车时要使用有经验的挖运机手，向车内落渣时要尽量贴近车厢底部，禁止向车厢内抛落渣土产生较强噪声。

8.4　渣土清运措施

（1）交通协调：由于施工运输道路车辆较多，在渣土清运时，设专职保安人员协调道路交通，或组织专职人员组成交通指挥小组，并配备对讲机，进行交通指挥、协调。

（2）设专职清扫人员：在施工现场区域运输道路设专职清扫人员，保证施工运输道路的卫生。

（3）清扫运渣车：运渣车出场时，设专职人员对车身及四周进行清扫，保证施工区域及周边的卫生。

（4）施工区域限制车速：在施工区域内限制车辆速度，控制在5km/h内，以减少灰尘对周边环境的影响。

8.5　文明施工措施

（1）现场围挡：在工地周围应设置2.0m高的硬质围挡，围挡材料坚固、稳定、整洁、美观，围挡沿工地四周连续设置。

（2）封闭管理：施工现场进出口必须设置大门。进入施工现场施工人员必须佩带工作卡。

（3）现场防火：施工现场应有充分的消防措施、制度并配备灭火器材。施工现场必须有消防水源，而且要求消防水源能满足高层建筑需要。施工现场动火时必须办理动火手续，并且有动火监护人，方可动火。

（4）治安综合治理：生活区应给工人设置学习和娱乐场所，建立治安保卫制度、责任应分解到人，治安防范措施必须妥当，以防发生失盗事件。

（5）保健急救：施工现场应设置保健医药箱，应有充分的急救措施和急救器材，应有经培训的急救人员，与医院甲方密切联系。

（6）社区服务：应有充分的防粉尘、防噪声的措施；夜间施工必须取得许可方可施工；施工现场不得焚烧有毒、有害的物质；必须采取施工不扰民措施。

（7）加强对职工的精神文明教育，遵守国家法规，不打架、不酗酒，文明待人、文明施工，以展现公司职工的良好素质与服务水平，为北京建设及城市环保建设做出应有贡献。

（8）做好与当地政府、公安、环保部门及邻近单位的沟通联系，不扰民、不污染环境、不破坏绿化，遵守市建委各项制度、法规，共建首都精神文明。

（9）施工机械放置合理、有序，施工区与办公区须隔离。划分责任区，分片包干到人，及时清理现场内的杂物，不得乱堆乱放，不得随地便溺。

（10）严格按施工现场程序组织施工，以正确的施工程序协调和平衡机械拆除与车辆运输、内部与外部的关系，保证工程紧张有序地顺利进行。

（11）坚持文明施工，提高施工现场标准化、规范化、科学化管理水平，设置标准的"一张图四板"，并在工地四周设醒目的企业标识及导向牌，出入口设专门保安人员，闲人不准随意入内。

（12）安全标志、防火标志和安全牌要明显醒目，"三宝"使用要认真，"四口"防护严密周到，施工现场按规定设置消防器材，易燃、易爆、剧毒品有专人专库保管。

（13）保持施工现场场地平整、清洁及道路排水畅通。保证照明充足，无长明灯和路障。生活区设立垃圾堆放点，经常清理，施工作业面保持工完场地清。

8.6 环卫措施

（1）施工现场使用防尘网覆盖渣土，防止粉尘对周围环境造成污染。

（2）施工期间，设专人定期清扫施工周围各道路及通往主要干道和门前三包地段，清运渣土期间每天派一辆货车，2～3 人沿清运路线洒水清扫。

（3）落实现场控制扬尘措施。在进行拆除时，边拆除边喷水降尘。

（4）待清运的渣土，清扫归堆，并用苫布遮盖。

（5）运输车辆的车容、车况良好，车辆出场时清扫车轮、车厢、关好防尘罩，以免尘土飞扬或遗洒。

（6）对于有毒有害有污染的物品要单独专业化处理，以免运出后污染环境或危害他人健康。

（7）对机械设备进行维护维修，使用清洁燃料，做到人走机停。对物料的管理密封保存，尽快使用。

（8）工人在进行拆除作业时，要使用防护用品，避免拆除过程中有害物质对人体造成危害。

（9）环保环卫管理工作是实现绿色环保施工的重要手段，一定要与整个施工过程结合在一起；同时虚心接受政府和甲方环保环卫的监督、检查，不断地改进和提高，完善环保环卫措施，把绿色环保施工做得更好。

8.7 消防管理

1）方针目标

（1）在施工中，始终贯彻"预防为主，防消结合"的消防工作方针，认真执行《中华人民共和国消防条例》、《北京市消防条例》、《北京市建筑工程施工现场消防安全管理规定》（北京市人民政府令第 84 号），《建设工程施工现场管理规定》，将消防工作纳入施工组织设计和施工管理计划，使防火工作与生产任务紧密结合，有效地落实防火措施，严防各类火灾事故发生。

（2）强化消防工作管理，实现杜绝火灾事故，避免火警事故，尽量减少冒烟事故的目标。

2）管理体系

（1）建立防火责任制，使责任落实到人。

（2）项目经理部根据施工情况，开展日常的消防检查工作。

3）工作制度

建立并执行消防工作检查制度。由项目经理部每周组织一次消防工作负责人参加的联合检查，根据检查情况按《北京市施工现场消防保卫检查记录表》评比打分，对检查中所发现的隐患问题和违章现象，根据具体情况，定时间、定人、定措施予以解决。完善消防组织，指定专人负责，配合义务消防员。

4）管理规定

（1）加强用火、用电管理，严格执行电、气焊工的持证上岗制度。无证人员和非电、气焊工人员一律不准操作电气焊、气割设备，电、气焊工要严格执行用火审批制度，操作前，要清除附近的易燃物，开具用火证，并配备看火人员及灭火器材。用火证当日有效，动火地点变换，要重新办理用火证手续。消防人员必须对用火严格把关，对用火部位、用火时间、用火人、场地情况及防火措施要了如指掌，并对用火部位经常检查，发现隐患问题，要及时予以解决。

（2）使用电气设备和易燃、易爆物品，必须严格落实防火措施，指定防火负责人，配备灭火器材，确保施工安全。

（3）施工现场在有条件的情况下，可设有防火措施的吸烟室，施工现场内严禁违章吸烟。

（4）现场施工要坚持防火安全交底制度，特别是在进行电气焊危险作业时，防火安全交底要具有针对性。

（5）严禁私接电线和私自使用大功率电器设备，线路接头必须良好绝缘，不许裸露，开关、插座须有绝缘外壳。

（6）各种废旧材料，下料后要分类堆放整齐、备运，严格消防制度，做到拆除现场道路通畅，留好消防通道。

5）防火安全操作要求

（1）乙炔瓶、氧气瓶和焊割工具的安全设备必须齐全有效。

（2）乙炔瓶、氧气瓶在新建、维修过程中存放，应设置专用房间单独分开存放，并有专人管理，氧气瓶、乙炔瓶必须相距 5m 以上，且距火源不小于 10m，要经常检查压力表、安全阀是否灵敏有效，要有灭火器和防火标志。

（3）乙炔瓶、氧气瓶不准放在高低压架空线路下方或变压器旁。在高处气割时，也不要放在气割部位的下方，应保持一定的水平距离。

（4）乙炔瓶、氧气瓶应直立使用，禁止平放卧倒使用，防止油类落在氧气瓶上，油脂或沾油的物品，不要接触氧气瓶、导管及其零件。

（5）乙炔瓶、氧气瓶严禁暴晒、撞击，防止受热膨胀。开启阀门时要缓慢开启，防止升压过速造成温度过高，产生火花引起爆炸和火灾。

9　施工应急预案

根据《安全生产法》的规定，为了保护企业从业人员在生产经营活动中的健康和安全，保证企业在出现生产安全事故时，能够及时进行应急救援，最大限度地降低生产安全事故给企业和个人所造成的损失，特制定本预案。

9.1　组织机构

组长：＊＊＊
副组长：＊＊＊　＊＊＊
组员：＊＊＊　＊＊＊

9.2　生产安全事故报告程序（图9.2）

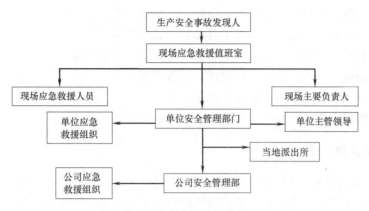

图9.2　生产安全事故报告程序图

9.3　事故应急救援保证

（1）公司成立抢险救援指挥部，现场成立应急指挥领导小组，要保证24小时有人值班，有事故、险情时及时报告应急抢险组织机构。

（2）抢险救援车辆、物资、设备要保证完好、齐全。

（3）保证抢险救援人员通信畅通，随叫随到。

9.4　生产安全事故应急救援程序（图9.4）

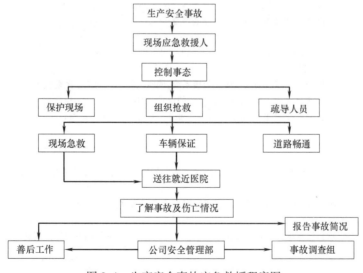

图9.4　生产安全事故应急救援程序图

9.5　应急救援预案的技术装备

1）基本装备：

（1）防护用品，如安全帽、安全带、安全网、绝缘鞋、绝缘手套等。

（2）一般救护用品，如救护担架、医药箱及常用的救护药品等。

2）专用装备：

（1）医疗器材，如担架、氧气袋、塑料袋、小药箱等。

（2）抢救用工具，一般工地常备工具即基本满足使用。

（3）照明器材，应急灯、36V以下安全线路灯具、手电筒等。

（4）通信器材，电话、手机、对讲机、报警器等。

（5）交通工具，工地常用车辆及值班车辆等。

（6）灭火器材，就近的消火栓及消防水带、灭火器等。

9.6　事故应急救援措施

险情发生后，抢险救援指挥部及抢险队立即赶赴现场，控制事态，疏散事故现场闲杂人员，清理救援车辆行走路线，保证抢险救援路线畅通无阻。为防止意外，对危险地段做必要的安全防护，设置警戒线保护现场。仔细观察险情的范围、状况情况，查明事故的确切原因，制定抢险救援方案，抢险队到现场后，按抢险方案实施抢救，避免丧失良机，酿成更严重的后果（表9.6）。

应急救援措施　　　　表9.6

序号	应急事件	应急救援措施	执行单位
1	坍塌事故	1. 发生坍塌事故后，现场施工人员应立即撤离坍塌区，并立即向项目经理报告； 2. 项目经理立即启动现场应急救援系统，一方面组织人员排除险情，防止坍塌再次发生；一方面组织抢救受伤人员，同时拨打120尽快将伤员送至医院抢救； 3. 项目经理按照报告程序逐级向上报告，并保护现场，企业应急指挥机构派出应急小分队赶赴现场开展救援工作； 4. 协助公司事故调查组对事故开展调查	项目部
2	高处坠落事故	1. 发生高处坠落事故后，最早发现者应立即大声呼叫，找人对伤者进行救援，并立即报告项目经理； 2. 项目经理立即启动现场应急救援系统，同时拨打120紧急送医院救护； 3. 伤者如有骨折，应注意对骨折部位的保护，使用木板平抬，避免造成二次伤害； 4. 项目经理按照报告程序逐级向上报告，并协助公司事故调查组对事故展开调查	项目部
3	物体打击事故	1. 发生物体打击伤人事故后，最早发现者应大声呼叫，找人对伤者进行救援，并立即报告项目经理； 2. 项目经理组织现场营救人员迅速对伤者进行临时包扎、止血，同时拨打120，紧急送医院救护； 3. 项目经理按照报告程序逐级向上报告，并协助公司事故调查组展开调查	项目部
4	触电伤人事故	1. 发生触电伤人事故后，最早发现者应立即用木棒、木板等不导电材料将触电人与接触的电线、电器部分迅速分离，并呼叫同伙将触电者抬到通风平整的场地，按照有关救护知识立即进行救护，同时报告项目经理； 2. 项目经理边组织现场营救，边拨打120，尽快将伤者送医院抢救； 3. 项目经理按照报告程序逐级向上报告，并协助公司事故调查组展开调查	项目部

序号	应急事件	应急救援措施	执行单位
5	机械伤人事故	1. 当发生机械伤害事故后,伤者本人或最早发现者应大声呼叫拉闸断电,并同时向项目经理报告; 2. 项目经理边组织现场营救,边打120,尽快将伤者送医院抢救;如发现伤者断指、断腿的,应立即将其断落部分找到,用医用纱布包好,随同伤者一起送往医院救治; 3. 项目经理按照报告程序逐级向上报告,并协助公司事故调查组对事故展开调查	项目部
6	管道、压力容器、氧气瓶等爆炸事故	1. 当发生管道、压力容器或氧气瓶、汽油、油漆等易燃易爆品爆炸时,现场施工人员应立即撤离危险区,并立即报告项目经理; 2. 项目经理立即启动应急救援系统,一方面组织现场人员抢救受伤人员,一方面指挥扑灭火源、撤离可燃物和助燃物,同时拨打110、119、120. 尽快控制灾情,送伤者至医院抢救; 3. 项目经理按照报告程序逐级向上报告,并协助公司事故调查组对事故展开调查	项目部公司应急小分队
7	火灾事故	1. 当发生火灾事故时,现场施工人员应立即用灭火器、水龙头等进行扑救,并报告项目经理; 2. 项目经理立即组织现场扑救,当火势较大时,拨打119火警,请消防人员现场营救;当有人员伤害时,应即拨打120,尽快将伤者送医院抢救; 3. 项目经理按照报告程序逐级向上报告,并协助公司事故调查组进行调查	项目部
8	食物中毒事故	1. 当发现饭后有人呕吐、腹泻等不正常症状时,应及时报告项目经理,并拨打120,尽快将病人送往医院救治; 2. 项目经理立即通知食堂对保留剩余食品送有关部门检验; 3. 项目经理按照报告程序逐级向上报告,并协助公司事故调查组展开事故调查	项目部
9	交通事故	1. 当发生交通事故后,乘车人员首先应奋力自救,同时拨打110、120,尽快将受伤人员送往医院抢救,并立即报告项目经理; 2. 项目经理应组织有关人员立即赶赴事故现场,一面救人,一面按照报告程序逐级向上报告,并协助交警部门事故调查组展开调查	项目部公司应急小分队
10	台风、暴雨、洪水、地震	1. 当遭遇台风、暴雨、洪水、地震等自然灾害时,项目经理应立即启动应急救援系统,一方面将现场施工人员撤离至安全地带,一方面组织人员对有可能造成坍塌等危险的部分采取安全措施;同时拨打110、120,对受伤人员及时送医院抢救; 2. 项目经理按照报告程序逐级向上报告,并协助公司事故调查组开展调查,进行损失评估	项目部公司应急小分队

1)坍塌事故应急救援措施

(1)发生坍塌事故后,现场施工人员应立即撤离坍塌区,并立即向项目经理报告。

(2)项目经理立即启动现场应急救援系统,一方面组织人员排除险情,防止坍塌再次发生;一方面组织抢救受伤人员,同时拨打120尽快将伤员送至医院抢救。

(3)项目经理按照报告程序逐级向上报告,并保护现场,企业应急指挥机构派出应急小分队赶赴现场开展救援工作。

(4)协助公司事故调查组对事故开展调查。

2)高处坠落事故

(1)发生高处坠落事故后,最早发现者应立即大声呼叫,找人对伤者进行救援,并立即报告项目经理。

(2)项目经理立即启动现场应急救援系统,同时拨打120紧急送医院救护。

（3）伤者如有骨折，应注意对骨折部位的保护，使用木板平抬，避免造成二次伤害。

（4）项目经理按照报告程序逐级向上报告，并协助公司事故调查组对事故展开调查。

3）物体打击事故

（1）发生物体打击伤人事故后，最早发现者应大声呼叫，找人对伤者进行救援，并立即报告项目经理。

（2）项目经理组织现场营救人员迅速对伤者进行临时包扎、止血，同时拨打120紧急送医院救护。

（3）项目经理按照报告程序逐级向上报告，并协助公司事故调查组展开调查。

4）触电伤人事故

（1）发生触电伤人事故后，最早发现者应立即用木棒、木板等不导电材料将触电人与接触的电线、电器部分迅速分离，并呼叫同伙将触电者抬到通风平整的场地，按照有关救护知识立即进行救护，同时报告项目经理。

（2）项目经理边组织现场营救，边拨打120，尽快将伤者送医院抢救。

（3）项目经理按照报告程序逐级向上报告，并协助公司事故调查组展开调查。

5）机械伤人事故

（1）当发生机械伤害事故后，伤者本人或最早发现者应大声呼叫拉闸断电，并同时向项目经理报告。

（2）项目经理边组织现场营救，边打120，尽快将伤者送医院抢救；如发现伤者断指、断腿的，应立即将其断落部分找到，用医用纱布包好，随同伤者一起送往医院救治。

（3）项目经理按照报告程序逐级向上报告，并协助公司事故调查组对事故展开调查。

6）火灾事故

（1）当发生火灾事故时，现场施工人员应立即用灭火器、水龙头等进行扑救，并报告项目经理。

（2）项目经理立即组织现场扑救，当火势较大时，拨打119火警，请消防人员现场营救；当有人员伤害时，应即拨打120，尽快将伤者送医院抢救。

（3）项目经理按照报告程序逐级向上报告，并协助公司事故调查组进行调查。

范例 3　高耸构筑物破碎拆除工程

黄兆利　黄聪乐　侯伏慧　编写

黄兆利　中建二局土木工程有限公司安全总监，高级工程师，从事铁路，公路，市政、水利、爆破及拆除等基础设施领域设计、施工管理 28 年。

某厂 100m 烟囱拆除安全专项施工方案

编制：

审核：

审批：

＊＊＊公司

年 月 日

目　　录

1 **编制依据** ··· 126
2 **工程概况** ··· 126
  2.1 工程地理位置 ··· 126
  2.2 烟囱概况 ··· 127
3 **周边环境条件** ··· 128
4 **施工方法选择** ··· 128
  4.1 预拆除 ··· 128
  4.2 爬梯检查 ··· 129
  4.3 拆除工具及水电布置 ··· 129
  4.4 施工方法 ··· 130
5 **施工组织及资源配置** ··· 139
  5.1 施工组织 ··· 139
  5.2 资源配置 ··· 141
6 **施工计划** ··· 142
7 **安全及技术保障措施** ··· 143
  7.1 安全保障措施 ··· 143
  7.2 安全防护措施 ··· 144
  7.3 技术保障措施 ··· 148
8 **文明施工及环保、消防措施** ··· 150
  8.1 施工现场临电文明施工措施 ··· 150
  8.2 施工现场整体文明施工措施 ··· 151
  8.3 施工现场环境保护措施 ··· 152
  8.4 消防安全措施 ··· 153
9 **应急预案** ··· 154
  9.1 危险源辨识、评价 ··· 154
  9.2 危险源控制措施及对策 ··· 154
  9.3 施工现场火灾事故应急预案 ··· 154
  9.4 突发事件的应急预案 ··· 155
10 **计算书** ··· 157
  10.1 卷扬机地锚计算 ··· 157
  10.2 操作平台荷载计算 ··· 157
  10.3 烟囱顶部现有 95m 平台验算 ··· 159

1 编制依据

（1）《建筑施工高空作业安全技术规范》JGJ 80—2011；

（2）《建筑机械使用安全技术规程》JGJ 33—2012；

（3）《建筑现场临时用电安全技术规范》JGJ 46—2005；

（4）《建筑施工安全检查标准》JGJ 59—2011；

（5）《建筑施工扣件式钢管脚手架安全技术规范》JGJ 130—2011；

（6）《北京市建筑工程施工安全操作规程》DBJ 01—62—2002；

（7）《建筑安全法规及文件汇编》；

（8）《建筑施工安全技术手册》；

（9）《建筑工程施工现场供用电安全规范》GB 50194—2002；

（10）《北京市建筑施工现场安全防护标准》京建施（2003）1 号；

（11）《北京市建设工程施工现场场容卫生标准》京建施（2003）2 号；

（12）《北京市建设工程施工现场环境保护标准》京建施（2003）3 号；

（13）《北京市建设工程施工现场保卫消防标准》京建施（2003）4 号；

（14）建筑安装施工规范、工艺标准，施工手册及质量验收标准；

（15）《建筑施工脚手架实用手册》；

（16）《钢筋混凝土烟囱》图集 05G212；

（17）公司依据 ISO 9001：2000 质量保证手册及程序文件、ISO 14001 环境管理手册及程序文件、OHSMS 18000 职业安全卫生管理程序；公司《项目安全管理手册》及有关手册、程序文件；

（18）建设施工方及设计院提供的结构有关施工图纸；

（19）工程现场情况：某厂 100m 烟囱构筑物拆除项目施工现场勘察及场地周围的工程实际情况。

2 工程概况

图 2.1 工程地理位置图

工程名称：某厂 100m 烟囱拆除工程。

工程地点：某区某路北侧×米。

工程内容：烟囱主体结构拆除。

工程要求：烟囱主体结构构筑物全部拆除至室外自然地坪，场地平整。

2.1 工程地理位置

本工程位于北京市某区某厂区内部，烟囱位于厂区中，北侧有东西向通廊；烟囱西侧为铁厂内南北向主道路及空地，空地西面为首钢秀湖；烟囱南侧为热风炉塔，再往南是一综合楼。详见图 2.1。

2.2　烟囱概况

1）本烟囱高 100m，为标准钢筋混凝土烟囱。筒身横截面为渐变圆形，下大上小，底部外直径为 9.52m；顶部外直径为 4.32m，筒壁由钢筋混凝土筒壁、加气块隔热层、耐火砖内衬组成。

2）本烟囱筒壁为现浇混凝土浇筑，厚度由 340mm 渐变至 160mm，每 10m 筒壁厚度减薄 20mm。10m 以下筒壁厚 340mm，10～20m 筒壁厚 320mm，20～30m 筒壁厚 300mm，30～40m 筒壁厚 280mm，40～50m 筒壁厚 260mm，50～60m 筒壁厚 240mm，60～70m 筒壁厚 220mm，70～80m 筒壁厚 200mm，80～90m 筒壁厚 180mm，90～100m 筒壁厚 160mm。整个筒壁渐变坡度为 2‰，筒壁混凝土约 540m³。

3）隔热层：为 100mm 厚加气块填充。

4）圈梁：现况烟囱共有 10 道钢筋混凝土圈梁。

5）内衬为 MU10 耐火砖，厚度为 240～120mm。

6）筒身配筋情况：

（1）纵向钢筋：从 ±0.00 至 +100m，纵向钢筋为：$\phi 22$ 至 $\phi 16$；

（2）环向箍筋：从 ±0.00 至 +100m，环向箍筋为：$\phi 20$ 至 $\phi 12$；

7）钢结构：+95m 处有钢结构平台，总重约 2t；北侧外壁有标准烟囱钢爬梯，总重约 2t；

8）其他结构：+0.15m 处有一个宽 1.5m、高 2.1m 的出灰门洞口，洞口均封死。内部有 11.2m 高的 240 砖砌隔烟墙。

现况烟囱位置详见图 2.2。

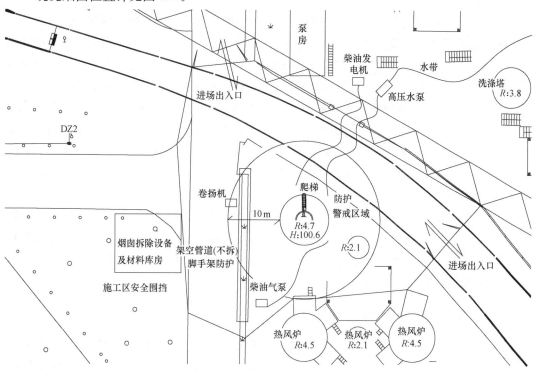

图 2.2　现况烟囱位置平面图

3 周边环境条件

烟囱东北侧 20m 外为铁厂除尘，院前有道路；北侧 15m 上部有东西向通廊，通廊下有泵房；烟囱西侧 4m 有架空管线，10m 外为铁厂厂区内 10m 宽主道路及空地；烟囱南侧 8m 处为热风炉塔，再往南 50m 是铁厂一综合楼。由于周围邻近建（构）筑物较多，并且重要性较高，所以对现场安全、文明施工和环境保护工作提出了较高的要求。

据目测，烟囱本身外观较好，表面无明显裂缝和风化，筒壁内无垃圾，内壁无明显腐蚀现象。95m 位置钢平台与烟囱结构连接牢固，无锈蚀、无脱落。烟囱钢爬梯与烟囱主体结构连接牢固，并有防护套笼。并经现场观察，烟囱自身强度能承受施工荷载。烟囱现况及周围设施见图 3-1。

图 3-1　烟囱主体及场地周围全貌照片图

4 施工方法选择

本工程属于高耸结构的构筑物拆除工程，目前拆除方法主要有爆破拆除和机械拆除两类，机械拆除大致细分为三类：一类是搭设满堂脚手架，上部设作业平台，采用小型液压钳及风镐降层的拆除方法；第二类是搭设全高的垂向滑道及环向固定装置，搭设作业面拆除作业平台，逐步拆除；第三类是利用爬梯及钢平台锚固滑轮，将组装作业平台材料分次运至顶端，组装可靠的作业平台，利用液压钳及风镐破碎筒体、降层。第二类方法成本高，工期长，第一类方法受周边场地限制，搭设架体的稳定性受高度的限制大，该厂区域内建（构）筑物错综复杂，烟囱主体底部周围场地狭小，满足不了传统搭设脚手架拆除的施工要求，场地也不能满足定向倒塌施工的场地需求，又由于处于厂区内部，位置敏感，不宜采取爆破拆除，故不能采取传统方法拆除。

经现场勘察，为确保施工安全，根据现场条件，采用新的拆除工艺，新的拆除设备，即人工在烟囱上部搭设平台，利用风镐、小型液压剪逐步降解，进行拆除。此拆除方法称为"滑模法"。计划上部 76m 采用小型机具配合人工拆除，下部 24m 采用加长臂机械液压剪拆除。烟囱拆除剖面图见图 4-1。

4.1 预拆除

为方便施工，预先对周围影响施工及运输的废弃建（构）筑物进行预拆除，并对施工场地范围内的地下管线进行调查，保证施工作业面内场地必须平整、开阔，地下管线安全。

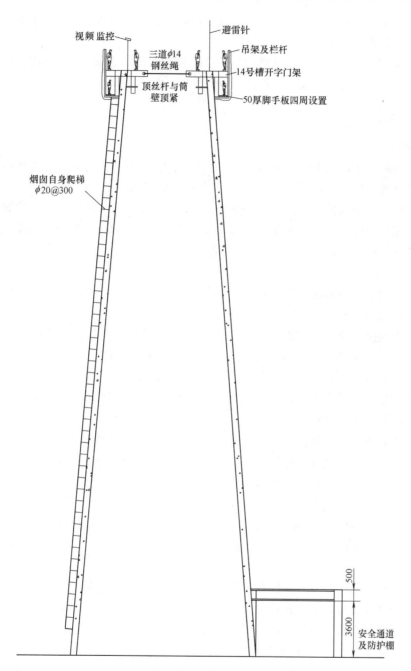

图 4-1　烟囱拆除剖面图

4.2　爬梯检查

现场勘查烟囱外观完好，爬梯牢固，无需特殊加固处理。

4.3　拆除工具及水电布置

小型机具配合人工拆除是采用风镐、液压混凝土破碎钳将烟囱主体结构自上而下拆除。由于施工高空有风，扬尘较大，故设置一台高压水泵从地面加压，用来洒水降尘，从而保证施工安全和绿色施工。

同理电线也仿效此法为上部供电，并在电线绑扎位置用绝缘胶布进行缠裹保护，防止漏电。提前做好临时用电敷设，各种拆除设备调试，以满足工程需要。

4.4　施工方法

1）总体施工方法

本工程拆除方法以人工拆：上部 76m 除采用小型液压钳，人工辅助进行拆除，下部 24m 采用常闭液压剪进行拆除。针对本项目拆除工程，制定拆除施工工艺。

施工顺序：组织机械、工人进场→安全防护（搭设脚手架防护）→爬梯检修加固→平台安装→人工拆除筒身→拆除全部施工脚手架及辅助设施→机械拆除（液压剪及镐头机配合）→渣土清运→清理施工现场→验收并退场。

2）防护脚手架搭设方法

根据现场勘查，烟囱底部西侧有高 5m 的架空管道，因此，拆除烟囱前，需对管道搭设脚手架防护措施，验收合格后方可进行烟囱拆除。

架空管道高度为 5m，宽度不超过 2m。因此，根据管距离烟囱较近的管道位置为起点，左右共计 35m 长度范围之内的搭设 5.4m 高、2.4m 宽的防护，上铺双层木跳板。脚手架排距 1.2m，横向间距 1.5m，步距为 1.8m。预计地面脚手架防护共搭设 200m²。

（1）防护架子坐落在管道底部硬化地面上，在立杆底座下垫上跳板，跳板其厚度不小于 5cm，并在周围预留排水空挡，布设必须平稳、不得悬空，并在立杆下放入底座。搭设脚手架的底部采用木跳板铺设，个别不平整的位置采用槽钢板垫底。

（2）架子立杆：为双立杆选择 $\phi 48 \times 3.5$mm 钢管 $L = 4$m、6m 长作立杆，在底层错步搭接。

（3）大横杆：置于小横杆之下，在立柱的内侧，用直角扣件与立柱扣紧；其长度大于 3 跨、不小于 6m，同一步大横杆四周要交圈；大横杆采用对接扣件连接，其接头交错布置，不在同步、同跨内；相邻接头水平距离不小于 50cm，各接头距立柱的距离不大于 50cm。

（4）小横杆：每一立杆与大横杆相交处（即主节点），都必须设置一根小横杆，并采用直角扣件扣紧在大横杆上，该杆轴线偏离主节点的距离不大于 15cm。小横杆间距与立杆柱距相同，且根据脚手板搭设的需要，可在两立柱之间再等间距设置增设 1～2 根小横杆，其最大间距不大于 75cm；小横杆伸出外排大横杆边缘距离不小于 10cm；伸出里排大横杆距结构外边缘 15cm，且长度不大于 35cm。上、下层小横杆应在立杆处错开布置，同层的相邻小横杆在立柱处相向布置，

（5）纵、横向扫地杆：纵向扫地杆采用直角扣件固定在距底座下皮 20～10cm 处的立柱上，横向扫地杆则用直角扣件固定在紧靠纵向扫地杆下方的立柱上。并对此立杆采取双向斜拉加固措施，

（6）脚手板：采用松木、厚 5cm、宽 20～35cm、长度不少于 4m 的硬木板。在作业层下部架设一道水平兜网，随作业层上升，同时作业不超过两层。最上层满铺一层脚手板，以下每隔 2 层也要满铺一层脚手板，并设置安全网及防护栏杆，共计 2 层的脚手板。

脚手板设置在 3 根横向水平杆上，并在两端 8cm 处用直径 1.2mm 的镀锌钢丝箍绕 2～3 圈固定。当脚手板长度小于 2m 时，可采用两根小横杆，并将板两端与其可靠固定，以防倾翻。脚手板应平铺、满铺、铺稳，接缝中设两根小横杆，各杆距接缝的距离均不大于 15cm，靠墙一侧的脚手板离墙的距离不应大于 15cm。拐角处两个方向的脚手板应重叠放置，避免出现探头及空挡现象。搭接时，跳板接头必须支承在横向水平杆上，搭接长度应大于 200mm。

(7) 扣件：脚手架采用锻铸铁制作的扣件，扣件在螺栓拧紧扭力矩达 65N·m 时，不得发生破坏。扣件的质量应符合下列规定：新扣件应有生产许可证，法定检测单位的测试报告和产品质量合格证。旧扣件使用前应进行质量检查，有裂缝、有变形的严禁使用，出现滑丝的螺栓必须更换。新旧扣件均应进行防锈处理。

(8) 安全网：平网使用尼龙（白色）安全网，主要防护人员发生意外的防护，预计平网 600m^2，立网 200m^2。立网使用密眼尼龙（绿色）安全网，主要防护架上人员和物品从侧面掉落，用 12 号铅丝在沿着密眼尼龙（绿色）安全网四边@300mm 间距进行捆绑在架子的大横杆上。

(9) 脚手架管道防护验收合格后方可进行烟囱拆除。

3）检修爬梯加固方法

(1) 烟囱自身爬梯已经安装在烟囱北侧，爬梯位置的混凝土表面未见明显破损，为确保安全，烟囱爬梯需要进行检修加固处理。

(2) 施工人员从爬梯下部向上攀爬，检查爬梯与烟囱主体的连接情况，查看是否有混凝土松裂、钢材锈蚀严重的情况。攀爬中还要查看爬梯护笼是否结实完好。若有不符合要求的，对其部位进行爬梯的替换加固处理。

(3) 以 2.5m（爬梯链接处）长度为单位，与烟囱受力主筋（里侧竖向）焊接，挑选 2 名身强力壮、胆大心细的操作人员，佩戴好安全带，备好工具包，用小型电镐剔凿爬梯链接处的混凝土表面，上下各 2 个 10cm×10cm 洞口，直至露出内侧竖向主筋。

施工人员用绳索将爬梯构件人工吊拽至需焊接位置，每个混凝土开口用 300mm 长 14 钢筋把爬梯与烟囱纵向主筋电焊焊接，焊接长度为单面 8cm，焊接厚度不小于 6mm。爬梯为 2.5m 一个的成品梯，覆盖安装焊接到主体纵筋上。

4）爬梯加固后，再在爬梯上焊接—40mm×4mm 的扁铁半圆弧形笼子，笼子间距为 1m，竖向用 3 根—40mm×4mm 扁铁连通，用此方法由下向上施工，直至烟囱顶部。爬梯加固工艺及材料根据图集《钢筋混凝土烟囱》05G212 有关的要求进行施工。

5）平台组装及平台荷载计算

平台搭设：拆除采用顶部安装门架，用液压钳、气泵、风镐等共同配合方法；操作平台采用型钢、脚手板、钢丝绳、安全网组装而成图 4.4-1。

(1) 烟囱顶部操作平台工艺流程图：施工准备→卷扬机固定→烟囱顶部吊点固定→安装门架→所有门架连成整体→门架丝杠拧紧→满铺操作平台上脚手板→双层安全网封闭→安装拆除设备→调试拆除设备→操作平台及拆除设备验收→操作平台投入使用。

(2) 首先根据图纸打开烟囱底部 0.15m 位置的出灰口，大小 1.5m×2.1m，利用烟囱自身功能，保持空气流通，保持烟囱内空气清新。

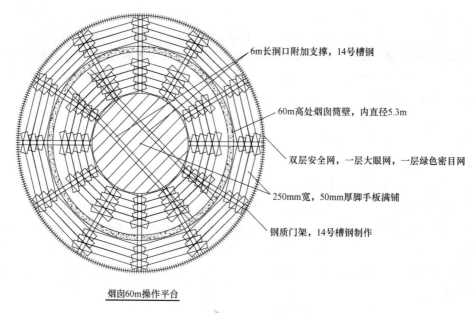

6m长洞口附加支撑，14号槽钢

60m高处烟囱筒壁，内直径5.3m

双层安全网，一层大眼网，一层绿色密目网

250mm宽，50mm厚脚手板满铺

钢质门架，14号槽钢制作

烟囱60m操作平台

图 4.4-1　操作平台详图

（3）现场勘查烟囱自身混凝土结构品相良好，顶部95m处钢结构平台、钢爬梯与烟囱自身结构连接牢固，因此，首先2名施工人员利用人工带大绳，从爬梯到烟囱顶部，然后将大绳从烟囱内放下，人工拉6m钢管四根，十字卡24个，暂时放在烟囱顶部钢结构平台上，用于组装顶部井架。施工人员先把安全绳固定在梯子内侧爬手上后，将两根管的一端用铁丝分别固定在梯子两侧，另一端横跨烟囱4.32m直径顶部。然后用2.5m长的木跳板从架子管固定在梯子上的那一侧开始铺，并用铁丝固定，绑扎时要注意横向间距保持一致。然后由近到远，逐块递进。待将木跳板铺至烟囱顶部直径1/3处时，再将另外2根管与之前的2根管垂直成"井"字形，后来的两根管在上部，用十字卡固定，同理铺木跳板。木板的铺设要保证木板两端都固定在管上。

（4）施工人员铺设木板完毕后，从下部运几根钢管，在顶部组成四脚门框架，底部用扣件固定在临时平台上的管交汇处，一切准备安装就绪后，最后穿卷扬机钢丝绳，卷扬机方可投入吊料。安装直径10cm的吊装滑轮，采用ϕ11的钢丝绳用于运输正式平台的较重钢构件及较重机具，如平台门架构件等。由于烟囱结构品相完好，因此采用从烟囱内部上料，卷扬机拉钢丝绳缓慢提升物料到顶部平台。

卷扬机和转换滑轮要做地锚连接，吊料作业时要2人在架上同时作业，作业前挂牢安全带，料具吊到位置后2人同时向内拉，使料具放在平台上。卷扬机要搭防护棚保护。

（5）顶层平台组装采用14号对向双槽钢"门"字架沿烟囱筒壁均匀布置，"骑"在烟囱壁上。门架内腿加脚手架用的丝杠从内部将门架一个个固定在烟囱的筒壁上，从而使整个平台固定。钢制门架沿圆周方向进行等分，其内侧间距不得超过1.6m。

（6）平台外侧加装1.5m高的L50×5角钢，并设四道水平护栏，作为安全防护措施。角钢下部与槽钢用双排M16普通螺栓进行安装连接。平台门架横向槽钢下采用L50×5角钢制作成倒钩式型钢挂架，用作底部横向支撑兼兜料平台，端头采用双排M16普通螺栓和槽钢门架进行连接。预计平台钢结构总量（17楹提升架时）不超过2t。

（7）倒钩式钢挂架四周铺满木跳板，平台整体横向平面采用 2.5m 长、5cm 厚木跳板满铺，只露出混凝土外壁部分，木板用 10 号铁丝固定。操作平台上纵向设 1.5m 高立网防护栏用大眼安全网封严、兜底，既可以防止施工区域内的拆除物不溅落到施工区域外，保证施工安全，又可阻挡施工扬尘。倒钩式钢挂架上无需长时间上人，只做兜底、清理杂物。操作平台上设置灭火器两台以防火灾发生。

操作平台及脚手架上的铺板必须平整、防滑、固定可靠，并不得随意挪动，平台铺板还要刷涂木材防火漆。平台用料共计 120m²。

操作平台的周围根据设计要求设置围栏和保护网，用安全网封严。操作平台上的外吊架用双层安全网兜底。平台每单层用立网 100m²，平网 20m²。

（8）平台槽钢门架内侧根据事先组装时原门架横梁中间 φ50 的孔，穿三道 φ14 的 6×19 钢丝绳，分别用钢丝绳扣锁紧。中间采用木板进行铺设。

根据内侧空口大小，用 2 根 14 号槽钢平行扣在平台上，两端用铁丝绑在门架上，横向铺设木板，作为封口防护措施，详见图 4.4-2。

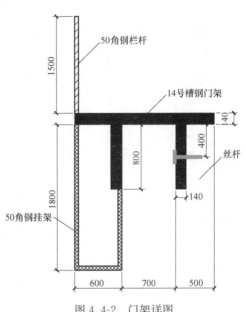

图 4.4-2 门架详图

（9）随烟囱高度降低，筒壁半径增大，及时增加门架的数量以及平台的面积，经计算的相互关系见表 4.4-1。

烟囱高度、筒壁半径、门架数量、平台面积关系表　　　　表 4.4-1

烟囱高度(m)	筒壁内半径(m)	门架个数(个)	平台面积(m²)
100	1.75	12	23
95	1.9	12	25
90	2.02	12	27
82	2.15	12	30
75	2.26	12	32
68	2.4	12	34
61	2.5	12	37
56	2.6	13	40
49	2.75	14	43
39	2.8	15	48
32	2.95	16	56
24	3.2	17	63

在增加门架之前筒壁已经拆除完毕。对组装好的操作平台，验收合格后，方可投入使用。平台每下降 10m 左右，要重新进行平台调整，对有磨损的组件要及时进行更换。

（10）操作平台系统自重计算：

设 12 榀提升架（顶部开始时）	$12 \times 75kg = 900kg$
内外吊架	$12 \times 10kg = 120kg$
内架铺板	$36 \times 10kg = 360kg$
安全网	取 150kg
顶丝杆	$6 \times 8kg = 48kg$
飞机架	$6 \times 10kg = 60kg$
操作平台铺板	取 500kg
天轮、钢丝绳	取 150kg
电闸箱	取 70kg
液压泵	取 200kg
气压包	取 100kg
施工人员	取 810kg

$\Sigma N_1 = 3270kg$

由于所有的重量都是落在烟囱主体混凝土筒壁上，平台面上只是供施工人员操作及放置少量施工工具，能够满足拆除烟囱的要求。

4.4.1　卷扬机地锚的做法

卷扬机地锚坑挖设尺寸：挖成"卜"字形，长×宽×深 = 2000mm × 800mm × 2000mm，地锚采用 4 根 100mm × 100mm × 2000mm 方木捆成一个整体。地锚埋设：整根地锚必须埋入受拉方向的原始土中，地锚绳采用 6×19 的 $\phi 12.5mm$ 钢丝绳，锚绳与面夹角为 $45°$，地锚绳用不少于四道钢丝绳卡子卡牢锁紧，地锚坑首先浇筑 400mm 高的 C20 素混凝土，其余采用素土回填，回填土必须分 200mm 为一步，分层夯实。如图 4.4-3 所示。

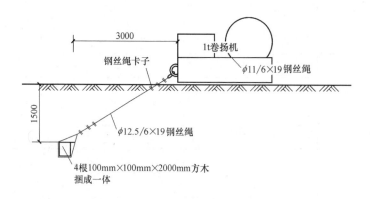

图 4.4-3　卷扬机地锚的做法

本工程采用的卷扬机型号见图 4.4-4。

该卷扬机的铭牌参数见表 4.4-2。

图 4.4-4 卷扬机图

卷扬机铭牌参数表   表 4.4-2

卷扬机型号			JK 1.5 T
钢丝绳额定拉力(kN)			15
总传动比 I			54.38
卷筒		直径长度(mm)	219×460
		钢丝绳(容绳量)(m)	80(170)
钢丝绳		规格	6×19
		直径(mm)	11.6
		提升速度(m/mm)	22
电动机		型号	Y132M-4
		功率(kW)	7.5
		转速(r/mm)	1440
制动器型号			TJ2-200
外形尺寸(长×宽×高)			920×860×500
整机重量(kg)			340

卷扬机用作安装拆除平台时运材料、器具使用,施工过程中并不全程使用。根据施工工艺,预计卷扬机实际使用时间为30天,卷扬机使用过程中,配置1名施工人员,专门进行操作。卷扬机布置位置见图2.2。

6)上部76m拆除施工方法

(1)本工程拆除是自上而下顺序拆除,利用人工及液压剪自上向下逐次拆除。平台上布置不超过8~13名施工人员,要求全部系安全带,并用大绳与操作平台护身栏杆连接。烟囱拆除时顶部操作平台设置其中2人调整内侧钢丝绳,9人拆除施工,1名安全员及1名专业电工配合。渣土全部由烟囱内部自由落下。

(2)烟囱拆除时为了防止尘土飞扬,要求设专人边拆除边浇水,同时将扬尘降低到最低点,对拆除下来的混凝土要求及时运走,做到活完场清。

(3)从烟囱横断面上一点开始拆除,从门架支撑两侧下的混凝土开始拆除,对向施工,绕烟囱一周为一个循环,在正常拆除时每一个循环下降高度为200mm,每天降解高度约2m。顶部操作平台随烟囱的拆除下降,下降后由于各门架之间采用钢丝绳软连接,单个门架下降不会引起整个操作平台倾斜。上部降解采用 2 台 G20 风镐（图 4.4-5）。及液压破碎钳（图 4.4-6），输气采用从地面气泵（图 4.4-7）向上部供气。空压机布置位置见图 2.2。

图 4.4-5　风镐

G20 风镐，机重：20kg，耗气量：23L/s，工作气压：0.63MPa，冲击频率：16 赫兹，缸体直径：40mm，锤体行程：165mm，气管内径：16mm，冲击能：60J

图 4.4-6　液压钳

欧凯牌液压钳 HD-420，最大破碎厚度：420mm，最大破碎力：55t，最高压力：80MPa，钳体重量：85kg，电压：380V，功率：3kW，破碎效率 0.3～0.6m³/h

图 4.4-7　空气压缩机

红五环螺杆式机油润滑柴动空压机，HS-4.5/6，外形尺寸（长×宽×高）：1470×960×1180（mm），功率：33kW，排气压力：0.7MPa。

（4）筒壁拆除施工过程中，直径随筒壁的降低而变大时，应增加"开"字形门架，同时增大操作平台，为了保证增加门架时，使整个平台的稳定性，其措施为利用组装时原门架横梁中间 $\phi50$ 的孔，穿三道 $\phi14$ 的钢丝绳，先松开其中的两根，另一根作为保险绳，待两根钢丝绳留足够用的范围，将两根绳头锁紧，再松开作为保险绳一根利用同样的方法将此绳锁紧。然后将加入的门架沿筒壁周长均匀布置，并将操作平台脚手板铺好、绑牢，各种设备经检查验收后方可再次投入使用。

（5）烟囱拆除过程中，避雷采用烟囱自身避雷接地装置，接地电阻不得大于 10Ω，随着烟囱拆除降低要求，自身避雷针始终保持高出拆除工作面 2m，方可将高出的部分割掉。

（6）拆除过程中遇钢筋混凝土圈梁时，用风镐将圈梁内侧混凝土凿掉，用气割将钢筋割断，以保证液压钳口的张合尺寸，钢材做废弃处理，同渣土全部由烟囱内部自由落下。气割用的氧气乙炔瓶分别分开设置在地面上，并搭设防砸棚。向上输气采用 $\phi8\times12mm$ 的橡胶管，橡胶管要符合 GB 2250—92 氧气胶管国家标准和 GB 2551—92 乙炔胶管国家标准。使用前，平台上的施工人员通过对讲机向下部控制人员发出指令，打开氧气乙炔瓶阀门，通过调节气割枪旋钮控制火焰大小，然后进行切割钢筋作业。施工过程中，注意不要将枪口冲向人员及木板等易燃材料。在使用完毕前，事先通知地面控制人员，关闭阀门，按照气割使用要求，待气割枪口无火苗后，方可将气割枪收起。

（7）把渣土从烟道用挖掘机归墩装车运出场外，烟囱顶部有人施工时不得进行渣土清运。

（8）平台电缆采用钢索配线方式，电缆敷设沿烟囱爬梯，每10m设置一根50mm×100mm的方木绑在爬梯腿上，然后用软绳和瓷壶相结合将电缆牢固的捆在方木上，不允许铅丝或电线代替绑丝。平台上设置多闸配电箱，用作平台电源连接使用。用电前，平台上的电工用对讲机向地面人员发出指令，打开地面电箱控制开关，后再打开平台电箱闸门。使用完毕后，同理反向关闭电源。

（9）平台消防、降尘取水采用6分高压软胶管，同电线走法，在爬梯的另一侧安装敷设至顶部平台，用高压水泵向上打水。使用时平台上的工作人员通过对讲机向地面控水人员发出信号，由地面人员打开开关，向上部供水，使用结束后同理向下部人员发出信号关闭水阀门。

高压水泵型号：80DL50.4-20×5，上海润集，吸入口径80mm，扬程120m，功率7.5kW。连接时，要从地下消防栓取水点先连接100变80的变径管件，再接入到高压水泵。水泵出口接变径连接6分高压软胶管，向上输水。

（10）根据北京市现场施工的安全管理要求，在平台上安装一台无线摄像机做视频监控，记录施工过程。

（11）平台上的水、电等管线，施工前安装完毕，预计花费3天时间。

（12）由于本拆除方法采用的是新技术，有施工专利，因此平台构件由具有此类拆除经验及技术资质的专业分包单位提供成品构件，经验收合格后在现场使用。

7）下部24m拆除施工方法

（1）人工拆除上部76m后，拆除人工操作平台，按照安装顺序反向拆解，用卷扬机配合滑轮将平台构件及材料运至地面妥善安置。对烟囱下部24m采用加长臂液压镐（剪）机械拆除。采用的挖掘机加长臂工作参数：26.5m，工作重量为8.2t，斗容0.55m³，全高3.5m。

（2）施工中司机操作要注意机械侧向施工位置拆除，防止正面拆除导致落物危害。

（3）加长臂液压镐施工，直接破碎烟囱主体，要求逐层降解，一次最大拆除下移高度不得超过1m，防止大块混凝土直接掉落。

（4）机械拆除的工作内容是先要将烟囱结构破碎成打小500mm左右的混凝土块，然后在地面上进行二次破碎。二次破碎后的大小不超过250mm，方便清运。

（5）地面上的防护措施，待现场烟囱主体拆除降解完毕后，再进行拆除。可预先将卷扬机、氧气乙炔等距离烟囱较近的施工设备先拆移，拆除防砸保护棚。待烟囱降解至自然地坪后，再拆除脚手架管道防砸防护。

8）防护脚手架拆除方法

（1）地面脚手架等辅助安全设施的拆除，严格遵守由上而下、先搭后拆的原则，即先拆拉杆、脚手板、剪刀撑、斜撑，后拆小横杆、纵向水平杆、立杆等，一般的拆除顺序为：安全网→拉杆→脚手板→剪刀撑→小横杆→纵向水平杆→立杆等。

（2）不得分立面拆除或在上下两步同时进行拆除。做到一步一清、一杆一清。拆立杆时，要先抱住立杆再拆开最后两个保扣件。拆除纵向水平杆、斜撑、剪刀撑时，应先拆除中间扣件，然后托住中间，再解端头扣。拆除脚手架时，不得破坏脚手架的稳定性。架子拆除时应划分作业区，周围设围栏或竖立警戒标志，地面设有专人指挥，严禁非作业人员入内。

（3）脚手架拆除前应检查其上杂物及地面障碍物是否清除干净。

（4）拆除的高处作业人员，必须戴安全帽，系安全带，扎裹腿，穿软底鞋。

（5）拆除时要统一指挥，上下呼应，动作协调，当解开与另一人有关的结扣时，应先通知对方，以防坠落。

（6）拆除中，及时拆除运走已松开连接的杆配件，避免误扶和误靠此类杆件。拆下的杆配件严禁向下抛掷。在拆除过程中，做好配合协调工作，禁止单人进行拆除较重杆件等危险性的作业。

（7）拆除时如附近有外电线路，要采取隔离措施。严禁架杆接触电线。

（8）拆下的材料，用绳索拴住，利用滑轮徐徐下运，严禁抛掷，运至地面的材料按指定地点堆放，当天拆当天分类处理清。

9）渣土清理方法

（1）本次拆除混凝土结构烟囱高76m，根据图纸计算，下部24m烟囱内部空腔容积超过700m³，考虑上部76m混凝土结构及内侧耐火砖结构总量不超过400m³，乘以1.4的碎胀系数后，560m³小于700m³，故上部76m拆除时可向烟囱内抛弃渣土，过程中不用清理。

（2）施工中，根据位置与尺寸，在烟囱底部开出灰口，搭设防护棚。

① 为排渣卸料，按照原图纸在烟囱筒身标注的距自然地坪0.15m位置，按照原有1.5m×2.1m尺寸，在烟囱筒壁上开洞，并设置竹胶板简易平开门监护。

② 由于采用机械排渣，为保证施工安全，在出料口位置架子按照长5m宽3.6m高3.6m搭设棚子，在顶部小横杆间距0.75m，其上满铺50厚跳板，跳板上用10mm厚竹胶板盖严密，并对架子进行加斜撑加固。立杆内侧满挂密目安全网，在通道口门头社标志牌，写明清渣口通道。

③ 若拆除中的渣土在烟囱内部堆砌到排渣洞口高度，便从洞口漏出，此时安排柳工CLG907D小型挖掘机进行清理。

10）场地清理运输方法

（1）拆除作业与渣土倒运采用交替进行的方式，即拆除一部分后方可进行渣土的倒运。由于施工场地相对狭小，拆除与渣土的倒运严禁同时进行，以避免发生落物伤害及车辆与机械碰撞危险。

（2）施工现场要设置围挡等隔离措施，渣土要集中堆放在围挡内的规定范围之内。车辆出入的路口铺设格网或垫子并安排专人进行洒水清扫，防止尘土飞扬。大门外和所驶道路区域也应安排专人进行巡视和清扫。

（3）施工现场堆放渣土要使用篷布及密目网覆盖。施工现场裸露渣土要及时洒水，确保无扬尘。

（4）施工现场四周设置畅通的排水沟，设置沉淀池，确保雨期排水通畅，不污染城市道路、堵塞管道。

（5）施工现场液体或散装材料、垃圾的运输，必须进行密封、包扎或覆盖，严禁撒漏污染城市道路。

（6）施工现场必须设置洗车池（冲洗槽）和沉淀池，配置高压水枪，对驶出车辆进行冲洗。洗车池应设在工地大门内适当位置，深度不低于30cm。沉淀池不小于80mm×80mm×100mm，并与市政管网相通，未经沉淀的污水严禁排入市政管网。

（7）渣土拉运选择拥有"三盖"的环保型运输车辆外运渣土，尾气排放要达标。或者采用防尘苫布对渣土进行封闭覆盖，不得沿途飞扬、撒漏，车轮应安排专人进行清扫、冲水，必须做到行走不带泥。运输车辆的运行路线必须按照甲方的要求事先计划好的行车路线行驶，并对所驶道路提前做好车辆停放工作，保持道路的畅通无阻和卫生。

（8）建筑垃圾应集中、分类堆放，及时清运。若现场有临时堆放的生活垃圾，应采用封闭式容器，日产日清。垃圾清运应委托有资格的运输单位进行。不得在施工现场熔融沥青、焚烧垃圾等有毒有害物质。

（9）所有渣土运至门头沟鲁家山集中消纳，运距25km。

5　施工组织及资源配置

5.1　施工组织

1）组织机构

施工现场设项目部，本工程由项目经理全权组织施工，实行独立核算，对工程进度、质量、安全、成本全权负责，在公司的领导和监督下，有组织工程施工的自主权，项目经理部下设5个工程管理组。组织机构如图5.1所示。

（1）安全保卫组

负责施工现场的保卫工作和安全管理，开工前作各级安全交底工作，并检查施工现场，对安全隐患部位进行排查，编制详细的安全措施，制定相关的安全、消防、环保预案。对拆除区域的水、电、气及地下情况进行检查，并达到安全施工要求。施工中做好安全检查工作，排除安全隐患，加大对不安全行为的处罚力度。

图5.1　组织机构图

（2）调度管理组

负责现场的施工设备、施工道路调配管理工作，设备及渣土运输车辆管理，作好内外部的协调调度工作，保证拆除工程的顺利进行。

（3）技术环保组

负责与业主方和有关单位的联系工作，制订重要拆除部位的施工技术方案、措施、处理现场技术问题，负责环境保护工作，制定降尘环保措施，组织实施降尘排污方案，最大限度地降低粉尘污染。

（4）工程管理组

负责按施工方案进行施工组织，按拆除工序组织施工，确保施工进度，监督和管理现场施工人员，按照施工方案进行施工。

（5）材料管理组

负责渣土外运、废钢材回收、现场施工材料的管理。各职能组的工作人员分工合作，全面负责本工程的管理工作。做到协调组织，统一指挥，做到科学组织，文明施工。

2）技术准备

（1）了解建筑物周边的自然环境及地上、地下障碍物情况，查阅烟囱施工图纸，了解其结构形式。向施工人员书面交底该工程的安全、保卫、消防、环保等有关事宜。

（2）认真熟悉图纸，深入调查现场情况，根据实际情况编制切实可行的技术方案，考察工程重点、难点，施工环境、天气等条件，提前做好施工准备工作。

（3）提前检修拆除设备、组织人员准时进入现场，办理施工手续。

（4）施工中，业主指派一名常驻工地代表协调配合拆除施工工作。

3）生产准备

（1）有关部门的协调：正式施工前，积极与施工所在区域的安全、保卫、环卫等管理部门取得联系，向他们通报情况，听取他们的意见，按要求办理相关手续，制定相应的管理制度，取得当地政府的支持。

（2）施工周边环境的协调：施工前做好施工现场周围环境的调查研究，掌握真实情况，增强工作的预见性，为施工的顺利进行创造条件。

（3）施工前在厂方配合下做好施工现场临水、临电的接洽。

4）现场准备

（1）施工区隔离并搭设安全防护：在拆除区域外，距离拆除的烟囱的外围半径 20m 范围内搭设施工区域安全围挡或防护棚，将施工区与厂区分隔开。围挡采用 2.5m 硬质围挡板，高压水泵、卷扬机等设备的防护棚搭设要求 3.0m 高，双层防护脚手板封严。南侧热风炉离烟囱较近，可根据现场情况搭设防护措施。

邻近建筑物要在面向施工区域的一面满搭脚手架并布满防护网。在没有运输通道的情况下，先拆除影响施工的简易建筑物确保运输通道畅通，做到活完场清。围挡要开口留门。

（2）现场通行道路：烟囱底部地面，部分为混凝土硬化地面，能够良好地承载施工机械行进。进出场路线上，及非硬化路面上的井盖，要加盖 1.5m×1.5m 的 10mm 厚钢板，并根据业主提供的地下管线位置，在管线上加盖钢板作为防护保证措施，保证机械和车辆通过时不被碾压垮塌。

考虑到场内道路通行情况，必要情况下通过与业主协商，将周围临近道路进行断路。

（3）施工临时用水：包括施工机械用水、消防及降尘用水，计划从业主方指定的消防栓处接水。消防栓接口 100mm，经施工人员现场勘察可以使用。取水点距烟囱主体 50m，采用水龙带接引至施工现场。

（4）施工临时用电：由于临近无电源，配备一台柴油发电机为现场供电。

（5）施工机具准备：施工所需机械设备要满足施工计划要求，所有设备质量合格，并配备一定的易损件配件。

现场机具布置位置见图 2.2。

5.2　资源配置

1）材料、机具设备配备

依据甲方工期要求和机具性能，结合以往类似工程施工经验，配置的机具设备见表 5.2-1

材料、机具设备配备表　　　　　　　　　　　表 5.2-1

序号	名　　称	数量	用　　途	备　　注	
1	加长臂液压剪	2 台	拆除烟囱主体	小松	
2	液压混凝土破碎钳	3 台	拆除、破碎	欧凯牌，HD-420	
3	装载机	1 台	清场,装车		
4	自卸车	5 辆	渣土运输	20t	
5	高压消防水车	1 辆	地面消防、降尘		
6	托运车	3 辆	拖运	20t	
7	活络扳手	5 套	组装	8～36mm	
8	专用扳手	2 套	组装		
9	梅花扳手	2 把	组装	36mm	
10	大锤	2 把	破碎	16 磅	
11	撬棍	4 把	拆除		
12	卡环、绳卡	6	固定	10t	
13	6×19 钢丝绳	400m	固定,小型起吊	φ11	强度等级 1550N/mm²
14		200m	固定	φ14	
15		50m	大型	φ12.5	
16	电工工具	1 套	临电		
17	万用表	1 块	临电		
18	安全带	20 副	安全保护		
19			卷扬机固定		
20	气割	5 套	钢筋切割		
21	挖掘机	1 台	清理掏渣	柳工 CLG907D	
22	高压水泵	1 台	高空加压输水	80DL50.4-20×5 扬程 120m	
23	高压软胶水管	200m	高空输水 洒水降尘	6 分管	
24	柴油气泵	1 台	高空送气（配 300m 高压气管）	红五环 HS-4.5/6	
25	安全帽	61 个	工人安全保障		
26	防滑鞋	61 双	工人安全保障		
27	钢管	800m	安全防护		
28	扣件	300 个	安全防护		
29	安全网	1300m²	安全防护		
30	硬质围挡板	200m	场外安全防护		
31	架子扳手	5 把	脚手架施工		

序号	名　称	数量	用　途	备　注
32	力矩扳手	3把	脚手架施工	
33	7.5kW卷扬机	1台	吊物	JK0.75(1.5)
34	配套电焊工具	3套	焊接	
35	风镐	6台	破碎	G20,配钢钎20根
36	8号铁丝	2捆	绑扎固定	50kg/捆
37	木跳板	200m²	防护、垫底	50mm厚
38	10mm钢板	50m²	地面防护	
39	10mm竹胶板	10块	遮挡防护	1.2m×2.4m
40	安全绳	200m		直径25mm
41	变径管件	2个	管件连接	100变80mm
42		2个	管件连接	50变20mm
43	消防接头	2个	连接	直径80mm
44	消防水带	4卷	地面取水、消防	直径100mm 25m/卷

2）施工人员配备

依据甲方工期要求和人工定额，结合以往类似工程施工经验，配备的施工人员见表5.2-2。

人员配置计划表　　　　　　　　　　表5.2-2

序　号	工　种	班　组	人数/每班	总人数
1	架子工	1	5	10
2	焊工	1	2	2
3	力工	1	20	20
4	推土机司机	1	1	1
5	液压剪(镐)司机	1	2	2
6	挖掘机司机	1	1	1
7	指吊工	1	2	2
8	电工	1	2	2
9	现场警戒	2	4	8
10	安装工	1	4	4
11	吊车司机	1	1	1
12	其他人员	1	8	8
13	合　计			61人

6　施　工　计　划

本工程采用小型机具，人工配合的施工方法。拆除施工期间，为防止施工人员高空作业产生疲劳，为保证施工进度和安全，上部结构拆除施工时实行2班轮换，实行两班轮替作业，每天施工共计 12 小时，工作时间从早 7 点到晚上 19 点。

计划总工期。本工程的计划总工期 60 天。施工计划详见表 6-1。

施工进度计划表

表 6-1

施工进度计划表（计划工期为 60 天）

序号	项目	施工日期（天）																			
		3	6	9	12	15	18	21	24	27	30	33	36	39	42	45	48	51	54	57	60
1	前期施工准备	→																			
2	围挡搭设	→																			
3	烟囱底部开洞及防护脚手架搭设		→																		
4	平台安装及验收			→																	
5	人工拆除至 24m																→				
6	平台拆除																	→			
7	24m 以下机械拆除																		→		
8	清理场地		→																		
9	工程验收																				→

7　安全及技术保障措施

7.1　安全保障措施

1）明确安全生产方针及目标，成立安全生产领导小组，并明确职责，分工合作，安全生产小组主要职责：

（1）安全生产小组是工程项目安全生产的最高权力机构，负责对工程项目安全生产的重大事项及时做出决策。

（2）认真贯彻执行国家有关安全生产和劳动保护方针、政策、法令以及上级有关规章制度、指示、决议，并组织检查执行情况。

（3）负责指定工程项目安全生产规划和各项管理制度，及时解决实施过程中的困难和问题。

（4）每周对工程项目进行至少一次全面的安全生产大检查，并召开专门会议，分析安全生产形势，制定预防因工伤事故发生的措施和对策。

（5）协助上级有关部门进行因工伤事故的调查、分析和处理。

2）安全员职责

（1）安全员在生产副经理领导下工作，负责项目部的现场安全管理和安全文明施工的全面管理工作。

（2）积极宣传贯彻国家颁发的各项安全规章制度，并监督检查执行情况，向主管领导及时汇报情况。

（3）对职工进行安全教育（入场教育、雨季施工教育、冬施教育、换季教育、特殊工种教育、每周的安全教育），并负责具体组织实施。

（4）学习施工组织设计、参加生产、掌握生产信息、预防预测事故发生的可能性。

（5）参加各类机械设备的安装验收工作，发现问题及时解决。

（6）参加脚手架的安装验收、并认真填写验收单。

（7）负责施工现场经常性的安全检查工作，并组织月检。

（8）对在用的机械设备进行巡回检查，发现有违反岗位责任制，机械运转异常、保养不良、事故隐患、记录不全等情况，立即制止并向部门负责人报告，采取措施予以纠正或排除，作好巡检记录。

7.2　安全防护措施

1）按标准、规范严格进行钢丝绳检验、检查工作

（1）钢丝的断面积和钢丝总面积之比达到10％，不得用作升降物料。

（2）不合格的钢丝的断面积和钢绳的总面积之比达25％时，必须更换。

（3）各种股捻钢丝绳在一个捻距内钢丝断面积与钢丝总面积之比达到下列数值时必须更换：

① 升降人员或升降人员和物料用的钢丝绳为5％；

② 专用升降物料用的钢丝绳、平衡钢丝绳、防坠器的制动钢丝绳和兼作运人的钢丝绳、牵引带式输送机用的钢丝绳为25％。

（4）以钢丝绳标称直径计算的直径减少量达到下值时必须更换：

① 提升钢丝绳或制动钢丝绳为10％；

② 罐道钢丝绳为15％。

（5）根据锈蚀情况，至少每月涂油一次。

（6）提升装置必须经检验合格后方可投入使用。

（7）新绳到货，应进行验收检验，必须保证有出厂厂家合格证、检验证书等完整的原始资料。

（8）保管超时一年的钢丝绳，在悬挂前必须再一次检验合格。

（9）升降物料用的钢丝绳，自悬挂起时第十二个月检验一次，以后每隔每六个月检验一次

（10）摩擦轮式提升钢丝绳的使用期限应不超过两年，平衡钢丝绳的使用期限应不超过四年。

2）操作平台安全措施

（1）烟囱周围10m为施工禁区，并设禁区标志，设专人看护巡视。禁区内的建筑物出入口及机械操作场所，搭设3m高的安全防护棚。

（2）本拆除工程禁止立体交叉作业，下部施工应搭设隔离防护棚。各种牵拉钢丝绳、滑轮装置、管道、电缆及设备等物均应采用防护措施。

（3）操作荷载不得超过3.5kN/m²，拆除所有设备等物料不得集中堆放，以保证操作平台的载荷均匀。

（4）在正常拆除时每一次下降高度为200mm。

（5）操作平台及吊脚手架上的铺板必须平整、防滑、固定可靠，并不得随意挪动，操

作平台的周围设置 1.5m 高的围栏和保护网,用安全网封严。操作平台上的外吊架必须用双层安全网兜底。

(6)平台在每天施工前进行平台安全防护检查,确保工人在进入平台施工前,平台由专人进行安全隐患排查,主要检查平台板的安装,吊架的连接点,安全网是否挂牢,丝杠紧固情况,钢丝绳连接情况。

3)垂直运输系统安全措施

(1)卷扬机严禁使用安全保护装置不完善的产品。卷扬机上下滑轮应设有防止钢丝绳跳槽装置,并有专人检查和维护,并作好记录,上料扒杆专人指挥挂钩,每次吊料不超过200kg,并设专人牵拉大绳,防止转动挂碰。同时提升的卷扬机应设置防止冒顶的限位开关以及行程高度指示器,电磁抱闸应工作可靠。使用前作安全试验,使用中经常检查。

(2)操作卷扬机的司机经培训、考核合格持证上岗。

(3)作业前,应检查卷扬机与地面的固定,弹性联轴器不得松旷。并应检查安全装置、防护设施、电气线路、接零或接地线、制动装置和钢丝绳等,全部合格后方可使用。

(4)使用皮带或开式齿轮传动的部分,均应设防护罩,导向滑轮不得开口拉板式滑轮。

(5)以动力正反转向转的卷扬机,卷筒旋转方向与操纵开关上指示的方向一致。

(6)从卷筒中心线到第一个导向滑轮的距离,带槽卷筒应大于筒宽度的 15 倍;无槽卷筒应大于卷宗筒宽度的 20 倍。当钢丝绳在卷筒中间位置时,滑轮的位置应与卷筒轴线垂直,其中垂直度允许偏差为 6°。

(7)钢丝绳应与卷筒及吊笼连接牢固,不得与机架或地面摩擦,通过道路时,应设过路保护装置。

(8)在卷扬机制动操作杆的行程范围内,不得有障碍物或阻卡现象。

(9)卷筒上的钢丝绳应排列整齐,当重叠或斜绕时,应停机重新排列,严禁在转动中用手拉脚踩钢丝绳。

(10)作业中,任何人不得跨越正在作业的卷扬钢丝绳。物件提升后,操作人员不得离开卷扬机,物件或吊笼下面严禁人员停留通过。休息时应将物件或吊笼降至地面。

(11)作业中如发现异响、制动不灵、制动带或轴承等温度剧烈上升等异常情况时,立即停机检查,排除故障后方可使用。

(12)作业完毕,应将提升吊笼或物件至地面,并应切断电源,锁好开关箱。

(13)机电设备安装后须试运转,方准使用,专人专机,非机电人员不得擅自动用,闸箱须上锁。

(14)机电设备须加零线,操作台接地地极应单独设置,不得并用。雨季施工所有的机电设备应有防淋雨措施,以防漏电伤人。

(15)高空作业的电源采用 36V 低压电源。禁止烟囱上部夜间施工。

(16)操作台上,电源线路应松弛,考虑提升余量以防拉断,应有保护措施。

(17)烟囱拆除施工时,施工人员从烟囱自身爬梯上下,并且要求在烟囱自身爬梯10~90m,每 10m 各拴一根 12m 安全绳,保证人员安全,施工人员上下烟囱时必须系好安全保险绳,当拆除人员爬到 10m 时,松开 10m 处的保险绳并系好 20m 的保险绳,以此类推一直到烟囱的最高处,详见图 7.2。

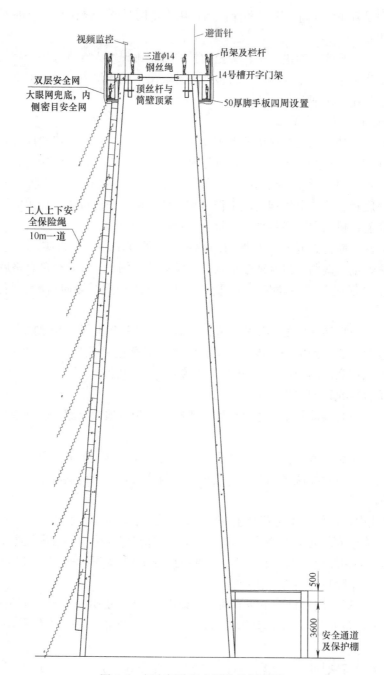

图 7.2　烟囱拆除安全绳防护剖面图

（18）操作平台在施工时，注意防止平台倾斜不平衡现象，及时预判并小心站位。身体重心尽量位于烟囱壁上方，不站在平台两侧。

（19）筒壁拆除施工过程中，直径随筒壁的降低而变大时，应增加"开"字形门架，同时增大操作平台，为了保证增加门架时，使整个平台的稳定性，其措施为利用组装时原门架横担中间 φ50 的孔，穿三道 φ14 的钢丝绳，先松开其中的两根，另一根作为保险绳，待两根钢丝绳留足够用的范围，将两根绳头锁紧，再松开作为保险绳一根利用同样的方法将此绳锁紧。然后将加入的门架沿筒壁周长均匀布置，并将操作平台脚手板铺好、绑牢、各种设备、经检查验收后方可投入使用。

（20）烟囱拆除过程中，应设置临时避雷接地装置，接地电阻不得大于10Ω（在烟囱操作平台上安装临时避雷针一根，自避雷针向下用16平方的铜导线，接到烟囱原避雷断线盒中）。

（21）遇四级或四级以上大风、沙尘暴、能见度小于100m的雾霾天气或雷雨天时，停止所有高处作业，人员迅速下到地面，并切断电源。

（22）操作平台和烟囱底部均应配备灭火器。含有易燃易爆的材料存放处严禁明火，并加设专人看护。

4）烟囱拆除施工安全防护措施

（1）卷扬机搭设防砸防护棚，以保证棚内操作人员的安全。

（2）操作平台上设1.5m高立网防护栏，并设四道水平护栏，用大眼安全网封严、兜底，操作平台上并且设置灭火器两台以防火灾发生。

（3）所有进入施工现场的人员必须戴好安全帽及防尘面具，高空作业人员需穿胶底防滑鞋并要系好安全带。

（4）以烟囱为中心，直径20m范围内为安全防护区，防护区按施工要求拉线警戒并且挂好警示牌，防护区严禁非本工程人员进入。特别是拆除烟囱主体时，安全防护区内严禁立体交叉作业，底部区域范围内严禁过人。各配合单位应作好协调工作。

（5）地面架空管道设施防护及施工机械设备安置需搭设脚手架防护棚作为安全防护，施工时由专人时刻观察烟囱外壁情况，及时预警危险源，防止落物伤害。

（6）四级风（包含）以上天气、阴天下雨天气不施工，包括搭拆脚手架，防止下雨及打雷造成危险伤害。清晰能见度小于100m的雾霾天不施工，夜间不施工。

（7）拆除烟囱主体结构前，要求施工人员必须佩戴防毒面具，并将烟囱内侧松散的灰尘用水冲刷干净。

5）施工安全措施

（1）注意掌握天气情况，提前采取各项应对准备工作。

（2）做好防滑措施，雨后待脚手板干燥后方可进行施工；停工后有复工时外脚手架应全面检查合格后方可投入使用。

（3）加强用火管理，现场有足够的消防器材，防止火灾的发生。

（4）加强用电管理，现场禁止使用裸线，不得私架电线，加强线路检查，防止漏电及电路失火，尤其是要在大风、大雨、大雪后对供电线路进行检查，防止断线造成触电事故。

（5）各井口、洞口、地下管线上等加设防护，做好防护工作。若井口过车必须加盖钢板，其他井口加设警示标志。

（6）施工人员准备：根据施工部署组织相关施工人员，要求体检合格，进场前先组织工程情况交底，对操作工艺、质量标准、安全卫生、消防等方面进行培训和交底，特殊工种及操作人员必须有操作证。

（7）遇到拆除区域内的管路、电线，及时报告业主，协调切断或改移连接的管线，防止拆除影响管网的正常运行。

（8）高空作业人员必须进行体检，凡患有高血压、心脏病、贫血、癫痫病及其他不适应高空作业疾病的人员，不得从事高空作业。

7.3　技术保障措施

1）通信信号

（1）烟囱拆除时，在筒身底部，操作平台上和卷扬机之间，需设联系信号。设置对讲机 5 台，每台要有具有丰富经验的专人进行信息传达，施工前相互之间要经过培训演练，经检验合格后方可进行现场施工。

（2）场地上各项指令联系必须使用对讲机联系信号，并保证有效。对讲机要提前检查，保证质量合格，电源充足，声音清晰有效。

2）卷扬机提升系统日常检验和操作技术措施

（1）提升机设备的日常维护

提升机设备的日常维护保养，是指有计划地做好设备的润滑、日检及清洁工作。做好设备的日常维护，及时检查和有计划的修理工作，是减少机械零部件磨损、延长提升机使用寿命非常有效的方法，也可为提升机的维修打下良好基础，大大减少维修次数。

（2）提升机设备的定期检查

提升机的检查工作分为日检、周检和月检，应针对各提升机的性能、结构特点、工作条件以及维修经验来制定检修的具体内容。检查结果和修理内容均应记入检修记录簿，并由检修负责人签字。

3）防护棚施工技术措施

为防止落物危险，地面设备要统一搭设防护棚进行防护，包括清渣通道、高压水泵房、气泵房、氧气乙炔瓶仓库等。

防护棚竖向支撑采用钢管立柱，每 2000 设一组，一组 4 根，水平横向构架采用钢管桁架，每 500mm 设置一根，水平纵向钢管铺放于槽钢上，第一层防护采用 50mm 厚脚手板满铺，第二层采用 50mm 厚脚手板满铺。防护棚尺寸可根据现场实际情况进行调整。具体搭设要求详见图 7.3。

（1）搭设前将地基抄平放线后在整个防护棚基础平面上浇筑 100mm 厚的混凝土垫层。

（2）在脚手板外侧做好排水沟（如排水状况较好则可不做排水沟）。

（3）防护棚脚手架竖管距办公区外墙皮外侧为 500mm。

（4）搭设措施：按照规定的构造和尺寸进行搭设。大小横杆水平间距为 1.8m，竖杆间距为 1.8m×0.5m，剪刀撑为 5.4m 设一道。

（5）防护棚脚手架底层防护必须高出需防护建筑 0.8m。上层防护距底层防护为 0.9m。

（6）防护棚脚手架必须有良好的接地装置，其电阻不得大于 10Ω。

（7）立柱接头应尽量采用对接扣件对接，对接、搭接应符合以下要求：

① 立柱上的对接扣件应交错布置，两个相邻立柱接头不应设在同步同跨内，两相邻立柱接头在高度方向错开的距离不应小于 500mm，各接头中心距离不应大于步距的 1/3；

② 立柱的搭接长度不应小于 1m，不少于两个旋转扣件固定，端部扣件盖板的边缘至杆端距离不应小于 100mm；

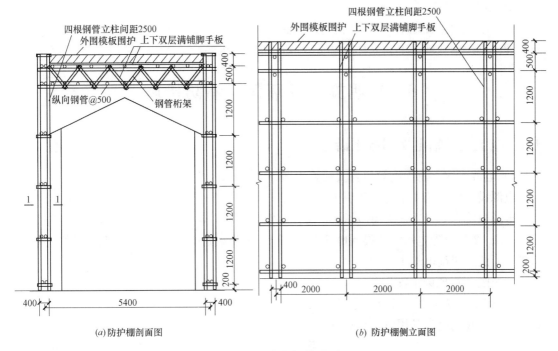

(a)防护棚剖面图   (b)防护棚侧立面图

图7.3 防护棚搭设图

③ 纵向水平杆设于横向水平杆之下，在立柱的内侧，并采用直角扣件与立柱扣紧。

（8）纵向水平杆一般宜采用对接扣件连接，也可采用搭接，对接、搭接应符合以下要求：

① 对接接头应交错布置，不应设在同步、同跨内，相连接头水平距离不应小于500mm，并应避免设在纵向水平杆的跨中；

② 搭接长度不应小于1m，并应等距设置3个旋转扣件固定，端部扣件盖板边缘至杆端的距离不应小于100mm；

③ 纵向水平杆的长度一般不宜小于3跨，并不小于6m。

（9）每一节点处必须设置一根横向水平杆，并采用直角扣件扣紧在纵向水平杆上，该杆轴线偏离主节点的距离不应大于150mm。

（10）横向水平杆应尽量避开宿舍窗设置。

（11）防护棚脚手架必须设置剪刀撑与斜撑，剪刀撑的设置应符合下列要求：

① 每道剪刀撑跨越立柱的根数为2根。每道剪刀撑宽度不应小于2跨，且不小于5.4m，斜杆与地面的倾角为45°～60°之间；

② 所有防护棚脚手架在外侧立面的全部设置一道剪刀撑，由底至顶连续设置；每道剪刀撑水平宽度为5.4m，高度为9m；剪刀撑的接头均必须采用对接扣件连接；

③ 剪刀撑采用旋转扣件固定在与之相交的横向水平杆的伸出端或立柱上，旋转扣件中心线距主节点的距离不应大于150mm。

（12）桁架支撑的斜杆应每步设一道，由底层水平杆至顶层水平杆呈之字形连续布置，斜杆应采用旋转扣件固定在与之相交的立柱或横向水平杆上。

4）地基与基础技术措施

（1）本工程立柱地基与基础均坐落于混凝土硬质地面上，其厚度均大于100mm。

（2）搭设前在地面上、立柱下端设50mm木脚手板垫块。

8　文明施工及环保、消防措施

8.1　施工现场临电文明施工措施

1）电源进线，总配电箱位置及线路走向

电源设总配电箱1个连接于甲方配电箱。

电源电缆VV3×16＋2×10mm²，总控制箱内200A空开一个。现场另设2个分配电箱，1号、2号分配电箱内共设漏电开关10个，分别向顶部操作平台、照明、卷扬机等施工工作面的二级配电箱供电。

二级配电箱现场布置2个。

2）施工现场用电设备及用电量统计

施工现场用电设备用电量见表8.1。

用电设备用电量一览表　　　　　　　　　　　　　　　　表8.1

设 备 名 称	功率(kW)	数量(台)	总功率(kW)
卷扬机	7.5	1	7.5
风镐	0	4	0
液压钳	3	2	6
高压水泵	30	1	30
气泵	33	1	33
现场照明	0.5	10	5
注:所有设备不同时使用		合计	81.5

本工程配置一台柴油发电机作为现场供电，功率90kW，能够满足现场施工需要。

3）临电文明措施

（1）临时用电根据JGJ 46—2005施工现场临时用电技术规范，采用三相五线制，导线采用绝缘导线和电缆。导线截面满足实际需要负荷和机械强度。

（2）电源进线在一号配电箱做重复接地，在总干线末端另做重复接地，在一号箱二次侧开始，线路必须严格按三相五线制覆盖施工现场，PE线严格与相线、零线相区别，杜绝混用，整个施工现场必须严格按三级配电内容形式布置，总配电箱—分配电箱—开关箱—用电设备，二级漏电保护，分配电箱—开关箱，设置漏电开关箱，具备分级漏电保护功能，开关箱实行一机一闸，在任何时候，漏电保护只能通过工作线而不能通过保护线。电气装置必须装设端正、牢固、完好，不能拖地放置，导线间接触必须绝缘包扎并保证绝缘强度，机械强度，所有导线与器具的连接必须压接牢固可靠。

（3）埋设电缆线路，设专用沟槽，表面铺砖抹灰，穿越路口和道路时加装保护套管。电缆接头宜置于配电箱内，如接头外露须有可靠的防水，防机械损伤等保护措施。

(4) 平台电缆采用钢索配线方式，电缆敷设沿烟囱自身爬梯，每 10m 设置一根 50mm×100mm 的方木绑在爬梯腿上，然后用软绳和瓷壶相结合将电缆牢固的捆在方木上，不允许铅丝或电线代替绑丝。

(5) 配电装置要求：有安全操作空间，避开热源和易燃易爆物，四周无杂物，防雨、防尘、防腐蚀。

(6) 开关电气完好无损，配置合理，具备可靠的正常的开关和过载短路、漏电保护功能，金属体一律接零保护。

(7) 配电箱放置在固定的设箱台上，周边加防护栏，防护栏用 ϕ14 钢筋 1.8m 高，钢筋间距 0.3m 设固定门并刷红色标志护栏上部应设防雨和防砸层，层间 0.3m。

(8) 移动配电箱、配电箱严禁拖地放置，箱内装置作用途分路标志，以防误操作。

(9) 配电箱均加锁，并由专人负责。

(10) 施工现场严格按三级配电内容形式布置，总配电箱—分配电箱—开关箱—用电设备。二级漏电保护，分配电箱和开关箱均设漏电开关。

(11) 保护零线与保护接地：施工用电由甲方提供的总配电箱提供，供电系统保护方式为接零保护系统。为加强施工用电设备的保护，故增加一组重复保护接地。

(12) 配电箱，电动器具，电动机及靠近带电体的金属外围栏，金属保护管均应接零保护。

(13) 配电箱和箱内所用的开关器具，漏电保护器等用电设备均为指定的产品。额定漏电保护动作≤0.1S。

(14) 电焊机应设在防雨棚内，一、二次接线处加装防护罩，一次线长度不得超过 5m，二次线长度不得超过 30m。

(15) 工作零与保护零端子在箱内注名。

(16) 烟囱照明、平台吊架照明采用 36V 低电压用电，如用强电照明必须接在漏电开关上，镝灯还需另设负荷开关，高亮度照明灯使用必须有方案并设在固定部位。所有导线必须用三芯绝缘胶皮线，严禁使用塑料线。

(17) 根据线路，设备功率，合理配置保护器及线路，加强电气设备的绝缘，运行时电流的监测，发现问题及时处理。

(18) 经常进行电气防火知识教育，提高各类用电人员的电气防火意识，合理配置防雷装置，电气装置周围禁止堆放易燃、易爆物品，并配置绝缘灭火器（四氯化碳和二氯化碳灭火器）。

(19) 对大功率电气设备的连接，压接要经常检查升温情况，大功率照明设备不得靠近易燃物。

8.2　施工现场整体文明施工措施

(1) 现场围挡：在工地周围应设置 2.5m 高的围挡，围挡材料坚固、稳定、整洁、美观，围挡沿工地四周连续设置。

(2) 封闭管理：施工现场进出口必须设置大门，门头设置企业标志。进入施工现场施工人员必须佩戴工作卡，戴安全帽。

(3) 施工场地：工地的地面必须硬化，道路畅通，有充分的排水设施。

(4) 材料堆放：建筑材料、构件、料具必须按总平面布局堆放整齐，施工场地必须做到工完场地清，建筑垃圾应运到指定地点堆放整齐，对易燃易爆物品必须分类存放，并有专人看护。

(5) 现场住宿：施工作业区内不允许有人居住，办公、生活区必须明显划分，必须设置在厂区外。宿舍内要有保暖和煤气中毒措施，宿舍内要有消暑和蚊虫叮咬措施，宿舍内床铺、生活用品放置必须整齐，要求宿舍周围环境必须卫生，不得有不安全的隐患存在。

(6) 现场防火：施工现场应有充分的消防措施、制度并配备灭火器材。施工现场必须有消防水源，而且要求消防水源能满足高层建筑需要。施工现场动火时必须办理动火手续，并且有动火监护人，方可动火。

(7) 治安综合治理：生活区应给工人设置学习和娱乐场所，建立治安保卫制度、责任应分解到人，治安防范措施必须妥当，以防发生失盗事件。

(8) 生活设施：厕所、食堂应符合卫生要求，食堂内应设置卫生责任制，食堂必须保证供应卫生饮水，生活垃圾应及时清理，装入容器，并设专人管理。可根据现场周围有人建筑实际进行调控安排。

(9) 保健急救：施工现场应设置保健医药箱，应有充分的急救措施和急救器材，应有经培训的急救人员。如若条件不够，必须留备专车作为急救车，方便前往医院。现场负责人要牢记附近医院电话及地址，一旦发生险情，能够及时处置。

(10) 社区服务：应有充分的防粉尘、防噪声的措施；若要夜间施工，经过有关部门同意，制定实施施工不扰民措施。

8.3 施工现场环境保护措施

严格执行国家颁布的《环境保护法》和当地有关环保法规，根据施工现场的实际情况制定出技术措施，在全部施工过程中，严格控制噪声、粉尘对周边环境的影响，防止施工造成大气、水源污染和噪声扰民，达到环境保护的规定要求。

(1) 现场设专人负责环保工作，定期检查，每次检查作好检查记录，针对发现的问题提出整改意见，并负责检查整改的效果。

(2) 为降低噪声影响，施工中采用噪声低的工艺、工法，机械设备选用低噪声型的设备，保证昼间控制在70dB内，夜间控制在45dB内。

(3) 拆除及清运渣土时派专人配合洒水降尘，风力超过四级时不得安排渣土装卸运输。

(4) 施工用油料及其他易污染材料，必须入库存放，库房底部进行防渗处理，添加油料时作业面下方铺塑料布、细砂，防止洒出油料污染地面，受污染的地面及时冲涮干净。

(5) 强化对建筑垃圾的管理，既做到文明施工，又要减少和消除二次污染，工人操作要做到活完场清，施工区内设垃圾站，严禁乱倒乱卸，禁止焚烧，垃圾站每日一清，由专车运至指定消纳场。

(6) 进出工地的运输车辆必须采取封闭措施，在门口派专人进行对车厢和车轮进行冲洗清扫，防治污染交通道路。

(7) 工程完工后，及时拆除临时设施，清理地面并恢复四围环境。

(8) 拆除的渣土及时清运出施工现场，做到在拆除施工完成后3日内清运完毕。

（9）运输渣土的车辆采用密闭装置，出现场前清扫车轮。

（10）施工现场的渣土有专人负责管理，配置洒水车设备，做到随拆随洒水，防止扬尘污染。遇有四级以上大风天气，停止作业，并做好遮掩工作，最大限度地减少扬尘。

8.4　消防安全措施

（1）消防作业的器材用具符合要求，配置充足，各类易燃、易爆物品、化学品存放及使用满足公司程序文件《油品及易燃易爆化学危险品管理程序》的要求，确保无火灾爆炸等事故发生。

（2）现场设置安全生产巡逻人员，全天候、全方位监督施工现场，发现问题及时纠正，找出原因并督促改正。情况严重者，巡逻人员有权要求停工，并及时向项目经理汇报。

（3）使用明火要经安全部门同意，开具动火证以后才可动火，气割须配备专职灭火工，并且配备灭火器材。

（4）各类电器也要本着谁使用，谁负责的原则，做到安全用电，防止电器损坏或火灾发生。

（5）施工现场制定消防管理规定、消防紧急预案，配备的消防器材做到布局合理、数量充足。

（6）先期与当地消防安全部门取得联系，做到准备充足，通信畅通。认真接受消防部门的消防安全教育，对消防部门提出的建议及时落实。

（7）现场制定消防制度，建立消防责任网络。配备专职消防管理员，负责消防管理工作，消防安全隐患检查做到分片落实，责任到人。

（8）定期组织学习消防知识，对全体施工人员进行消防教育，定期进行消防教育，定期进行消防检查，并做好记录。

（9）现场设置明显的防火标志和防火宣传牌或宣传标语。

（10）严格执行动火申报制度。在规定的时间和地点使用明火，电焊等明火作业前时将作业区内易燃、易爆物品清理干净。

（11）加强对易燃易爆物品管理，配专人监护。

（12）施工场地严禁吸烟，设立明确"严禁吸烟"警告牌，并贴出管理、奖惩措施，对在现场吸烟的人员进行严肃处理。在吸烟室内醒目位置摆放灭火器，发现危险及时消除。

（13）施工区域四周按规定设置足够的灭火器材，现场配备足够数量的灭火器材，并定期检查其有效性酸碱泡沫灭火机由专人维修、保养。

（14）材料存放、保管符合防火安全要求，易燃、易爆物品设专库储存。

（15）乙炔瓶距明火距离不小于10m，与氧气瓶距离不小于5m。严禁使用乙炔发生器。

（16）每天下班后对工地临时设施进行一次防火巡查，消灭事故隐患。

（17）明确场地周边消防栓位置。进入工地道路保持畅通，宽度不小于3.5m。使消防车有回转余地。工地消防道路要保持畅通，消火栓禁止被埋压、圈占，亦有专人负责定期检查，保证完好备用。

9 应 急 预 案

9.1 危险源辨识、评价

根据施工特点和工艺流程，采用投入产出法进行危险源识别，定量计算每一种危险源所带来的风险，计算方法为：$D = L \cdot E \cdot C$，其中 D 为风险值，L 为发生事故的可能性大小，C 为发生事故时后果。评价风险等级标准为：D 值大于 600 为高度风险，D 值小于 300 为低度风险，D 值小于 600 大于 300 为中度风险。

经辨识，中高度风险评价结果，可能导致高度风险的有：高空坠落、触电、火灾；可能导致中度风险的有：物体打击、机械伤害。

9.2 危险源控制措施及对策

针对危险源评价结果，采取有效控制措施，特别是对中高度危险源可能产生的危害事件重点关注，加强生产过程中的运行控制、应急准备与响应，一旦发生险情或事故，立即启动应急预案进行抢险救援。

（1）高空坠落：高层脚手架四周设牢固的护栏，并挂密目网封闭，在高处的施工人员必须系安全带，当发生高空坠落事故时，救援人员先查明受伤人员情况，就地抢救，并立即通知医疗急救机构。

（2）触电：动力、照明系统加漏电保护器，施工人员严格按安全操作规程操作，当发生触电事故时，先切断电源，对触电人员就地实施人工呼吸等抢救，同时通知医疗急救机构。

（3）火灾：施工区内设置防火标志牌和紧急疏散标志，现场重点部位准备足够的灭火、消防器材，电气焊施工作业前必须办理动火证，发生火灾事故时，立即组织义务消防队员进行扑救，控制火情，疏散现场人员撤离，同时拨打火警报警电话。

（4）物体打击：施工人员进入现场必须戴安全帽，进行垂直运输时，施工人员避开吊装物下方，发生物体打击事故时，立即组织抢救受伤人员，同时通知医疗急救机构组织。

（5）机械伤害：机械操作手必须经过培训，且有上岗证，机械上的保险设施要齐全有效，运行时，操作范围不得站人停留，发生机械伤害事故时，立即切断机械电源，对料斗等活动部件进行固定，然后抢救受伤人员，在初步处理后尽快送医院抢救。

9.3 施工现场火灾事故应急预案

拆除工地是一个多工种、与附近项目施工呈立体交叉作业的施工场地，在施工过程中存在着各种着火隐患。为了提高消防应急能力，保障国家、企业财产和人员的安全，针对施工现场实际，特制定施工现场火灾事故应急预案：

1）火灾事故应急救援的基本任务：

（1）立即组织营救受害人员，组织撤离或者采取其他措施保护危害区域内的其他人员。

（2）迅速控制事态，并对火灾事故造成的危害进行检测、监测、测定事故的危害区域、危害性质及危害程度。

（3）消除危害后果，做好现场恢复。及时清理废墟和恢复基本设施。

（4）事故发生后应及时调查事故发生的原因和事故性质，评估出事故的危害范围和危险程度，查明人员伤亡情况，做好事故调查。

2）成立应急小组，并作好应急职责分工。

3）火灾事故应急响应步骤：

（1）当接到发生火灾信息时，应确定火灾的类型和大小，并立即报告防火指挥系统，防火指挥系统启动紧急预案。指挥小组要迅速报"119"火警电话，并及时报告上级领导，便于及时扑救处置火灾事故。

（2）组织扑救火灾。现场发生火灾时，应急准备与响应指挥部除及时报警，并立即组织基地或施工现场义务消防队员和职工进行扑救火灾，义务消防队员选择相应器材进行扑救。现场消防水车要及时到位，对正在发生的火源进行喷水，防止火势扩大；组织抢救伤亡人员，隔离火灾危险源和重点物资，充分利用项目中的消防设施器材进行灭火。

（3）人员疏散是减少人员伤亡扩大的关键，也是最彻底的应急响应。在现场平面布置图上绘制疏散通道，一旦发生火灾等事故，人员可按图示疏散撤离到安全地带。

（4）协助公安消防队灭火：联络组拨打119、120求救，并派人到路口接应。当专业消防队到达火灾现场后，火灾应急小组成员要简要向消防队负责人说明火灾情况，并全力协助消防队员灭火，听从专业消防队指挥，齐心协力，共同灭火。

9.4　突发事件的应急预案

为保证施工人员在施工过程中的身体健康和生命安全，保证在发生施工安全及火灾、爆炸、交通等事故时能够及时进行应急救援，最大限度地降低造成的损失，在施工前制定详细有效的突发事件应急预案。

1）应急救援组织机构及职责划分

（1）应急救援组织机构设置

依据安全生产目标、指标、管理体系及中、高度危险源辨识结果及事故危害级别设置应急救援组织机构，项目部成立以项目经理为组长，生产经理为副组长的突发事件应急救援领导小组，组员包括工程、技术、办公室、施工队负责人。

救援小组组长：

姓名：＊＊＊　　　　　　电话：＊＊＊

救援小组组员：

姓名：＊＊＊　　　　　　电话：＊＊＊

姓名：＊＊＊　　　　　　电话：＊＊＊

姓名：＊＊＊　　　　　　电话：＊＊＊

姓名：＊＊＊　　　　　　电话：＊＊＊

姓名：＊＊＊　　　　　　电话：＊＊＊

姓名：＊＊＊　　　　　　电话：＊＊＊

姓名：＊＊＊　　　　　　电话：＊＊＊

附近医院：＊＊＊医院

地址：＊＊＊区＊＊＊路＊号（地铁＊号线＊＊站南侧）

电话：（010）＊＊＊或 120

（2）应急救援组织机构主要职责

突发事件应急救援领导小组全面领导、协调、监督、指挥、施工现场及作业场所生产应急救援工作。

① 制定本单位生产安全事故应急救援预案，建立应急救援组织，配备必要的应急救援器材、设备，并定期组织演练。

② 对于疫情、交通、刑事治安、不可抗力造成的突发事故，根据工程施工的特点、范围，对施工现场易发生重大事故的部位、环节进行监控，制定施工现场生产安全事故应急预案。

③ 由项目部统一组织编制建设工程生产安全事故应急救援预案，配备救援器材、设备，并定期组织演练。

④ 若发生事故，按照国家有关伤亡事故报告和调查处理的规定，及时、如实地向负责安全生产监督管理的部门、建设行政主管部门或者其他有关部门报告；特种设备发生事故的，还应当同时向特种设备安全监督管理部门报告。

⑤ 发生突发事故后，要采取措施防止事故扩大，保护事故现场，需要移动现场物品时，做出标记和书面记录，妥善保管有关证物。

⑥ 建立按照有关法律、法规规定的工程生产安全事故调查制度，对事故责任单位和责任人进行处罚，做好稳定秩序和伤亡人员的善后及安抚工作。

（3）应急救援组织机构职责划分

① 项目经理：负责组织制订安全生产事故及突发事件应急救援预案，及在发生事故时现场指挥求援工作和事后处理工作。

② 生产经理：组织应急预案的演练工作，负责人员、资源配置，在发生事故时调动应急队伍、车辆设备、求援设备，协调应急求援工作。

③ 工程组：协助生产经理进行应急预案的演练和培训工作，在日常施工过程中对水电、机械设备、防火等检查工作，在发生事故时负责指挥交通、疏散人员及事故调查、处理、取证及事故报告工作。

④ 技术负责人：负责重大危险源的数据统计及控制措施的编制及事故现场有关数据收集统计工作。

⑤ 办公室：负责应急预案的演练及培训，发生事故时负责后勤保障和现场伤员的抢救、转运，协调项目经理处理善后工作。

⑥ 施工负责人：负责组织应急救援队伍和培训、演练工作，发生事故时组织抢险救援人员进行抢险救援。

2）事故应急救援程序

施工现场建立 24 小时管理人员值班制，各班级安排值班员，发生事故后，立即由下向逐级反映，要求 2 小时内上报至公司安全事故应急救援领导小组。

3）现场事故报告程序：

生产安全事故现场第一发现人→施工班组值班员→现场值班室→现场应急救援人员→项目部生产安全事故应急救援领导小组→公司生产安全事故应急救援领导小组→上级单位生产安全事故应急救援管理部门

4）生产安全事故应急救援程序：

生产安全事故→保护事故现场→控制现场事态→组织抢救→疏散人员→调查了解事故发生情况及人员伤亡情况→向上级有关部门报告

5）事故发生后应急救援措施

现场发生事故，立即启动应急预案，救援人员立即投入现场救援，疏散现场人员，对受伤人员进行初步处理送就近医院抢救；将收集到的材料汇总上报安全管理部门；成立事故善后处理小组，作好施工人员及伤亡人员亲属的安抚工作。

10　计　算　书

10.1　卷扬机地锚计算

设计地锚埋设深度为1.5m。验算其埋设深度是否满足地锚锚固要求。

根据黏土层的抗剪强度，按下式验算卷扬机地锚所需的有效锚固长度：

$$L_e = T_0/(\pi \times D \times \tau_y) \qquad (10.1)$$

式中　L_e——地锚应埋设的理论深度；

T_0——锚杆总拉力，最重起吊300kg，安全系数为2，计算时按6kN考虑；

D——地锚杆埋设的直径为1.6cm；

τ_y——锚固段土体周边的抗剪强度取0.25MPa。

所以 $L_e = T_0/(\pi \times D \times \tau_y)$

$\qquad = 6/(3.14 \times 1.6 \times 0.25)$

$\qquad = 48cm（理论深度）$

设计地锚埋设的实际深度为1.5m，满足抗拔要求。

10.2　操作平台荷载计算

1）荷载计算

设12榀提升架（顶部开始时）	$12 \times 75kg = 900kg$
内外吊架	$12 \times 10kg = 120kg$
内架铺板	$36 \times 10kg = 360kg$
安全网	取150kg
顶丝杆	$6 \times 8kg = 48kg$
飞机架	$6 \times 10kg = 60kg$
操作平台铺板	取500kg
天轮、钢丝绳	取150kg
电闸箱	取70kg
液压泵	取200kg
气压包	取100kg
施工人员	取810kg
$\Sigma N_1 = 3270kg$	

每个门架集中荷载：$N=3270/12=272$kg

施工荷载取 250kg/m^2

2）门架验算

门架主梁选择 14a 号槽钢槽口竖向，其截面特性为：

面积：$A=18.51$cm^2

惯性矩：$I_y=53.2$cm^4

转动惯量：$W_y=13.01$cm^3

回转半径：$i_y=1.7$cm

截面尺寸：$b=58$mm、$h=140$mm、$t=9.5$mm

（1）荷载计算

① 栏杆与挡脚手板自重标准值为 0.20kN/m

$$Q_1=0.20\text{kN/m}；$$

② 槽钢自重荷载 $Q_2=0.14$kN/m

静荷载设计值 $q=1.2\times(Q_1+Q_2)=1.2\times(0.20+0.14)=0.41$kN/m

集中荷载取次梁支座力 $P=(2.82\times1.60+3.36)/2=3.94$kN

（2）内力计算

门架主梁按照集中荷载 P 和均布荷载 q 作用下的连续梁计算

最大支座反力为 $R_{max}=8.168$ kN

最大弯矩 $M_{max}=1.200$kN·m

最大挠度 $V=0.739$mm。

（3）抗弯强度验算

$$\sigma=\frac{M}{\gamma_x W_x}+\frac{N}{A}\leqslant[f] \tag{10.2-1}$$

式中　γ_x——截面塑性发展系数，取 1.05；

$[f]$——钢材抗压强度设计值，$[f]=205.00$ N/mm^2。

主梁槽钢的最大应力计算值

$\sigma=1.20\times106/1.05/13010.0+2.86\times103/1851.000=89.364$N/mm^2；

主梁槽钢的最大应力计算值 89.364N/mm^2 小于主梁槽钢的抗压强度设计值 $[f]=$ 205.00N/mm^2，满足要求。

（4）整体稳定性验算

$$\sigma=\frac{M}{\varphi_b W_x}\leqslant[f] \tag{10.2-2}$$

式中　φ_b——均匀弯曲的受弯构件整体稳定系数，按照下式计算：

$$\phi_b=\frac{570tb}{u_2}\cdot\frac{235}{f_y} \tag{10.2-3}$$

$\varphi_b=570\times9.5\times58.0\times235/(1000.0\times140.0\times235.0)=2.243$；

由于 φ_b 大于 0.6，应按照下面公式调整：

$$\varphi_b=1.07-\frac{0.282}{\varphi_b}\leqslant1.0 \tag{10.2-4}$$

可得 $\varphi_b=0.944$

主梁槽钢的稳定性验算 $\sigma=1.20\times106/(0.944\times13010.00)=97.65N/mm^2$

主梁槽钢的稳定性验算 $\sigma=97.65N/mm^2$ 小于 $[f]=205.00$，满足要求。

10.3 烟囱顶部现有95m平台验算

1）计算参数

（1）荷载参数

脚手板自重：$0.10kN/m^2$

栏杆自重：$0.20kN/m$

施工人员等活荷载：$2.00kN/m^2$

最大堆放材料荷载：$5.00kN$

（2）平台参数

主梁的悬挑长度：1m

主梁的锚固长度：0.30m

平台计算宽度（m）：1.00

2）次梁的验算

次梁为 8 号槽钢槽口水平，间距 0.4m，其截面特性为：

截面面积：$A=10.24cm^2$

惯性矩：$I_x=101.3cm^4$

转动惯量：$W_x=25.3cm^3$

回转半径：$i_x=3.15cm$

截面尺寸：$b=43mm$、$h=80mm$、$t=8mm$

（1）荷载计算

① 脚手板的自重标准值为 $0.10kN/m^2$

$$Q_1=0.10\times0.40=0.04kN/m$$

② 最大的材料器具堆放荷载为 5.00kN，转化为线荷载

$$Q_2=5.00/1.00/1.00\times0.40=2.00kN/m$$

③ 槽钢自重荷载 $Q_3=0.08kN/m$；

经计算得到静荷载设计值

$$q=1.2\times(Q_1+Q_2+Q_3)=1.2\times(0.04+2.00+0.08)=2.54kN$$

经计算得到活荷载设计值 $P=1.4\times2.00\times0.40\times1.00=1.12kN$。

（2）内力计算

内力按照集中荷载 P 与均布荷载 q 作用下的简支梁计算。

最大弯矩 M 的计算公式为：

$$M=\frac{ql^2}{8}+\frac{pl}{4} \tag{10.3-1}$$

经计算得到，最大弯矩

$$M=2.54\times1.00^2/8+1.12\times1.00/4=0.60kN\cdot m。$$

（3）抗弯强度验算

$$\sigma=\frac{M}{\gamma_x W_x}\leqslant[f] \tag{10.3-2}$$

其中　γ_x——截面塑性发展系数，取 1.05；

　　$[f]$——钢材的抗压强度设计值，$[f]=205.00\text{N/mm}^2$。

次梁槽钢的最大应力计算值 $\sigma=5.98\times102/(1.05\times25.30)=22.50\text{N/mm}^2$；

次梁槽钢的最大应力计算值 $\sigma=22.504\text{N/mm}^2$，小于次梁槽钢的抗压强度设计值 $[f]=205\text{N/mm}^2$，满足要求。

（4）整体稳定性验算

$$\sigma=\frac{M}{\varphi_b W_x}\leqslant[f] \qquad (10.3\text{-}3)$$

其中，φ_b——均匀弯曲的受弯构件整体稳定系数，按照下式计算：

$$\varphi_b=\frac{570tb}{u_2}\cdot\frac{235}{f_y} \qquad (10.3\text{-}4)$$

经过计算得到

$$\varphi_b=570\times8.00\times43.00\times235/(1.00\times80.00\times235.0)=2.45$$

由于 φ_b 大于 0.6，按照下面公式调整：

$$\varphi_b'=1.07-\frac{0.282}{\varphi_b}\leqslant1.0 \qquad (10.3\text{-}5)$$

得到 $\varphi_b=0.955$；

次梁槽钢的稳定性验算 $\sigma=5.98\times102/(0.955\times25.300)=24.74\text{N/mm}^2$

次梁槽钢的稳定性验算 $\sigma=24.744\text{N/mm}^2$ 小于次梁槽钢的抗压强度设计值 $[f]=205\text{N/mm}^2$，满足要求。

3）主梁的验算

主梁为 14 号槽钢槽口水平，其截面特性为：

面积：$A=15.69\text{cm}^2$

惯性矩：$I_x=391.466\text{cm}^4$

转动惯量：$W_x=62.137\text{cm}^3$

回转半径：$i_x=4.953\text{cm}$

截面尺寸：$b=53\text{mm}$、$h=126\text{mm}$、$t=9\text{mm}$

（1）荷载计算

① 栏杆自重标准值为 0.20kN/m

$$Q_1=0.20\text{kN/m}；$$

② 槽钢自重荷载 $Q_2=0.12\text{kN/m}$

静荷载设计值 $q=1.2\times(Q_1+Q_2)=1.2\times(0.20+0.12)=0.39\text{kN/m}$

次梁传递的集中荷载取次梁支座力 $P=(2.54\times1.00+1.12)/2=1.83\text{kN}$。

（2）内力计算

主梁按照集中荷载 P 和均布荷载 q 作用下的连续梁计算，得到：

最大支座反力为 $R_{max}=4.041\text{kN}$；

最大弯矩 $M_{max}=0.374\text{kN.m}$；

最大挠度 $V=0.010\text{mm}$。

（3）抗弯强度验算

$$\sigma=\frac{M}{\gamma_x W_x}+\frac{N}{A}\leqslant[f]\qquad(10.3\text{-}6)$$

其中　γ_x——截面塑性发展系数，取 1.05；

　　$[f]$——钢材抗压强度设计值，$[f]=205\text{N/mm}^2$。

主梁槽钢的最大应力计算值

　　　　$\sigma=3.74\times105/1.05/62137.0+1.62\times10^3/1569.000=6.762\text{N/mm}^2$；

主梁槽钢的最大应力计算值 6.762N/mm^2 小于主梁槽钢的抗压强度设计值 $[f]=205.00\text{N/mm}^2$，满足要求。

（4）整体稳定性验算

$$\sigma=\frac{M}{\varphi_b W_x}\leqslant[f]\qquad(10.3\text{-}7)$$

式中　φ_b——均匀弯曲的受弯构件整体稳定系数，按照下式计算：

$$\varphi_b=\frac{570tb}{lh}\cdot\frac{235}{f_y}\qquad(10.3\text{-}8)$$

　　　$\varphi_b=570\times9.0\times53.0\times235/(1000.0\times126.0\times235.0)=2.158$

由于 φ_b 大于 0.6，应按照下面公式调整：

$$\varphi_b'=1.07-\frac{0.282}{\varphi_b}\leqslant1.0\qquad(10.3\text{-}9)$$

可得 $\varphi_b=0.939$；

主梁槽钢的稳定性验算 $\sigma=3.74\times10^5/(0.939\times62137.00)=6.41\text{N/mm}^2$；

主梁槽钢的稳定性验算 $\sigma=6.41\text{N/mm}^2$ 小于 $[f]=205.00$，满足要求。

范例 4　高耸构筑物机械破碎定向倾倒拆除工程

李建设　编写

李建设　北京矿冶爆锚技术工程有限责任公司，教授级高级工程师，总工程师，第五届国家安全生产专家组建筑施工、非煤矿山安全生产专家，从事爆破、拆除、矿山及岩土工程工作三十多年。

钢筋混凝土烟囱机械破碎定向倾倒拆除工程
安全专项施工方案

编制：

审核：

审批：

＊＊＊公司

年 月 日

目　　录

1　编制依据 ……………………………………………………… 165
2　工程概况 ……………………………………………………… 165
3　周边环境条件 ………………………………………………… 165
4　施工方案选择 ………………………………………………… 166
　　4.1　高耸构筑物烟囱的拆除方法 …………………………… 166
　　4.2　定向倾倒机械拆除的技术参数设计 …………………… 167
5　施工组织及资源配置 ………………………………………… 171
　　5.1　人员配备 ………………………………………………… 171
　　5.2　施工准备 ………………………………………………… 172
　　5.3　主要拆除机械 …………………………………………… 173
6　施工计划 ……………………………………………………… 173
　　6.1　现场作业顺序 …………………………………………… 173
　　6.2　施工进度 ………………………………………………… 174
7　安全及技术保证措施 ………………………………………… 174
　　7.1　安全管理及各种措施 …………………………………… 174
　　7.2　定向倾倒安全警戒方案 ………………………………… 177
　　7.3　现场安全防护技术措施 ………………………………… 177
　　7.4　现场防止倾倒方向偏向的措施 ………………………… 178
8　文明施工及环保、消防措施 ………………………………… 178
　　8.1　环境保护承诺 …………………………………………… 178
　　8.2　降尘措施 ………………………………………………… 178
　　8.3　降低噪声措施 …………………………………………… 178
　　8.4　渣土清运措施 …………………………………………… 179
　　8.5　文明施工措施 …………………………………………… 179
　　8.6　环卫措施 ………………………………………………… 180
　　8.7　消防管理 ………………………………………………… 180
9　施工应急预案 ………………………………………………… 181
　　9.1　组织机构 ………………………………………………… 181
　　9.2　生产安全事故报告程序 ………………………………… 182
　　9.3　事故应急救援保证 ……………………………………… 182
　　9.4　生产安全事故应急救援程序 …………………………… 182
　　9.5　事故应急救援措施 ……………………………………… 183
　　9.6　物体打击事故发生后的应急救援措施 ………………… 183
　　9.7　机械伤害事故发生后应急救援措施 …………………… 184

1　编　制　依　据

(1)《中华人民共和国安全生产法》

(2)《中华人民共和国建筑法》

(3)《建设工程安全生产管理条例》(国务院令第 393 号)

(4)《危险性较大的分部分项工程安全管理办法》(建质〔2009〕87 号)

(5)《北京市实施〈危险性较大的分部分项工程安全管理办法〉规定》(京建施〔2009〕841 号)

(6)《爆破安全规程》GB 6722—2003

(7)《建筑拆除工程安全技术规范》JGJ 147—2004

(8)《建筑机械使用安全技术规程》JGJ 33—2012

(9)《关于加强拆除工程施工管理坚决杜绝工程重大恶性事故发生的紧急通知》(京建施〔2006〕125 号)

(10)《关于加强基础设施管线施工防护和拆除工程施工安全监督管理的若干规定》(京建施〔2006〕256 号)

(11)《关于加强建筑拆除工程施工安全管理的通知》(京建施〔2005〕567 号)

(12)招投标资料及业主的有关要求、合同协议、被拆除工程的竣工图或设计图纸资料、现场踏勘调查资料、本单位同类的施工业绩等。

2　工　程　概　况

烟囱位于北京市某高校内，建于 1993 年，高 60m，为钢筋混凝土筒式圆形结构，烟囱筒身采用 C30 钢筋混凝土整体滑模浇筑，内衬为陶粒混凝土。筒身布单层钢筋网，0～10m 范围内竖向钢筋为 $\phi22$，环向为 $\phi12$，间距均为 150mm。±0.0m 标高处，烟囱外直径 5.18m，混凝土壁厚为 22cm，内衬为 150 号陶粒混凝土厚 20cm，隔热层为 10cm，钢筋保护层为 10cm，H10.0m 标高处，烟囱外直径 4.78m，混凝土壁厚为 20cm。在烟囱底部正北方向有一高 1.2m，宽 1.15m 的出灰口，在正南方向有一高 4.6m，宽 3.1m（内宽 1.6m）的烟道口。H60m 处直径 2.93m，混凝土壁厚为 14cm，内衬为 150 号陶粒混凝土厚 15cm，隔热层为加气混凝土块，厚 10cm。

3　周边环境条件

H60m 钢筋混凝土烟囱位于北京市某高校院内，因土地开发需将其拆除。烟囱东侧 58m 处为平房，75m 处为中学楼房，南侧距烟囱 59m 为幼儿园施工围挡，西南侧 65m 处为楼房（计划在烟囱拆除后拆除），北侧 15m 处为待拆的平房，49m 处为外单位高层住宅楼，烟囱西侧及西南侧有空旷场地，其中西南方向距离楼房 110m。烟囱周围紧邻中学、幼儿园及住宅楼，周围环境条件比较复杂，施工安全要求高，如图 3-1，图 3-2 所示。

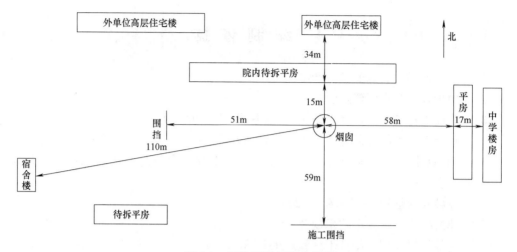

图 3-1 烟囱周围环境示意图

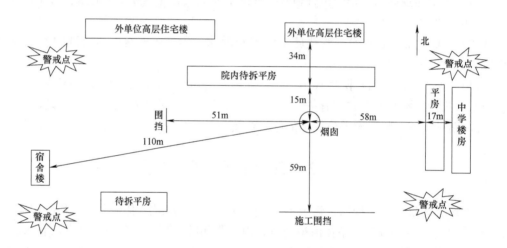

图 3-2 烟囱拆除周围警戒布置示意图

4 施工方案选择

4.1 高耸构筑物烟囱的拆除方法

4.1.1 爆破定向倾倒（若倾倒场地不足可采用折叠倒塌）

在高耸建筑物倾倒方向的一侧的底部炸出一个缺口，从而破坏其结构的稳定性，导致整个结构失稳和重心偏移产生位移，在本身自重作用下形成倾覆力矩迫使其按预定方向倾倒。

4.1.2 机械拆除方法

（1）在烟囱筒体内部搭设内架子，然后作业人员以内架子为作业平台采用手持风动或液压破碎工具自上而下破碎烟囱筒体，破碎渣土自烟囱外侧下部筒体散落到地面。

（2）在烟囱四周搭设外脚手架，然后作业人员以外脚手架为作业平台采用手持风动或液压破碎工具自上而下破碎烟囱筒体，破碎渣土自烟囱筒体内部散落到地面，烟囱根部要开洞口及时清理下落的渣土。

（3）采用活动作业平台（内吊篮或外吊篮）进行拆除，作业平台在烟囱顶部进行组装，自上而下对烟囱筒体进行破碎，作业平台随烟囱拆除高度下降。四是当拆除施工现场较宽阔，有倾倒场地，可根据定向爆破的原理采用大型液压破碎锤破碎进行定向倾倒拆除，主要是在烟囱根部用液压破碎锤按照定向倾倒的原理设计破碎出一个定向缺口，破坏烟囱自身的静力平衡，当缺口范围达到设计要求时，烟囱在自重作用下将产生重心失稳，使烟囱向着预定的方向整体定向倾倒。

由于该烟囱地处三环路内，根据北京市的有关管理要求不可能进行爆破拆除；而该烟囱周围分布有中学、幼儿园及居民住宅楼且距离较近，业主严格要求控制施工噪声对周边的影响，而采用机械方法自上而下进行破碎拆除烟囱的施工作业持续时间长、噪声影响范围大且全部作业均为高处作业，因而不宜采用自上而下破碎筒体的方法来拆除烟囱，而该烟囱在西侧及西南侧有较大面积的空旷场地，综合考虑周围环境、烟囱结构及业主对工期及噪声的要求决定采用大型液压破碎锤破碎定向缺口使烟囱整体定向倾倒进行烟囱拆除的方法。

定向倾倒的原理是在烟囱或水塔倾倒一侧的底部，将其支承筒壁破碎出一个一定高度和长度的缺口，从而破坏其结构的稳定性，导致整个结构失稳和烟囱重心偏移，在本身自重作用下形成倾覆力矩，迫使烟囱按预定方向倾倒。定向倾倒方案是拆除烟囱、水塔和其他高耸建筑物时，使用最多的方案。它要求在其倾倒方向必须具备一个一定宽度和长度的狭长场地，其倾倒的前倾水平距离自烟囱或水塔中心算起，不得小于其高度的 1.0～1.2倍，垂直于倾倒中心线的横向宽度不得小于烟囱或水塔定向缺口部位外径的 2.0～3.0 倍。

4.2　定向倾倒机械拆除的技术参数设计

4.2.1　定向倾倒方位的确定

烟囱定向倾倒的方位是根据其高度和它到周围建筑物的水平距离的情况来确定的。

为了保证烟囱按照原设计的倾倒方向倾倒，必须使烟囱的倾倒轴线与地面上设计的倾倒方位线重合，根据该烟囱结构情况，其出灰口和烟道口的中心线沿南北方向在一条轴线上，而烟道口内口的高度为 3.7m、宽度为 1.6m，根据现场的场地及定向缺口要避开烟道口的要求，倾倒方向定为西偏南 17°，根据出灰口及烟道口中心线而成的轴线来定位烟囱的定向缺口的中心线位置，见图 4.2-1。

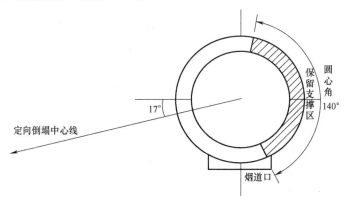

图 4.2-1　定向缺口及定向倒塌中心线布置

4.2.2　定向缺口参数的确定

定向缺口是指在要拆除的烟囱底部的某个部位，用机械破碎的方法破碎出一个一定宽度和高度的缺口，为烟囱倾倒时提供足够的倾覆力矩，定向缺口的形式和参数是决定烟囱倾倒是否可靠和施工是否方便的重要因素，缺口底线距地高度是影响建筑物的倒向长度的主要因素。定向缺口的形式有长方形、梯形、两翼斜形、反两翼斜形和反人字形等，其中以长方形和梯形使用比较普遍。这是因为这两种形状的缺口设计和施工都比较简单，在烟囱倾倒过程中不会出现坐塌现象，能确保烟囱按预定方向倾倒，根据烟囱结构及周围环境情况定向缺口采用梯形形状，见图 4.2-2。

1）缺口高度 h

定向缺口高度是保证定向倾倒的一个重要参数。缺口高度过小，烟囱在倾倒过程中会出现偏转，达不到正确的倾倒方向；定向缺口高度大一些，虽然可以防止烟囱在倾倒过程中发生偏转，但过大后，会增加破碎工作量，倾倒速度快，容易前冲。因此，对于钢筋混凝土烟囱定向缺口的高度一般取缺口部位壁厚 δ 的 3～5 倍；也可按照缺口处直径的 1/4～1/6 选取；

$$h = K\delta = 5 \times 0.22 = 1.1\text{m}$$
$$h = D/4 = 4.9/4 = 1.22$$

其中，K 的取值为：当为砖结构时，K 取 1.5～3.0，当为钢筋混凝土结构时，K 取 3.0～5.0。

最小缺口高度 $h \geqslant R^2(1+\cos\theta)^2/(H_c)$

取 $R = 2.45\text{m}$，$\theta = 70°$，$H_c = 22\text{m}$，则 $h = 0.49\text{m}$

综合考虑结构及周围环境情况 h 取 1.2m，见图 4.2-2、图 4.2-3。

2）缺口弧长 L（包括定向窗宽度）

缺口弧长 L 是指缺口展开后的水平长度。此长度太大，则保留起临时支承作用的筒壁太短，承受不了烟囱的全部重量，在倾倒之前会压垮，而发生后坐的事故，达不到定向倾倒的要求；缺口长度太小，则保留的筒壁虽然具有足够的强度来支承烟囱的全部重量，但烟囱一时倒不下来，遗留后患。

根据施工经验，对于钢筋混凝土烟囱定向缺口的长度 $L/S = 0.59～0.66$（S 为烟囱缺口部位的外周长，m）。

对于强度较小砖砌烟囱或水塔，L 可以取小值，而强度较大的砖结构和钢筋混凝土结构的烟囱，L 可取大值。

综合考虑结构及周围环境情况 L/S 取 0.61，即定向缺口所对应的圆心角为 220°，见图 4.2-2。

3）定向窗

为了确保烟囱能按设计的倾倒方向倒塌，除了正确选取定向缺口的形式和参数外，在定向缺口两端用机械破碎或机械切割的方法开挖出两个窗口，这两个窗口叫作定

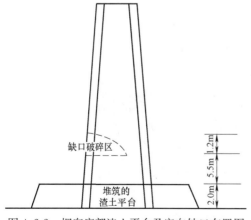

图 4.2-2　烟囱底部渣土平台及定向缺口布置图

向窗，定向窗的作用是保证正确的倾倒方向，窗口内的残渣要清除干净，钢筋要切断，窗口要挖透且切割要整齐，定向窗夹角为 30°。

4）定向缺口距地高度

一般情况下，爆破拆除时缺口底边的距地高度为 0.5m。为了避开烟道口，需要在烟道口上部确定定向缺口的底边位置，为了减小倒塌长度及定向倾倒方向的准确，将定向缺口下边距离地面高度确定为 7.5m（即烟道口上部 2.9m 处），此时需在南偏东 17°及北偏东 17°的弧线范围内沿烟囱外侧堆筑高度为 2m 的液压破碎锤作业平台。该高度有利于液压破碎锤破碎作业，见图 4.2-3。

破碎顺序：自南偏东向北偏东顺序破碎推进

图 4.2-3　定向缺口平面展开布置及破碎顺序示意图

4.2.3　定向倾倒安全设计

由于该烟囱所处地点在大学的院内，距离中学、幼儿园及居民楼较近，必须确保施工安全，同此必须对拆除安全进行周密细致的考虑，并做出应对措施，最大限度地减小拆除对周围的影响。根据国家的有关规定和业主提出的安全要求进行如下安全设计。

1）烟囱倾倒塌落振动控制

建筑物定向倾倒拆除塌落造成地面的振动的物理过程是：建筑物所在高度具有的重力势能转变成构件的下落运动或是转动；下落冲击地面造成构件和地面破坏转变成破坏能；剩余能量在地面传播造成了周围地面的振动。地面的振动波形和能量不是单一脉冲波动的结果，因此以冲量表述塌落振动是不准确的。显然塌落造成的地面振动的大小与具有的重力势能相关，即与下落构件的质量和所在的高度有关，随传播的距离增加衰减。

塌落振动速度计算公式

$$V_t = K_t \left[\frac{R}{\left(\frac{MgH}{\sigma} \right)^{1/3}} \right]^{\beta} \quad (0.73 < R' < 4.5)$$

式中　V_t——塌落引起的地面振动速度（cm/s）；

M——下落结构的质量（t）；

g——重力加速度（9.8m/s²）；

H——结构的顶高度（m）；

σ——地面介质的破坏强度（MPa），一般取 10MPa；

R——观测点至塌落中心的距离（m），比例距离 $R' = R/(MgH/\sigma)^{1/3}$；

K_t、β——为塌落振动速度衰减系数和指数。

定向倾倒拆除高大烟囱时，定向倾倒后烟囱将似一刚杆定向转动塌落。原则上我们可以把烟囱分解成很多小段（ΔH 段高的相应质量 ΔM），每一小段的塌落可当成集中质量体落锤的下落。这样，我们可以将整个烟囱逐段依次下落撞击地面看成一多点依次冲击地面的线性震源，线性震源导致观测点处的振动叠加可以通过积分获得。我们可以假定地面振动是弹性振动，同时不考虑相位和频率的影响，积分的结果必将和烟囱的全高和总质量有关。

根据数座高烟囱爆破拆除实测数据整理分析，不同数据组给出公式中的衰减参数$K_t=3.37\sim4.09$，$\beta=-1.66\sim-1.8$，其值是地面没有开挖沟槽、不垒筑土墙减震措施的地面。

这里，$M=382t$，$G=9.8m/s^2$，$H=51m$，$\sigma=10MPa$，$R=49m$；

若$K_t=3.73$，$\beta=-1.73$，计算$V_t=1.307cm/s$；若$K_t=3.37$，$\beta=-1.66$，计算$V_t=1.232cm/s$；若$K_t=3.37$，$\beta=-1.8$，计算$V_t=1.132cm/s$

由预测计算数据可知距倾倒触地点最近处的外单位高层住宅楼（距离最近）的振动速度为$1.307cm/s$；远小于国家安全规程中规定的安全允许振动速度$5cm/s$。但为了确保周边建、构筑物的安全，再采用如下方法来控制塌落振动。

（1）在烟囱筒体塌落范围内，堆筑多道土墙作为柔性缓冲垫层，可达到较好的减振效果。

（2）在倾倒范围的外侧，开挖减振沟，沟宽$1\sim1.5m$，沟深$1.5m$，可减振$30\%\sim50\%$。

通过采取以上两种减振措施（见图4.2-4），能有效地减小塌落触地振动，可减振$40\%\sim60\%$左右，减振后最大振动速度约为$0.523\sim0.784cm/s$，塌落触地振动速度远小于《爆破安全规程》中钢筋混凝土结构楼房爆破安全允许振动速度$3.5\sim4.5cm/s$，由此可见烟囱定向倾倒能确保周围建筑物和设施的安全。为了确保安全在烟囱定向倾倒现场布置测振点进行现场爆破振动监测。

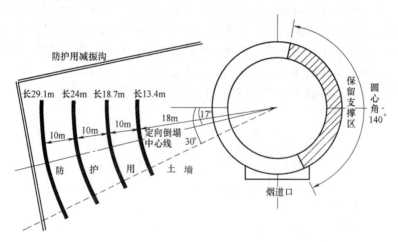

图4.2-4　防护土墙及减振沟布置图

2）烟囱定向倾倒触地飞散物控制

由于烟囱定向倾倒触地后，若烟囱筒体与硬地面撞击，会溅起飞散物，为确保万无一失，采取以下措施防止触地飞散物。

（1）将定向倾倒场地内的硬地面进行破碎，倾倒场地为松散土层，防止筒体与硬地面相接触撞击产生飞散物。

（2）定向倾倒场地内不允许有水坑及软泥面层，若有必须消除或置换。

（3）在堆筑土墙的土袋上方覆盖整块的塑料彩条布或密目安全网，防止表层产生碎块飞溅，见图4.2-4。

防溅及减振设施完成后现场图如图4.2-5所示。

图 4.2-5　防溅及减振设施完成后现场图

5　施工组织及资源配置

5.1　人员配备

5.1.1　现场管理机构图（图5.1）

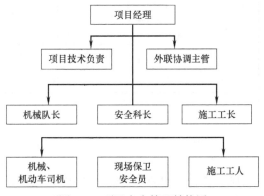

图 5.1　项目安全管理结构图

5.1.2　项目管理及施工人员配备情况（表5.1-1）

项目部人员配备表　　　　　　　　　　　　表 5.1-1

序　号	名　　称	人　数	备　注
1	项目经理	1人	
2	项目技术负责人	1人	
3	外联协调主管	1人	
4	机械队长	1人	

续表

序　号	名　称	人　数	备　注
5	安全科长	1人	
6	施工工长	1人	
7	专职消防、安全员	2人	
8	电工	1人	
9	电气焊工	6人	
10	机动司机	5人	
11	施工工人	12人	
12	总人数	32人	

5.1.3 设备材料配备

拟用于本项工程的主要施工机械及材料计划见表 5.1-2。

设备及材料计划表　　　　　　　　　　　　　　　　表 5.1-2

序号	名称	数量	品牌	型号	产权	技术状况	备注
1	液压破碎锤	1台	CAT	320	自有	良	破碎作业
2	液压挖掘机	1台	CAT	320	自有	良	场地清理、堆土墙
3	全站仪	1套	国产		自有	良	现场测量
4	运输车	5辆	中型车	10T	自有	良	清运渣土
5	高压洒水车	1辆	东风	8T	自有	良	洒水降尘
6	气割	10套	国产		自有	良	切割钢筋
7	应急车辆	2台	国产		自有	良	现场应急处理
8	硬质围挡	70块	国产		自有	良	封闭施工现场
9	密目安全网	200张	国产		自有	良	安全防护
10	塑料袋及彩条布	若干	国产		自有	良	现场土墙及覆盖

5.2 施工准备

5.2.1 甲方工作

1）保证施工场地具备施工条件，负责审核施工组织设计及施工方案。

2）负责向乙方提供现场拆除工程的地质和地下管网线路资料，协助乙方切断通往拆除区域的水、电、煤气等其他设施并在现场交验、协调，指导施工现场周围建筑物、构筑物和地下管线网的保护。

3）进行安全、消防、环保、环卫、文明施工等方面的书面交底。

4）负责向乙方提供施工期间的水源和电源。

5）负责组织召开协调会，明确各方的责任，并记录在案。

6）协助办理与工程相关的手续。

7）协助处理施工场地周围的滋扰及民扰等工作。

8）指派常驻工地代表协调、配合拆除施工。

5.2.2　乙方工作

1）勘察施工现场，明确施工作业区域，确认拆除区域具备拆除施工的条件，并报甲方备案。

2）申报、办理与拆除施工有关的各项手续（包括安全、消防、环保、环卫、街道办事处、交通等）。

3）按开工许可日期及合同规定的日期，及时组织机械、机具与人工，合理安排工期，确保按甲方要求完成施工任务。

4）组织参与拆除施工的人员（包括技术人员、管理人员）进行甲方的技术、安全及相关注意事项的书面交底的学习，要求有关人员坚决按甲方要求进行施工，并确保认真贯彻执行和做到"心中有数、目标统一"。

5）组织相关技术、施工人员熟悉原烟囱结构图纸，掌握各个部位的结构构造，对施工人员做好相应的工序和安全的技术交底。对全体作业人员进行施工任务、工艺、安全、文明施工及环保教育，对特殊工种集中培训，必要时送公司或有关单位培训，对作业人员进行工序施工前技术、质量、安全交底。

5.2.3　施工现场规划

1）现场办公及住宿：将锅炉房北侧的砖混结构房屋作为现场临时办公和职工住宿用房。

2）临时用电、用水：根据甲方提供的临时水源、电源结合现场实际情况搭设施工现场临时用水用电路线及安装计量用水、电表，并正确地安装和接驳地线。

3）封闭管理：封闭施工现场并搭设硬质围挡，预留交通道路，各个路口设置警示灯杆。

5.3　主要拆除机械

5.3.1　卡特323DL挖掘机

工作重量：22550kg，总功率：118kW，标准斗容：1.19m³，爬坡能力：35°，铲斗挖掘力：140kN，最大挖掘高度：9490mm，最大挖掘范围（半径）：10020mm，最大垂直挖掘深度：6720mm，履带长度：4455mm，履带宽度：3170mm，行走高速：5.6km/h。

5.3.2　阿特拉斯-科普柯MB1700液压破碎锤

重量1700kg，钎杆长度630mm，钎杆直径140mm，工作压力16～18MPa，打击频率320～600Bpm，适配挖掘机18～34t。与卡特323DL挖掘机相匹配组成液压破碎锤整机，破碎效率高。

6　施　工　计　划

6.1　现场作业顺序

（1）现场倾倒场地的清理及测量。

（2）定位定向倾倒方向，圈定塌落范围。

（3）减振土墙的堆筑及开挖减振沟。

173

（4）烟囱下部周边筒体外堆筑液压破碎锤作业平台。

（5）烟道采用工字钢加固支撑。

（6）在烟囱筒壁上画出定向缺口。

（7）现场清理及警戒。

（8）按要求破碎定向缺口使烟囱定向倾倒。

（9）现场检查，解除警戒。

烟囱定向倾倒过程和倾倒后现场如图 6.1-1 和图 6.1-2 所示。

图 6.1-1　烟囱定向倾倒过程图　　　　图 6.1-2　烟囱定向倾倒后现场图

6.2　施工进度

烟囱定向倾倒拆除施工总工期为 15 天。其中施工准备 2 天，场地清理 3 天，堆土墙及开挖减振沟防护 5 天，烟囱周围处理 1 天，机械破碎定向倾倒 1 天，破碎清运 3 天。见表 6.2。

拆除施工进度计划表　　　　　　　　　表 6.2

序号	工序名称	天 数														
		1	2	3	4	5	6	7	8	9	10	11	12	13	14	15
1	施工准备															
2	现场场地清理封闭															
3	场地防溅减振设施布置															
4	破碎锤行走场地布置															
5	烟囱定向倾倒															
6	破碎清运															

7　安全及技术保证措施

7.1　安全管理及各种措施

7.1.1　方针目标

（1）在施工中，始终贯彻"安全第一、预防为主、综合治理"的安全生产工作方针，认真执行上级有关部门关于建筑施工企业安全生产管理的各项规定，重点落实《北京市建筑施工现场安全防护基本标准》，把安全生产工作纳入施工组织设计和施工管理计划，使安全生产工作与生产任务紧密结合，保证职工在生产过程中的安全与健康，严防各类事故发生，以安全促生产。

（2）强化安全生产管理，通过组织落实、责任到人、定期检查、认真整改，实现"确保无重大工伤事故，杜绝死亡事故发生"的工作目标。

7.1.2 管理体系

针对本工程的规模与特点，以项目经理为首，由现场经理、项目总工、安全总监、各施工小组等各方面的管理人员组成安全保证体系。

（1）安排专职的且经验丰富的安全员，负责施工现场的安全生产管理工作。

（2）安全员需经常对施工现场安全生产的检查。

7.1.3 工作制度

（1）在每天的生产例会上，总结当天的安全生产情况，安排第二天的安全生产工作。

（2）严格执行施工现场安全生产管理的技术方案和措施，在执行中发现问题应及时向有关部门汇报。

（3）建立并执行安全生产技术交底制度。要求必须有书面安全技术交底，安全技术交底必须具有针对性，并有交底人与被交底人签字。

（4）建立并执行班前安全生产讲话制度。

（5）建立并执行安全生产检查制度。对检查中所发现的事故隐患问题和违章现象，检查组有权下达停工指令，待隐患问题排除或违章现象得到纠正，并经检查组批准后方可施工。

7.1.4 行为控制

（1）进入施工现场的人员必须按规定戴安全帽，并系下颌带。戴安全帽不系下颌带视同违章。

（2）参加现场施工的所有电工、焊工、气割工等特殊工种，必须是自有职工或长期合同工，不允许安排外施队人员担任。

（3）参加现场施工的所有特殊工种人员必须持证上岗，并将证件复印件报项目经理部备案。

7.1.5 劳务用工管理

（1）对使用的外施队人员，进行建筑施工安全生产教育，经考试合格后方可上岗作业，未经建筑施工安全生产教育或考试不合格者，严禁上岗作业。

（2）每日上班前，召集全体人员，针对当天任务，结合安全技术交底内容和作业环境、设施、设备状况、本队人员技术素质、安全意识、自我保护意识以及思想状态，有针对性地进行班前安全活动，提出具体注意事项，跟踪落实，并做好活动纪录。

（3）强化对外施队人员的管理。用工手续必须齐全有效，严禁私招乱雇，杜绝违法用工。

7.1.6 安全防护管理

（1）机械运行过程中，施工人员不可进入挖掘机回转半径范围内，保证人身安全。

（2）在拆除施工现场划定危险区域，并设置警戒线和相关的安全标志，同时派专人监管。

（3）氧气瓶、乙炔瓶工作间距不少于 5m，两瓶同明火作业点距离不少于 10m。

7.1.7 施工机械管理

（1）施工机械应设定专人负责，施工机械的操作人员必须持证上岗，有类似工程的施工业绩，并进行有关的技术交底及岗位培训。

（2）施工机械应定期检查、维修、保养。不准超负荷超范围工作。

7.1.8 危险源辨识、评价

根据施工特点和工艺流程，采用投入产出法进行危险源识别，定量计算每一种危险源所带来的风险，计算方法为：$D=LEC$，其中 D 为风险值，L 为发生事故的可能性大小，C 为发生事故时后果，评价风险等级标准为：D 值大于 600 为高度风险，D 值小于 300 为低度风险，D 值小于 600 大于 300 为中度风险。

经辨识，风险评价结果，可能导致高度风险的有：物体打击、机械伤害；可能导致中度风险的有：火灾。

针对危险源评价结果，采取有效控制措施，特别是对中高度危险源可能产生的危害事件重点关注，加强生产过程中的运行控制、应急准备与响应，一旦发生险情或事故，立即启动应急预案进行抢险救援。

（1）物体打击：施工人员进入现场必须戴安全帽，采取措施防止烟囱筒壁触地飞溅碎石，发生物体打击事故时，立即组织抢救受伤人员，同时通知医疗急救机构组织。

（2）机械伤害：机械操作手必须经过培训，且有上岗证，机械施工时要先检查，杜绝机械带故障作业，机械上的保险设施要齐全有效，运行时，操作范围内不得站人停留，发生机械伤害事故时，立即切断机械电源，对料斗等活动部件进行固定，然后抢救受伤人员，在初步处理后尽快送医院抢救。

（3）火灾：施工区内设置防火标志牌和紧急疏散标志，现场重点部位准备足够的灭火、消防器材，电气焊施工作业前必须办理动火证，发生火灾事故时，立即组织义务消防队员进行扑救，控制火情，疏散现场人员撤离，同时拨打火警报警电话。

7.1.9 其他安全技术措施

（1）拆除前要检查被拆除烟囱的内部情况，确定该烟囱具备施工条件后方可施工。

（2）按照要求四级以上大风及雷雨天停止施工。

（3）拆除之前须清理现场，不得有无关人员，且在设立安全警戒线后方可动工。

（4）对施工现场进行封闭管理，与工程无关的人员严禁进入施工现场。

（5）拆除施工严格按照施工设计进行。

（6）劳动防护用品购买时严把质量关，发放及时，并根据使用要求在使用前对其防护功能进行必要的检查。

（7）进入施工现场必须戴安全帽，高处作业时必须系安全带。施工人员对各种安保用品的使用必须符合相关使用规范。

（8）按《施工现场临时用电安全技术规范》JG 468 的规定接驳施工现场的临时用电。

（9）防护措施必须按照设计要求作业，防护土墙堆筑完毕后应组织验收，验收合格后才能投入使用。

（10）施工前对操作机手及警戒人员逐级进行安全技术教育及交底，落实所有安全技术措施和人身防护用品。

7.2   定向倾倒安全警戒方案

由于此次拆除是根据定向爆破原理进行，按照要求设现场指挥部一个，下设安全检查组、警戒组和应急抢险组。安全警戒措施如下：

（1）定向缺口破碎前场地内除施工用液压破碎锤机手和现场指挥人员外其他所有人员和机械、车辆、器材一律撤至指定的安全地点，并设置警戒线。

（2）安全警戒人员，每个警戒点两人，警戒人员除完成规定的警戒任务外，还要注意自身安全。

（3）对警戒人员应进行详细的技术交底，按要求准时到位，不得擅自离岗和提前撤岗。

（4）警戒人员头戴安全帽，站在通视好又便于隐蔽的地方。

（5）警戒开始后对于警戒区域要做到人员、设备只出不进，若有紧急情况及时通知指挥部处理。

（6）使用对讲机进行警戒指挥联络，要准确清楚迅速报告情况，遇有紧急情况和疑难问题要及时请示报告。

（7）拆除完毕后，技术人员对现场检查，确认无险情后，方可解除警戒。在未发出解除警报前，警戒人员不得离岗。

7.3   现场安全防护技术措施

主要是针对烟囱倾倒落地减振及防止飞溅碎石的措施。

（1）根据定向倾倒缺口的设计，考虑到避开南侧烟道口，定向缺口在烟道口上方 2.9m 以上，根据现场测量，定向缺口处烟囱外直径为 4.9m，外周长 S 为 15.4m，按照烟囱圆心角计算，烟囱外壁弧长 4.27cm 折合为 1°圆心角，考虑到场地内西～西偏南 30° 的范围内场地开阔，若设定定向倾倒方向为西偏南 17°，定向缺口对应弧长 $L=0.61S$，即定向缺口圆心角为 220°，烟道口下边定向窗开始破碎位置为南偏东 27°；设 L 为缺口圆心角所对应的弧长，即缺口的下边长，S 为缺口下边烟囱外周长，若 $L/S=0.5$ 时，烟囱定向倾倒中心线方向为西偏南 27°，若 $L/S=0.55$ 时，烟囱定向倾倒中心线方向为西偏南 18°，若 $L/S=0.6$ 时，烟囱定向倾倒中心线方向为西偏南 9°，则 $L/S=0.65$ 时，烟囱定向倾倒中心线方向为正西方向，因而 $L/S=0.5\sim0.65$ 变化时，烟囱定向倾倒中心线变化范围为西偏南 0°～27°，倾倒范围按照烟囱圆心角范围为 27°，该区域为烟囱可能倾倒区域。见图 5。

（2）根据测算烟囱倾倒方向为以烟囱圆心角为圆心正西至西偏南 30°的范围，在此区域内堆筑以烟囱中心为圆心的弧形土墙，以烟囱中心为圆心 18m 为半径处堆筑第一道土墙，28m、38m、48m 堆筑第二、三、四道土墙，土墙弧长分别为 9.4m、14.7m、19.9m、25.1m，土墙下部采用现场挖土堆置，上部满铺装满土的塑料袋，土袋上部再采用整块密目安全网或彩条布整体连接覆盖，土墙高 1.0～1.5m，宽 1.0～2.0m。

（3）将定向倒塌场地内的硬地面进行破碎，破坏其整体性，必要时进行置换或原土覆盖，并在上部用连接好的整块密目网整体覆盖，确保烟囱筒壁与地面接触时不产生飞溅碎石。

7.4 现场防止倾倒方向偏向的措施

（1）在缺口破碎前，首先根据设计在烟囱筒壁外侧将定向缺口范围准确标出。

（2）按照设计在烟囱南偏东17°～北偏东17°的弧线范围内堆筑液压破碎锤作业平台，作业平台高度不小于2m，宽度不小于4m，以利于液压破碎锤沿缺口自南向北破碎缺口。

（3）严格按照先破碎南偏东17°处的定向窗，定向窗的角度不大于30°，底边长1.0m，高度60cm，然后沿缺口高度自南向北逐渐破碎出定向缺口，直至破碎到北偏东一定的角度后，烟囱按照设计方向定向倾倒，此定向缺口开设定向缺口及定向窗能利用烟囱结构的整体性及对称性，确保倾倒方向定向准确。见图4、图5。

8 文明施工及环保、消防措施

8.1 环境保护承诺

（1）在本次工程施工中遵守并达到国家和北京市政府规定的环保排放标准。

（2）认真履行我公司在投标文件中规定的各项施工环保制度。

（3）做好拆除现场内及周边区域的防尘工作，防止污染周边环境。确保安全、文明、环保施工。

（4）降尘用水：原则上使用中水，并采用高压水罐车配备高压水枪喷洒水进行破碎拆除降尘，以有效控制扬尘、减小污染。

8.2 降尘措施

（1）烟囱拆除前，预先使用人工对筒体内部进行清理，减少尘土，并用水预先对筒体等易产生粉尘处进行预先洒水湿润。

（2）拆除过程中，作业层上用水进行喷洒，配备专职的洒水工进行喷洒，尽量减少灰尘，同时保证水不漫流。大型机械破碎解体作业时采用洒水车配备高压水枪对破碎点进行强力喷水降尘。

（3）对已拆除完毕的施工场地定期进行洒水湿润，防止刮风扬尘。

（4）现场拆除后产生的渣土要及时清运出场地；对未清运的渣土堆洒水喷湿；渣土清运后的地面铺防尘网，防止扬尘。

8.3 降低噪声措施

（1）合理配备拆除机械，在保证施工进度的同时，减少多台设备的集中使用，尽量将噪声降低到最小。

（2）拆除施工中，破碎噪声较大，机械作业的时间尽量安排在8：00～11：00，14：00～17：30。

（3）严格管理施工人员，尽量减少施工人员喧哗产生的噪声。

(4) 采用新设备，杜绝机械设备带病作业，降低因设备本身所产生的噪声。

(5) 渣土挖运装车时要使用有经验的挖运机手，向车内落渣时要尽量贴近车厢底部，禁止向车厢内抛落渣土产生较强噪声。

8.4 渣土清运措施

(1) 交通协调：由于施工运输道路车辆较多，在渣土清运时，设专职保安人员协调道路交通，或组织专职人员组成交通指挥小组，并配备对讲机，进行交通指挥、协调。

(2) 设专职清扫人员：在施工现场区域运输道路设专职清招人员，保证施工运输道路的卫生。

(3) 清扫运渣车：运渣车出场时，设专职人员对车身及四周进行清扫，保证施工区域及周边的卫生。

(4) 施工区域限制车速：在施工区域内限制车辆速度，控制在 5km/h 内，以减少灰尘对周边环境的影响。

8.5 文明施工措施

(1) 现场围挡：在工地周围应设置 2.0m 高的硬质围挡，围挡材料坚固、稳定、整洁、美观，围挡沿工地四周连续设置。

(2) 封闭管理：施工现场进出口必须设置大门，进入施工现场施工人员必须佩带工作卡。

(3) 现场防火：施工现场应有充分的消防措施、制度并配备灭火器材。施工现场必须有消防水源，而且要求消防水源能满足高层建筑需要。施工现场动火时必须办理动火手续，并且有动火监护人，方可动火。

(4) 治安综合治理：生活区应给工人设置学习和娱乐场所，建立治安保卫制度、责任应分解到人，治安防范措施必须妥当，以防发生失盗事件。

(5) 保健急救：施工现场应设置保健医药箱，应有充分的急救措施和急救器材，应有经培训的急救人员，与医院密切联系。

(6) 社区服务：有充分的防粉尘、防噪声的措施；夜间施工必须取得施工许可方可施工；施工现场不得焚烧有毒、有害的物质；采取施工不扰民措施。

(7) 进入施工现场的人员要衣着整洁，上班前不准饮酒。加强对职工的精神文明教育，遵守国家法规，不打架、不酗酒、文明待人、文明施工。

(8) 做好与当地政府、公安、环保部门及邻近单位的沟通联系，不扰民、不污染环境、不破坏绿化，遵守市建委各项制度、法规，共建首都精神文明。

(9) 施工机械放置合理、有序，施工区与办公区须隔离。划分责任区，分片包干到人，及时清理现场内的杂物，不得乱堆乱放，不得随地便溺，不断提高自身素质及企业素质，争创首都文明企业。

(10) 严格按施工现场程序组织施工，以正确的施工程序协调和平衡机械拆除与车辆运输、内部与外部的关系，保证工程紧张有序地顺利进行。

(11) 坚持文明施工，提高施工现场标准化、规范化、科学化管理水平，设置标准的"一张图四板"，并在工地四周设醒目的企业标识及导向牌，出入口设专门保安人员，闲人不准随意入内。

（12）安全标志、防火标志和安全牌要明显醒目，"三宝"使用要认真，"四口"防护严密周到，施工现场按规定设置消防器材，易燃、易爆、剧毒品有专人专库保管。

（13）保持施工现场场地平整、清洁及道路排水畅通。保证照明充足，无长明灯和路障。生活区设立垃圾堆放点，经常清理，施工作业面保持工完场地清。

8.6　环卫措施

（1）施工现场使用防尘网，防止粉尘对周围环境造成污染。

（2）施工期间，设专人定期清扫施工周围各道路及通往主要干道和门前三包地段，清运渣土期间每天派一辆货车，2~3 人沿清运路线洒水清扫。

（3）现场无扬尘。在进行拆除时，边拆除边喷水降尘。

（4）待清运的渣土，清扫归堆，并用苫布遮盖。

（5）运输车辆的车容、车况良好，车辆出场时清扫车轮、车厢、关好防尘罩，以免尘土飞扬或遗洒。

（6）对机械设备进行维护维修，使用清洁燃料，做到人走机停。对物料的管理密封保存，尽快使用。

（7）工人在进行拆除作业时，要使用防护用品，避免拆除过程中对人体有害物质对人体造成危害。

（8）环保环卫管理工作是实现绿色环保施工的重要手段，一定要与整个施工过程结合在一起；同时虚心接受政府和甲方环保环卫的监督、检查，不断地改进和提高，完善环保环卫措施，把绿色环保施工做得更好。

8.7　消防管理

8.7.1　方针目标

（1）在施工中，始终贯彻"预防为主，防消结合"的消防工作方针，认真执行《中华人民共和国消防条例》、《北京市消防条例》、《北京市建筑工程施工现场消防安全管理规定》（北京市人民政府第 84 号令），《建设工程施工现场管理规定》，将消防工作纳入施工组织设计和施工管理计划，使防火工作与生产任务紧密结合，有效地落实防火措施，严防各类火灾事故发生。

（2）强化消防工作管理，实现杜绝火灾事故，避免火警事故，尽量减少冒烟事故的目标。

8.7.2　管理体系

（1）建立防火责任制，使责任落实到人。

（2）项目经理部根据施工情况，开展日常的消防检查工作。

8.7.3　工作制度

建立并执行消防工作检查制度。由项目经理部每周组织一次消防工作负责人参加的联合检查，根据检查情况按《北京市施工现场消防保卫检查记录表》评比打分，对检查中所发现的隐患问题和违章现象，根据具体情况，定时间、定人、定措施予以解决。完善消防组织，指定专人负责，配合义务消防员。

8.7.4 管理规定

（1）加强用火、用电管理，严格执行电、气焊工的持证上岗制度。无证人员和非电、气焊工人员一律不准操作电气焊、割设备，电、气焊工要严格执行用火审批制度，操作前，要清除附近的易燃物，开具用火证，并配备看火人员及灭火器材。用火证当日有效，动火地点变换，要重新办理用火证手续。消防人员必须对用火严格把关，对用火部位、用火时间、用火人、场地情况及防火措施要了如指掌，并对用火部位经常检查，发现隐患问题，要及时予以解决。

（2）使用电气设备和易燃、易爆物品，必须严格落实防火措施，指定防火负责人，配备灭火器材，确保施工安全。

（3）施工现场内严禁违章吸烟。

（4）现场施工要坚持防火安全交底制度，特别是在进行电气焊危险作业时，防火安全交底要具有针对性。

（5）严禁私接电线和私自使用大功率电器设备，线路接头必须良好绝缘，不许裸露，开关、插座须有绝缘外壳。

（6）各种废旧材料，下料后要分类堆放整齐、备运，严格消防制度，做到拆除现场道路通畅，留好消防通道。

8.7.5 防火安全操作要求

（1）乙炔瓶、氧气瓶和焊割工具的安全设备必须齐全有效。

（2）乙炔瓶、氧气瓶在新建、维修过程中存放，应设置专用房间单独分开存放，并有专人管理，氧气瓶、乙炔瓶必须相距 5m 以上，且距火源不小于 10m，要经常检查压力表、安全阀是否灵敏有效，要有灭火器和防火标志。

（3）乙炔瓶、氧气瓶不准放在高低压架空线路下方或变压器旁。在高处焊割时不要放在焊割部位的下方，应保持一定的水平距离。

（4）乙炔瓶、氧气瓶应直立使用，禁止平放卧倒使用，防止油类落在氧气瓶上，油脂或沾油的物品，不要接触氧气瓶、导管及其零件。

（5）乙炔瓶、氧气瓶严禁撞击，防止受热膨胀。开启阀门时要缓慢开启，防止升压过速造成温度过高，产生火花引起爆炸和火灾。

9 施工应急预案

根据《安全生产法》的规定，为了保护企业从业人员在生产经营活动中的健康和安全，保证企业在出现生产安全事故时，能够及时进行应急救援，最大限度地降低生产安全事故给企业和个人所造成的损失，特制定本预案。

9.1 组织机构

组长：＊＊＊　＊＊＊＊＊＊＊＊

副组长：＊＊＊　＊＊＊＊＊＊＊＊

组员：＊＊＊　＊＊＊＊＊＊＊＊＊、＊＊＊　＊＊＊＊＊＊＊＊、＊＊＊　＊＊＊＊

＊＊＊＊、＊＊＊　＊＊＊＊＊＊＊＊

9.2 生产安全事故报告程序（图9.2）

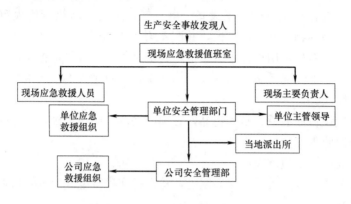

图9.2 安全事故报告程序图

9.3 事故应急救援保证

（1）公司成立抢险救援指挥部，现场成立应急指挥领导小组，要保证24小时有人值班，有事故、险情时及时报告应急抢险组织机构。

（2）抢险救援车辆、物资、配有相应的应急抢救医疗设备、药品及交通车辆。例如氧气瓶、消毒水、外用创口药、交通车辆、担架等。

（3）现场及医务室内应将急救电话、火警电话上墙明示；确保通信设备畅通无阻。保证抢险救援人员通讯畅通，随叫随到。最近的医疗机构为社区医疗服务中心，距离工地约800m，电话＊＊＊＊＊＊＊＊＊。

9.4 生产安全事故应急救援程序（图9.4）

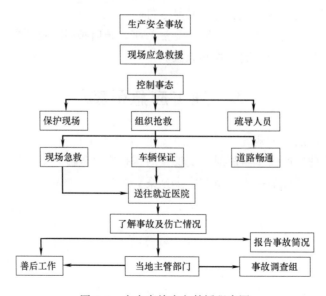

图9.4 安全事故应急救援程序图

9.5　事故应急救援措施

1）迅速向主管上级及地方有关部门报告

事故现场发生伤亡事故，负伤者或最先发现的人必须立即报告班长、工地负责人或项目领导。各级领导接到此类通知后，都应逐级上报。重大事故发生后，必须以最快的方式向上级主管部门及检查、劳动部门报告。事故发生单位应在 24h 内将事故概况写成书面报告，向上级主管安全部门和当地劳动、公安、检查、工会等部门汇报。报告内容应包括：事故发生时间、地点，伤亡者的姓名、年龄、工种、身份（正式工还是合同工、临时工），事故发生原因及简要经过，事故造成的损失程度等。

如有隐瞒不报、弄虚或故意拖延不报的，要对责任者给予纪律处分，情节严重的要追究法律责任。

2）组织抢救伤员并保护好事故现场

事故发生后，施工现场负责人应立即组织指挥有关人员抢救伤员，采取措施制止事故蔓延扩大，防止次生事故的发生。要认真保护事故现场，撤离所有人员，建立警戒线、禁止非工作人员入内，凡与事故有关的物体、痕迹不得破坏，如果为了抢救遇险人员，不得不移动某些物体时，必须做好照相或摄像并做好现场标志。

清理事故现场时，必须得到事故调查小组和公安、劳动等有关部门的同意或批准后进行，任何人不得借口恢复生产，擅自清理现场，干扰调查人员的取证、调查工作。

3）成立事故调查组调查事故

接到事故报告后，有关部门领导应立即赶赴现场，指挥抢救伤员，维持现场秩序，并组织事故调查组，开展调查工作。

轻伤、重伤事故由项目经理或项目副经理组织生产、技术、安全等有关部门以及工会成员组成事故调查组，进行调查。死亡事故由公司主管部门会同项目所在地的市劳动部门、公安部门、工会组成事故调查组，进行调查。重大死亡事故，按照隶属关系，由建设部门会同同级劳动部门、公安部门、工会组成事故调查组进行调查。

死亡事故和重大死亡事故调查组还应该邀请人民检察院派员参加，还可以邀请其他部门的人员和有关专家参加。与所发生事故有直接利益关系的人员不得参加调查组。

事故调查组的职责有：

（1）查明事故发生原因、过程和人员伤亡、经济损失情况。

（2）确定事故责任人。

（3）提出事故处理意见和防范措施的建议。

（4）写出事故调查报告。

9.6　物体打击事故发生后的应急救援措施

（1）现场应急指挥领导小组人员及抢险救援人员立即赶到现场，控制事态，疏导人员。

（2）清理事故现场闲杂人员，清理救援车辆行走路线，保证救援路线畅通无阻。

（3）组织抢救伤员（拨打 120 或 999），根据伤势情况决定急救措施，分别采用人工呼吸、心脏按压、止血、包扎、骨折临时固定等。

（4）根据伤势采用背、抱、扶及担架搬运等方法，将伤者送上急救车。

（5）根据情况需要随时征调一切车辆进行救援，在最短的时间内将伤员送到就近医院或专科医院。

（6）保护现场，了解事故及伤亡人员情况。

（7）向公司主要领导和安全生产部汇报。

9.7　机械伤害事故发生后应急救援措施

（1）现场应急指挥领导小组人员及抢险救援人员立即赶到现场，控制事态，疏导人员。

（2）清理事故现场闲杂人员，清理救援车辆行走路线，保证救援路线畅通无阻。

（3）遇有人员伤亡时，及时拨打 120 或 999 报警，并组织抢救，尽快使伤者脱离伤害源。

（4）根据伤势决定急救措施，分别采用人工呼吸、心脏按压、止血、包扎、骨折临时固定等。

（5）根据伤势采用背、抱、扶及担架搬运等方法，将伤者送到最佳医院救治。

（6）根据情况需要随时征调一切车辆，在最短的时间内将伤员送到最佳医院救治。

（7）设置警戒线，保护现场，采取相应措施，防止发生二次伤害。

（8）找现场当事人及相关人员，了解事故及伤员情况。

（9）向公司主管领导和安全生产部报告。

范例 5　桥梁机械拆除工程

卢九章　编写

三元立交（跨京顺路桥）桥梁改造工程
旧桥拆除工程安全专项方案

编制：

审核：

审批：

＊＊＊公司

年　月　日

目　　录

1　编制依据 ………………………………………………………… 188

2　工程概况 ………………………………………………………… 188

3　总体部署 ………………………………………………………… 191

4　切割方案 ………………………………………………………… 193

　4.1　准备工作 …………………………………………………… 193

　4.2　平面部署 …………………………………………………… 197

　4.3　临时水电布设 ……………………………………………… 197

　4.4　总体工序流程 ……………………………………………… 200

　4.5　钻切穿绳孔和吊装孔 ……………………………………… 201

　4.6　植吊环 ……………………………………………………… 203

　4.7　边跨安设集水槽及集水箱 ………………………………… 203

　4.8　纵缝切割 …………………………………………………… 204

　4.9　横缝切割 …………………………………………………… 204

　4.10　中跨切割 ………………………………………………… 205

5　旧梁吊运方案 …………………………………………………… 206

　5.1　吊运组织机构 ……………………………………………… 206

　5.2　吊运设备及特殊工种配备 ………………………………… 206

　5.3　主要吊运设备参数 ………………………………………… 207

　5.4　钢丝绳性能表 ……………………………………………… 210

　5.5　运输路线（略）…………………………………………… 211

　5.6　吊运计划 …………………………………………………… 211

　5.7　施工工艺流程及技术措施 ………………………………… 212

　5.8　桥梁吊运质量保证措施 …………………………………… 216

　5.9　桥梁吊运安全保证措施 …………………………………… 216

　5.10　桥梁吊运中的环保措施 ………………………………… 217

　5.11　起重机符合性验算 ……………………………………… 217

6　应急预案 ………………………………………………………… 218

　6.1　重大危险源及应急响应程序 ……………………………… 218

　6.2　应急预案启动 ……………………………………………… 220

　6.3　应急救援终止和事故后恢复程序 ………………………… 222

1 编 制 依 据

(1)《中华人民共和国建筑法》;

(2)《建筑拆除工程安全技术规范》JGJ 147—2004;

(3)《建筑施工高处作业安全技术规范》JGJ 80—2011;

(4)《建筑机械使用安全技术规程》JGJ 33—2012;

(5)《建筑施工安全检查标准》JGJ 59—2011;

(6)《施工现场临时用电安全技术规范》JGJ 46—2005;

(7)《建筑施工现场环境与卫生标准》JGJ 146—2004;

(8)《建筑施工高处作业安全技术规范》JGJ 80—91;

(9)《特种作业人员安全技术考核管理规则》GB 5306—85;

(10)《钢丝绳》GBT 8918;

(11)《钢丝绳夹》GBT 5976;

(12)《起重机械安全规程》GB 6067;

(13)《起重吊运指挥信号》GB 5082;

(14)《徐工 QAY300 汽车式起重机使用说明书》;

(15)《徐工 QAY350 汽车式起重机使用说明书》;

(16)《徐工 LTM1500 汽车式起重机使用说明书》;

(17)相关资料、图纸。

2 工 程 概 况

三元立交桥位于北京市三环路东北角,北三环路、机场路及京顺路三条道路在此立体交叉,整座立交为机动车和非机动车混行苜蓿叶形互通式立交,建成于 1984 年,总占地面积 26m^2。见图 2-1。

图 2-1 平面图

该立交桥跨京顺路桥为三跨刚构桥，跨径 13.48m＋27.30m＋13.48m，全长 54.26m，桥梁总宽 44.8m，桥梁总面积 2433m²。上部结构为 Ⅱ 形普通钢筋混凝土现浇主梁，梁高 1.10m，桥梁横向由 9 片主梁组成，在 V 形墩顶主梁由双 T 形合并为实体的实腹梁截面。

桥梁下部结构中墩为 V 形墩，与上部主梁一一对应，每轴设置 9 片 V 形墩；边墩为盖梁下设单排柱式方墩。边墩方柱和中墩 V 形墩均为预制安装构件，V 形墩为 C45 混凝土预应力结构；边墩盖梁采用 C25 钢筋混凝土现浇，墩柱采用 C30 钢筋混凝土预制。中、边墩基础均为条形扩大基础，采用 C20 混凝土现浇。

原设计快车道荷载等级为汽-超 20，挂-120 级，慢车道荷载等级为汽-15 级，步道人群为 350kg/m²。桥下快车道设计净空 4.50m，慢车道净空 3.50m。立面及横断面图见图 2-2、图 2-3，中梁及边梁断面图见图 2-4 和 2-5，实景图见图 2-6。

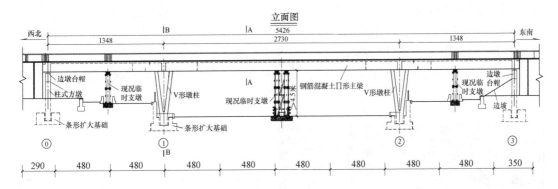

图 2-2　立面图

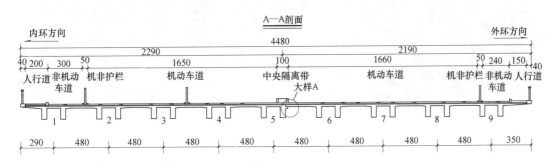

图 2-3　断面图

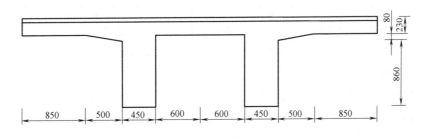

图 2-4　中梁断面图

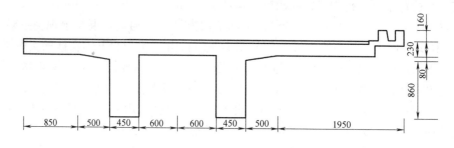

图 2-5　边梁断面

桥面铺装：原设计为 10cm 厚钢筋混凝土铺装＋三油两布防水层，现况桥面铺装为 4cm 改性沥青混凝土面层＋粗级配中粒式沥青混凝土 5～7cm＋APP 防水层。

防撞护栏及步道缘石：中央隔离带缘石及路侧缘石采用 C30 混凝土预制，C10 混凝土砂浆铺砌；全桥共设置 2 道伸缩缝，分别设置于边墩处；

抗震设施：中墩处墩梁固接、边墩盖梁在主梁之间设置抗震台，每墩 4 处，全桥共计 8 处。

(a)

(b)

图 2-6　实景图

建成运营 31 年后，在交通荷载及自然条件作用下，存在梁体下挠、桥面铺装开裂等病害，2014 年 6 月，相关单位对其进行了结构检测，发现梁体下挠较为严重，桥梁完好状态评定为 D 级。2014 年 9 月，有关单位对此桥进行了桥梁荷载试验，结论表明桥梁整体承载能力不能满足汽车-15 级荷载标准要求。桥梁病害直接影响了道路交通运行的安全性、使用功能和舒适性。

为保证桥梁安全运营、改善桥梁使用状况、提高桥梁服务水平，对三元桥（跨京顺路）进行大修，彻底解决桥梁目前存在的问题，主要内容为：拆除现有桥梁上部结构及桥梁附属设施，将上部结构更换为三跨连续正交异性钢箱梁结构，重新施工桥梁附属设施及桥面铺装；保留现有桥梁下部结构并对其做相应的加固改造措施。

3 总体部署

本工程采取整体置换技术进行拆旧架新,暨在三元桥附近搭建支架,在其上组拼钢结构新桥,选择一个时间窗口,此间将旧桥分割为若干段,吊车吊到运梁车上运至别处拆解,再利用驮运架一体机将新桥整体运输就位。

旧桥上部结构共切割为45块,其中两个边跨各切割为9块,中跨切割为27块,分块图见3-1,各块切割梁参数见表3-1。切割工作要求在180min内完成,吊装工作要求在560min内完成。

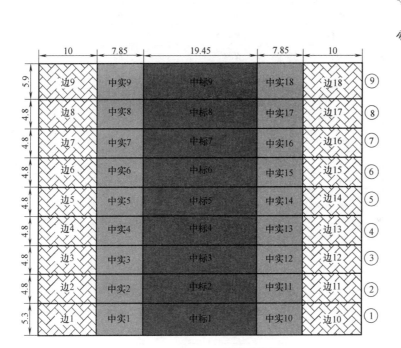

图 3-1 桥梁分块图

桥梁切割主要参数   表 3-1

部位	梁号	梁长(m)	梁宽(m)	梁重(t)
中跨①号梁	中标 1	19.45	5.3	101
	中实 1	7.85	5.3	61
	中实 10	7.85	5.3	61
中跨②号梁	中标 2	19.45	4.8	97
	中实 2	7.85	4.8	56
	中实 11	7.85	4.8	56
中跨③号梁	中标 3	19.45	4.8	97
	中实 3	7.85	4.8	56
	中实 12	7.85	4.8	56

续表

部位	梁号	梁长(m)	梁宽(m)	梁重(t)
中跨④号梁	中标 4	19.45	4.8	97
	中实 4	7.85	4.8	56
	中实 13	7.85	4.8	56
中跨⑤号梁	中标 5	19.45	4.8	97
	中实 5	7.85	4.8	56
	中实 14	7.85	4.8	56
中跨⑥号梁	中标 6	19.45	4.8	97
	中实 6	7.85	4.8	56
	中实 15	7.85	4.8	56
中跨⑦号梁	中标 7	19.45	4.8	97
	中实 7	7.85	4.8	56
	中实 16	7.85	4.8	56
中跨⑧号梁	中标 8	19.45	4.8	97
	中实 8	7.85	4.8	56
	中实 17	7.85	4.8	56
中跨⑨号梁	中标 9	19.45	5.9	107
	中实 9	7.85	5.9	66
	中实 18	7.85	5.9	66
边跨①号梁	边 1	10	5.3	52
	边 10	10	5.3	52
边跨②号梁	边 2	10	4.8	41
	边 11	10	4.8	41
边跨③号梁	边 3	10	4.8	41
	边 12	10	4.8	41
边跨④号梁	边 4	10	4.8	41
	边 13	10	4.8	41
边跨⑤号梁	边 5	10	4.8	41
	边 14	10	4.8	41
边跨⑥号梁	边 6	10	4.8	41
	边 15	10	4.8	41
边跨⑦号梁	边 7	10	4.8	41
	边 16	10	4.8	41
边跨⑧号梁	边 8	10	4.8	41
	边 17	10	4.8	41
边跨⑨号梁	边 9	10	5.9	55
	边 18	10	5.9	55

4　切割方案

4.1　准备工作

1）测量放线准备

为保证施工时间的要求，横向切割双线设置在最小切割面上，见图 4.1-1 所示，吊装孔布设于单片梁体腹板两侧，同时确定纵向切割线、穿绳孔及吊装的位置，需将切割线、吊装孔及穿绳孔位置线在桥面上进行放样。

横向切割双缝

图 4.1-1　横向切割双缝位置示意图

2）桥面沥青局部铣刨准备

为保证钻切时设备安装稳定牢固，需要正式钻切割前在切割线和在钻吊装孔切割线位置，提前铣刨去除原沥青路面。见图 4.1-2。

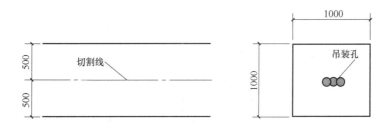

图 4.1-2　沥青铣刨尺寸示意图

3）临时用水、电准备

（1）临时用电准备

每台绳锯的额定功率为32kW，3小时内边跨切割（含边隔梁、V墩）最多投入78台金刚石绳锯机同时作业，需要最大用量为5000kW，需要现场配备车载发电机1000kW的7台（2台备用）；3小时内边跨切割（不含边隔梁、V墩）最多投入56台金刚石绳锯机同时作业，需要最大用量为3600kW，需要现场配备车载发电机1000kW的6台（2台备用）；中跨10小时切割最多投入45台金刚石绳锯机同时作业，需要最大用量为3000kW，需要现场配备车载发电机 1000kW 的 4 台（1 台备用）。

（2）临时用水准备

每小时每台用水量为 1.5 吨，3 小时内边跨切割（含边隔梁、V 墩）81 台金刚石绳锯机同时作业，共需要 400 吨水，3 小时内边跨切割（不含边隔梁、V 墩）最多投入 56 台金刚石绳锯机同时作业，共需要 300 吨水，中跨 10 小时切割最多投入 45 台金刚石绳锯机同时作业，共需要 650 吨水，为了确保现场供水量需提前采用 8mm 厚钢板加工 3m×2m×1.8m(长×宽×高) 水箱 8 个，每侧设置 4 个，见图 4.3，水箱底部采用水管串联，正式切割前全部注满水，驳接引水点为东南角及西南角绿化用水点或水车供水，边跨切割（含边隔梁、V 墩）现场配备 14 辆 23 吨水车备用，边跨切割（不含边隔梁、V 墩）及中跨切割现场配备 10 辆 23 吨水车备用。见图 4.1-3。

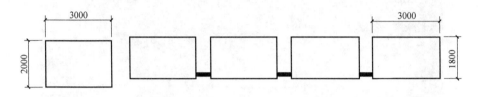

图 4.1-3　水箱加工示意图

4）墩柱切割设备安设固定件准备

因墩柱采用钢板外包，同时切割线为水平切割线，而 V 形墩侧面为 2°斜面，为了能够安设金刚石绳锯机，因此在墩柱钢板外包加工同时做好绳锯机设备固定件加工准备，具体加工详见图 4.1-4。

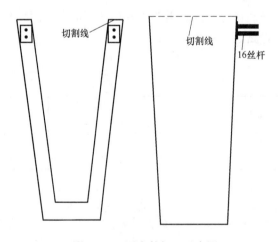

图 4.1-4　固定件加工示意图

5）V 形墩切割搭设施工平台准备

V 形墩切割时，切割线位置距地面高度约为 4.5m，同时为了便于金刚石绳锯机移机安设及操作，搭设施工操作平台。操作平台采用扣件式脚手架进行搭设，为了避免影响中跨驳运，搭设在辅路一侧，操作沿辅路一侧平台宽 1.5m，操作平台上满铺跳板，操作平台距切割线 1.2m，操作平台四周采用悬挂密目网进行安全防护，每个 V 形墩安设金刚石

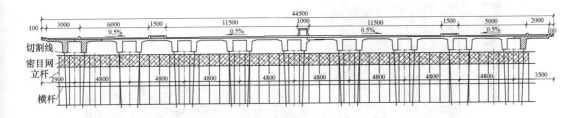

图 4.1-5　施工平台搭设示意图

绳锯机一侧搭设 2m 宽操作平台，平台不超过 V 形墩主路一侧顶部投影区域，见图 4.1-5。

6) 桥梁两端伸缩缝剔凿准备

为了便于端横梁切割时穿金刚石绳索，需提前将桥梁两端伸缩缝剔凿拆除。

7) 切割泥浆水防护措施准备

正式切割时切割产生的泥浆水会污染桥梁下方的道路路面及驶车行进路线的标识，因此在正式切割前需在切割线位置桥梁下方安设集水槽，切割产生的泥浆水通过集水槽收集至集水箱然后采用排污车进行运走排放，排污车提前准备 6 辆。

集水槽、集水箱设计：

集水箱采用 8mm 厚钢板加工 3m×2m×1.8m（长×宽×高）集水箱 4 个，集水箱顶部采用水管串联形成沉淀池。

集水槽采用特制加工的快速移动可调高度承插式集水槽对泥浆水进行收集，见图 4.1-6、图 4.1-7。

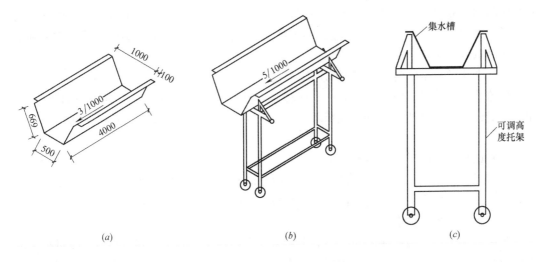

(a)　　　　　(b)　　　　　(c)

图 4.1-6　集水槽设计示意图

8) 吊装孔、穿绳孔防护措施准备

因吊装孔、穿绳孔是在桥梁切割前提前施工，为了确保钻孔后桥面车辆通行安全及正式切割施工时能够快速恢复孔位，因此在提前钻孔后需采取防护措施进行保护（具体详见施工方案钻吊装孔、穿绳孔章节所述）。

(a)   (b)

图 4.1-7　泥浆清运排放示意图

9）吊环防护措施准备

吊环植入是在桥梁切割前提前施工，为了确保植入吊环后桥面车辆通行安全及正式切割施工时能够快速恢复，因此在植入吊环后需采取防护措施进行保护（具体详见施工方案植吊环章节所述）。

10）横缝切割设备基座垫块准备

横向切割双缝后，为了便于 10cm 吊装取出，切割时调整金刚石绳锯机安装角度使切割面形成倒"八"字形，因此需提前加工斜切金刚石绳锯机安装基座垫块（具体详见施工方案横缝双缝切割章节所述）。

11）中跨驮运至临时支墩避开切割线准备

中跨驮运至临时支墩后，支撑柱上钢横梁与桥梁底部支撑点位置应避开切割线位置，如无法避开需确保沿切割线位置预留不小于 2cm 的间隙，确保切割时能够顺利穿过金刚石绳索。

12）钻孔施工临时交通导改准备

钻穿绳孔、吊装孔时桥面需进行交通倒改临时封闭施工部位的车道，同时为了防止钻孔岩芯坠落损害桥下通行车辆或行人，因此桥下相应施工部位进行临时交通倒改封闭。

13）金刚石绳下料准备

为了确保工期，边跨在正式切割前必须对每个切割单元所用金刚石绳索长度进行计算提前下料准备，待上一个切割单元切割完成前下一个切割单元必须安设完金刚石绳索，并通过人工提前来回拉动金刚石绳索确保切割时无切割死角。

14）中跨切割边梁支撑准备

原双 T 梁切割分离成单 T 梁，由于其中 3 片梁因翼板较长，梁体下部无中横梁，因此切割分离后会造成单片 T 梁受力不均，因此在正式切割中跨前需采取措施对这 3 片梁进行支撑。

4.2　平面部署

施工人员及设备在切割前进入等候区待命，道路封闭后快速到达施工作业面。现场布置见图 4.2。

图 4.2　现场总平面图

4.3　临时水电布设

1）临时用电布设

所有电缆均采用特制的支架进行悬空悬挂，实行三级控制，一机一闸。电缆敷设示意图见图 4.3-1、图 4.3-2、图 4.3-3。

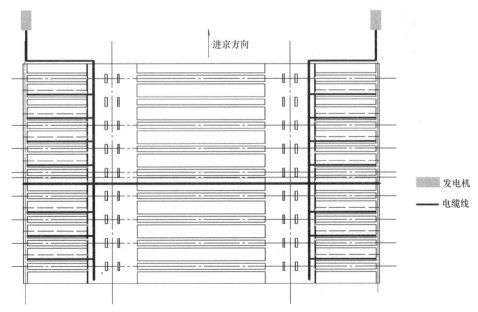

图 4.3-1　边跨切割电缆敷设示意图

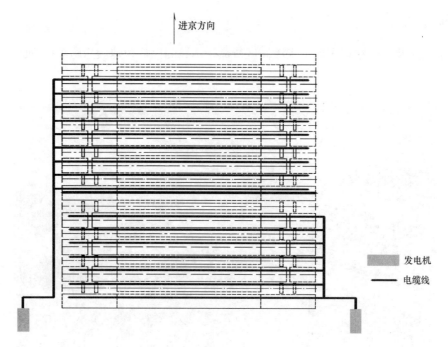

图 4.3-2　V 形墩切割电缆敷设示意图

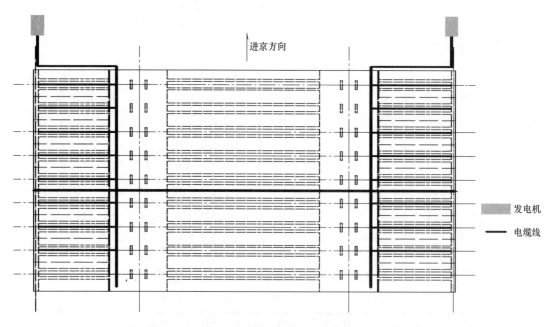

图 4.3-3　中跨切割电缆敷设示意图

根据施工用电负荷和电源情况，从两个一级分电箱分别接出 1 根三相五线铜芯胶皮电缆作为主线，其线径为 $\phi70\text{mm}^2$。主电缆直接通过专门制作的电缆支架设引接到二级配电箱。二级配电箱采用一个 600A 空气开关作为主控开关，下设 6 个 200A 漏电保护开关，分别通过 25mm^2 三相五线制电缆控制绳锯机、薄壁钻机和电锤的三级配电箱。第三级配电箱采用 100～200A 漏电保护开关作为单个用电器的控制开关。从第三级配电箱至用电

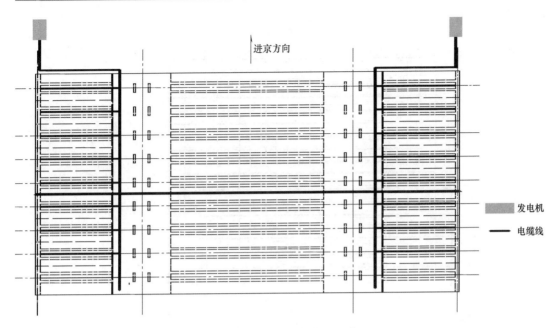

图 4.3-4　切割边跨水管敷设示意图

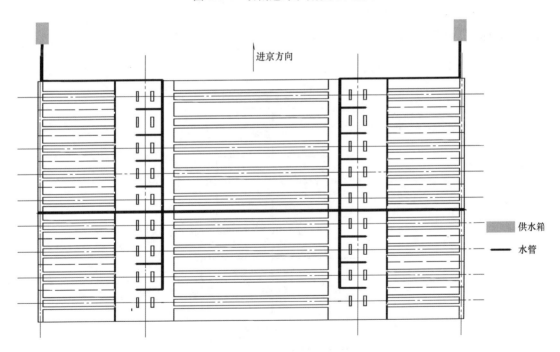

图 4.3-5　切割 V 形墩水管敷设示意图

器，采用三相五线制铜芯电缆，线径 2.5～25mm^2，根据用电器的功率分别选择。

2）临时用水布设

所有水管均采用专门制作的支架进行悬空悬挂，采取泵从水箱抽送的方式进行取水，设备取水处设置多头开关取水，供水管采用管径 4 分的塑料胶管。水管布设见图 4.3-4、图 4.3-5、图 4.3-6。

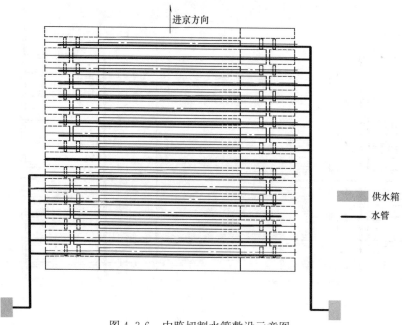

图 4.3-6　中跨切割水管敷设示意图

供水箱
水管

4.4　总体工序流程

切割施工流程详见图 4.4。

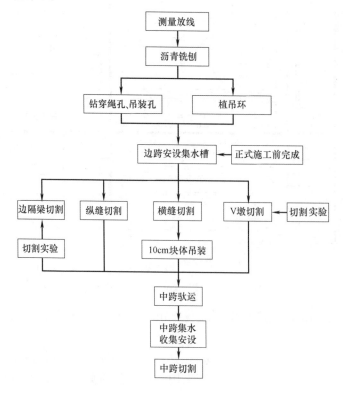

图 4.4　施工流程图

4.5　钻切穿绳孔和吊装孔

穿绳孔、吊装孔均采用金刚石薄壁钻钻切 $\phi108$ 的孔，纵缝每个切割单元相交处钻 1 个孔作为穿绳孔，横缝每个切割单元相交处钻 2 个孔，吊装孔钻 3 个。穿绳孔和吊装孔数量表见表 4.5-1、表 4.5-2，穿绳孔和吊装孔布置见图 4.5-1～图 4.5-3。

穿绳孔数量表　　　　　表 4.5-1

序号	部位	穿绳孔（个）	孔深
1	横缝切割	68	260mm
2	纵缝切割	70	995mm（14 个）、260mm（56 个）
3	中跨切割	244	1200mm（72 个）、260mm（172 个）

吊装孔数量表　　　　　表 4.5-2

序号	部位	吊绳孔（个）	孔深
1	边跨	216	260mm
2	中跨	216	260mm

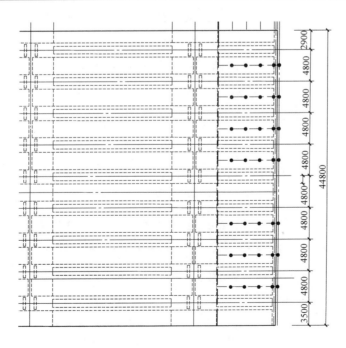

图 4.5-1　纵缝切割穿绳孔布设示意图

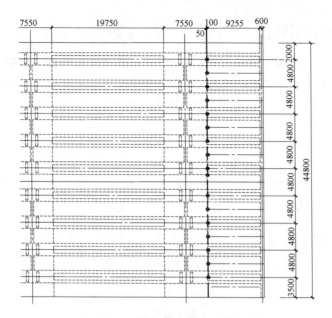

图 4.5-2 横缝切割穿绳孔布设示意图

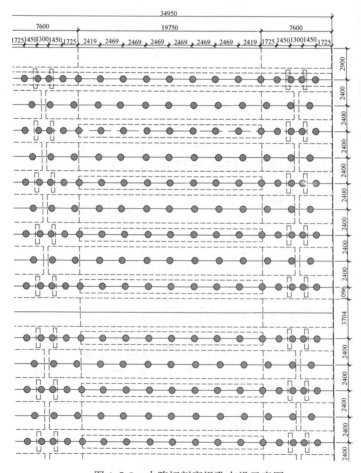

图 4.5-3 中跨切割穿绳孔布设示意图

4.6 植吊环

正式切割前，需植入10cm块体吊装吊环，吊环采用φ12钢筋，植筋胶锚固，植入深度180mm，植入后用10mm厚钢板加工铁盒进行覆盖防护。见图4.6。

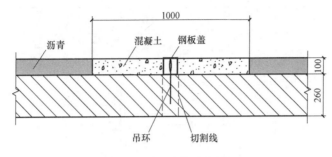

图4.6 吊环防护示意图

4.7 边跨安设集水槽及集水箱

为防止切割时产生的泥浆水污染桥下道路及驳运车行进标识线，在切割线位置桥梁下方安设集水槽，泥浆水通过集水槽收集至集水箱，再由排污车运走。集水槽采用移动承插式水槽，提前分块加工，人工快速推至桥底进行安装，安装高度通过可调支架调节。集水槽安装示意图见图4.7。

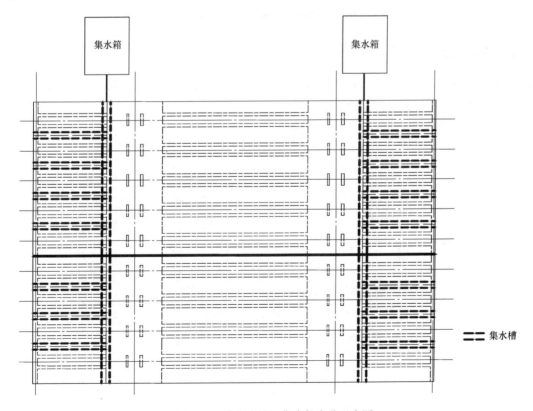

图4.7 边跨集水槽、集水箱安装示意图

4.8　纵缝切割

　　按照金刚石绳锯机的最优效率组合划分切割单元，切割单元长度控制在 2.5m 以内，每条纵缝划分为 4 个切割单元，如此两侧 14 条纵缝共划分 56 个切割单元，见图 4.8。

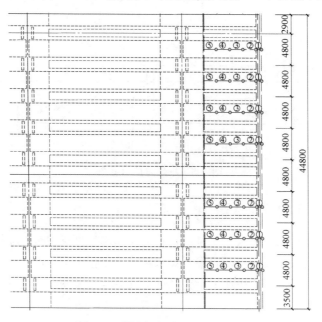

图 4.8　纵缝切割单元划分示意图

4.9　横缝切割

　　横缝采用双缝切割方式，每条缝划分为 18 个切割单元，两侧 4 条纵缝共划分 72 个切割单元，切割单元划分见图 4.9-1。

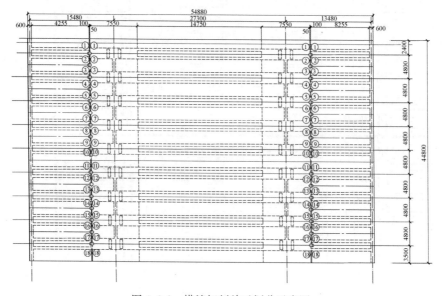

图 4.9-1　横缝切割单元划分示意图

为了便于 10cm 块体在切割后顺利取出，将切割面形成倒"八"字形。绳锯机底座安装时在切割缝一侧安设垫块，垫块尺寸，见图 4.9-2。

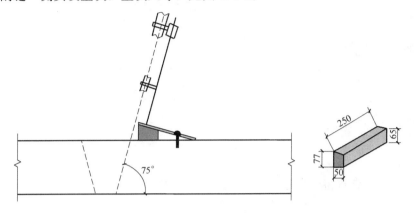

图 4.9-2   八字切割示意图

4.10   中跨切割

中跨切割分为 27 个单元，切割共需投入 45 台金刚石绳锯机。切割单元划分见图 4.10。

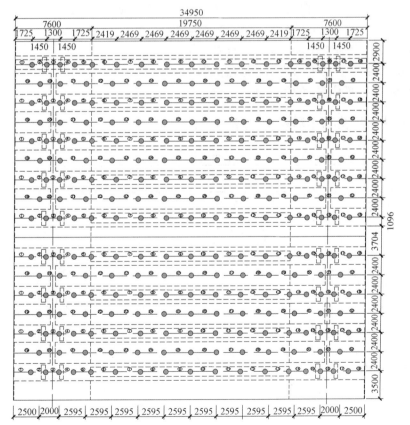

图 4.10   中跨切割单元划分图

5　旧梁吊运方案

5.1　吊运组织机构

1）吊运领导小组

组　　长：＊＊＊

副组长：＊＊＊、＊＊＊

组　　员：＊＊＊、＊＊＊、＊＊＊、＊＊、＊＊＊、＊＊

安全负责人：＊＊＊

其中：＊＊＊负责桥梁运输吊装的总体协调工作；

＊＊＊、＊＊＊负责现场吊装指挥工作；

＊＊负责桥梁就位核线工作；

＊＊＊负责桥梁装车和运输工作；

＊＊＊负责运输和吊装安全工作。

2）现场吊装作业施工组织

（1）测量组：负责吊装前支座高程复测和施工放线工作。

（2）安保组：负责夜间照明、交通疏导、施工安全及应急救援工作。

（3）材料组：负责桥梁吊装相关材料的供应工作。

（4）机务组：负责机械设备维护和抢修工作。

（5）运输组：负责桥梁的装车、运输工作。

（6）吊装组：负责桥梁的吊装就位工作。

5.2　吊运设备及特殊工种配备（表5.2）

机械配备表　　　　　　　　　　　　　　　　　　　表5.2

机具设备名称	型号	单位	数量
汽车起重机	利勃海尔 LTM1500	台	2
汽车起重机	徐工 QAY300	台	4
汽车起重机	徐工 QAY350	台	2
支腿垫板	3m×3m	个	8
支腿垫板	2.5m×2.5m	个	24
龙门吊车	80t	台	2
起重钢丝绳	φ56	m	15m×16 根
钢丝绳卡	φ56	个	40
钢丝绳卡	φ24	个	40
运梁板车	60t	辆	8

机具设备名称	型号	单位	数量
运梁板车	40t	辆	18
运梁炮车	60t	辆	9
枕木	1.5m×0.2m×0.3m	条	80

5.3　主要吊运设备参数

1）汽车式起重机

徐工 QAY300 型汽车式起重机，共用 4 辆，挂 98.2 全配重时见表 5.3-1。

QAY300 全地面起重机性能参数表　　表 5.3-1

主臂性能表_t 支腿 8.7m，配重 98.2t

幅度(m)＼臂长(m)	15.4*	15.4	20.5	20.5	25.7	25.7	25.7	30.8	30.8	30.8	35.9	35.9	35.9	41.1	41.1	41.1	46.2	46.2	46.2	51.3	51.3	56.4	61
3	300	300																					
3.5	210	186	175	122																			
4	190	172	170	119	154	106	89																
4.5	180	162	159	113	146	101	84																
5	169	152	150	108	139	96	80	113	95	78													
6	149	135	133	100	125	87	72	104	86	70	87	86	72										
7	133	120	119	93	113	80	65	95	79	64	80	79	66	69	67	57							
8	120	105	105	87	103	73	60	88	72	59	74	73	61	64	62	52							
9	108	95	95	81	94	67	55	81	67	54	68	68	57	59.5	58	49	52	48.7	42.4				
10	96	87	87	76	87	63	51	75	62	50	64	64	53	55.5	54	45	48.8	45.8	39.7	43	39.8		
12	73	70	75	67	75	55	45	66	54	44	56	56	46	49	48	40	43	40.8	35.2	38	35.6	34	
14			66	60	65	49	40	58.7	48	39	49	50	41	44	43	36	38.1	36.7	31.5	34	32.1	30.3	27.2
16			55.5	53	55	44	36	52	43	35	44	45	37	39.5	39	32	34.3	33.3	28.4	30.8	29.2	27.5	24.8
18					48.5	40	32	47	39	32	40	41	33	36	35	29	31.2	30.4	25.8	28	26.7	25.1	22.7
20					38	36	29.1	42.3	36	29	36	38	30	32.5	32	26	28.5	27.9	23.6	25.7	24.6	23.1	20.9
22					33.5	31.8	25.8	36	33	26	33	35	28	30	30	24	26.1	25.8	21.7	23.6	22.8	21.3	19.3
24								32.1	31	24	31	31.5	26	28	27	22	24.1	23.9	20	21.8	21.1	19.7	17.8
26								28.3	28	22	27.8	27.8	24	25.5	26	21	22.3	22.3	18.6	20.2	19.7	18.3	16.6

挂 78.5 全配重时见表 5.3-2。

主臂性能表支腿 8.7m，配重 78.5t　　　　　　　　表 5.3-2

幅度(m) \ 臂长(m)	15.4*	15.4	20.5	20.5	25.7	25.7	30.8	30.8	30.8	35.9	35.9	35.9	41.1	41.1	41.1	46.2	46.2	46.2	51.3	51.3	56.4	61
3	300	300																				
3.5	210	186	175	122																		
4	190	172	170	119	154	106	89															
4.5	180	162	159	113	146	101	84															
5	169	152	150	108	139	96	80	113	95	78												
6	149	135	133	100	125	87	72	104	86	70	87	86	72									
7	133	120	119	93	113	80	65	95	79	64	80	79	66	69	67	57						
8	120	105	105	87	103	73	60	88	72	59	74	73	61	64	62	52						
9	106.8	95	95	81	94	67	55	81	67	54	68	68	57	59.5	58	49	52	48.7	42.4			
10	95.6	87	87	76	87	63	51	75	62	50	64	64	53	55.5	54	45	48.5	45.8	39.7	43	39.8	
12	73	70	75	67	75	55	45	66	54	44	56	56	46	49	48	40	43	40.8	35.2	38	35.6	34
14		63	60	62.1	49	40	58.7	48	39	49	50	41	44	43	36	38.1	36.7	31.5	34	32.1	30.3	27.2
16		51	51	50.1	44	36	50.4	43	35	44	45	37	39.5	39	32	34.3	33.3	28.4	30.8	29.2	27.5	24.8
18				41.5	40	32	41.9	39	32	40	41	33	36	35	29	31.2	30.4	25.8	28	26.7	25.1	22.7
20				35.1	35.1	29.1	35.6	35.6	29	35	35	30	32.5	32	26	28.5	27.9	23.6	25.7	24.6	23.1	20.9
22				30	30	25.8	30.6	30.6	26	30	30	28	30	30	24	26.1	25.8	21.7	23.6	22.8	21.3	19.3
24							2.6	26.6	24	26.1	26.1	26	26.7	26.7	22	24.1	23.9	20	21.8	21.1	19.7	17.8
26							23.4	23.4	22	22.8	22.8	22.8	23.5	23.5	21	22.3	22.3	18.6	20.2	19.7	18.3	16.6
28										20.1	20.1	20.1	20.8	20.8	19	20.7	20.8	17.3	18.8	18.4	17	15.4
30										17.8	17.8	17.8	18.5	18.5	18	18.6	18.6	16.1	17.5	17.3	15.9	14.4
32											15.8	15.8	15.8	16.6	16.6	16.7	16.7	15.1	16.3	16.2	14.9	13.4

徐工 QAY 350 型汽车式起重机，共用 2 辆，挂 65 全配重（见表 5.3-3）。

QAY350 起重特性表　　　　　　　　表 5.3-3

配重	107T									支腿跨距：9m
工作半径	臂长(m)									
	15.6	20.9	26	31	36.1	41.2	46.3	51.4	56.5	61
3	350*	175								
3.5	260*	174	159							
4	235*	172	158							
4.5	215	170	156	130						
5	198	167	154	130						
6	175	156	148	125	110					
7	157	139	140	123	105	83	70			
8	138	126	126	118	100	80	67	58		
9	120	115	115	110	95	76	64	58		
10	110	105	105	105	90	72	61	55	45	40
12	90	88	88	90	80	65	56	52	45	37.5
14		75	74	78	70	56	50	48	42	35.5
16		57	64	68	65	51	45	43	38	33
18		52	56	58	58	44	40	40	34	30.6
20			48	50	52	40	37	35	32	28.8
22				43	45	36	34	32	30	26.8
24				38	40	33	31	30	28	24.9
26				32	36	30	28	28	26	23
28					32	28	26	25	24	21.8

配重	107T									支腿跨距:9m
工作半径					臂长(m)					
30					26	26	24	24	22	20.3
32					24	24	22	22	21	18.9
34						21	20	20	20	17.6
36						21	19	18	18	16.5
38						19	18	19	17	15.6
40							16	16	16	14.7
42							15	15	15	13.8
44								13	14	12.9
46								12.5	13	12
48								12	12	11.6
50									11.4	11
52									11	10.4
54										9.8
56										9.3

LTM1500 型汽车式起重机，共用 2 辆，加超起，挂 165 全配重，见表 5.3-4。

表 5.3-4

	31.7-84m	Y		360°	165t	DIN ISO	
m	31.7m	36.9m	42.1m	47.3m	52.5m	57.7m	62.9m
5	204						
6	198	167					
7	190	162	127				
8	170	157	123	121			
9	154	147	119	117	111		
10	140	135	115	113	107	96	
12	120	114	108	105	101	91	81
14	103	104	96	96	91	86	77
16	93	93	86	86	83	79	74
18	83	83	82	79	75	73	69
20	73	74	74	73	70	67	65
22	65	67	67	66	66	61	60
24	59	60	60	61	60	57	55
26	53	55	54	55	54	53	51
28	47.5	49.5	49	50	48.5	50	47
30	36.5	45	44.5	46	44.5	45.5	43
32		41	40.5	42	40.5	41.5	39.5
34		36.5	37	38.5	37	38	36
36			34	35.5	34	35	33
38			31.5	32.5	31	32	30.5
40			24.6	30	28.7	29.7	27.8
42				27.9	26.4	27.5	25.6
44				24.7	24.4	25.4	23.5

续表

m	31.7m	36.9m	42.1m	47.3m	52.5m	57.7m	62.9m
46				15.2	22.5	23.5	21.7
48					20.8	21.8	20
50					16	20.3	18.4
52						18.9	16.9
54						16.2	15.6
56						10.8	14.4
58							12.6
60							9.3
62							
64							
66							
68							
70							
72							
74							
76							
78							

2）运梁车

（1）边跨旧梁运输使用 18 辆 60t 运梁板车。

（3）中跨旧梁运输使用 9 辆 100t 炮车。

挂板车：40t，挂炮车：80t，挂板加炮：120t。

5.4　钢丝绳性能表（表 5.4-1，表 5.4-2）

表 5.4-1

用途	安全系数	用途	安全系数
作缆风	3.5	作吊索、无弯曲时	6～7
用于手动起重设备	4.5	作捆绑吊索	8～10
用于机动起重设备	5～6	用于载人的升降机	14

表 5.4-2

直径（mm）		钢丝总断面积（mm²）	参考重量（kg/100m）	钢丝绳公称抗拉强度（MPa）				
				1400	1550	1700	1850	2000
钢丝绳	钢丝			钢丝破断拉力总和∑S≥(kN)				
13.0	0.6	62.74	58.98	87.8	97.2	106.5	116.0	125.0
15.0	0.7	85.39	80.27	119.5	132	145	157.5	170.5
17.5	0.8	111.53	104.8	156	172.5	189.5	206	223
19.5	0.9	141.16	132.7	197.5	218.5	239.5	261	282
21.5	1.0	174.27	163.8	243.5	270	296	322	348.5
24.0	1.1	210.87	198.2	295	326.5	358	390	421.5

续表

直径 (mm)		钢丝总断 面积 (mm²)	参考重量 (kg/100m)	钢丝绳公称抗拉强度(MPa)				
				1400	1550	1700	1850	2000
钢丝绳	钢丝			钢丝破断拉力总和∑S≥(kN)				
26.0	1.2	250.95	235.9	351	388.5	426.5	464	501.5
28.0	1.3	294.52	276.8	412	456.5	500.5	544.5	589.0
30.0	1.4	341.57	321.1	478	529	580.5	631.5	683
32.5	1.5	392.11	368.6	548.5	607.5	666.5	725	784
34.5	1.6	446.13	419.4	624.5	691.5	758	825	892
36.5	1.7	503.64	473.4	705	780.5	856	931.5	1005
39.0	1.8	564.63	530.8	790	875	959.5	1040	1125
43.0	2.0	697.08	655.3	975.5	1080	1185	1285	1390
47.5	2.2	843.47	792.9	1180	1305	1430	1560	
52.0	2.4	1003.8	943.6	1405	1555	1705	1855	

5.5 运输路线（略）

5.6 吊运计划

1）边跨吊运时间：＊＊月＊＊日，夜间0点至2点；

2）中跨吊运时间：＊＊月＊＊日-＊＊月＊＊日，夜间23点至次日5点。

3）施工劳动力计划

吊装作业劳动力数量详见表5.6。

吊装作业劳动力数量　　　　　　　　　　表5.6

工种	人数	备注
管理	8人	
起重工	6人	
特种设备拆装工	12人	
信号工	4人	
测工	1人	
电工	5人	
焊工	5人	
安全员	3人	
汽车司机	12人	
汽车吊司机	8人	

5.7　施工工艺流程及技术措施

1）吊装顺序

（1）旧梁边跨

两边跨同时作业，切割一片，吊装一片。

吊装顺序为：

边9-边8-边7-边6-边5-4边3-边2-边1

边18-边17-边16-边15-边14边13-边12-边11-边-10

（2）旧梁中跨

中实9-中标9-中实18-中实8中标8-中实17-中实7-中标7-中实16-中实6-中标6-中实15-中实5-中标5-中实14-中实4-中标4-中实13-中实3-中标3-中实12-中实2-中标2-中实11-中实1-中标1-中实10

2）双机抬吊的安全技术措施

（1）起吊时2台吊机垂直起吊，一般情况下吊臂不应变幅。严禁向下（即不安全方向）变幅，因向下变幅容易产生超负荷状态，如向上变幅时，所产生的分力较大也容易产生超荷失稳。

（2）待构件起吊上升至超过支承点高度20～30cm时各吊臂向同一方向旋转，待指挥员确认构件支点转至承托点（投影）上方时，才徐徐落下，此时较为安全可作变幅、对线就位。

（3）双机抬吊的构件一般较重、较大，此时应十分注意吊臂的强度，必须按照使用说明书的规定控制伸臂长度，不得盲目伸长吊臂，以免出现折臂造成事故。注意检查卷扬机钢丝绳长度是否足够，其与滑轮组的倍率必须满足该项吊装作业的使用要求。

（4）吊重物时必须统一指挥，由指挥员确定吊机摆设的位置。一般多台吊机同时操作时，每机必须配一名联络员传达指挥员的指令，并注意支腿有无下陷和浮动等危险状况。当吊机力矩接近额定力矩时，联络员应立即报告指挥员，由指挥员做出安全指令，确保吊装安全。

（5）两吊机驾驶员应尽力控制起重机钢丝绳垂直，故应严格听从信号工指挥，注意配合对方吊机的转动速度和转向。

3）吊装步骤

（1）边跨旧梁

步骤1：4台徐工QAY300汽车吊分别支车在桥西北、东南的两侧路面上，汽车吊严格按桥梁吊装作业图尺寸位置支车，梁车就位于汽车吊旁路面上的汽车吊可吊升范围内，汽车吊挂钩于桥上旧梁的两端，吊点距梁端1m，汽车吊起钩10cm，试钩确认后，汽车吊起钩、转臂将旧梁放置在梁车上。以此方法，4台汽车吊1次支车能够吊装拆除完成全桥18片梁。如图5.7-1所示。

（2）中跨旧梁

步骤1：

1台QAY350汽车吊支车于桥西南进京方向主路上，另1台LTM1500汽车吊支车于

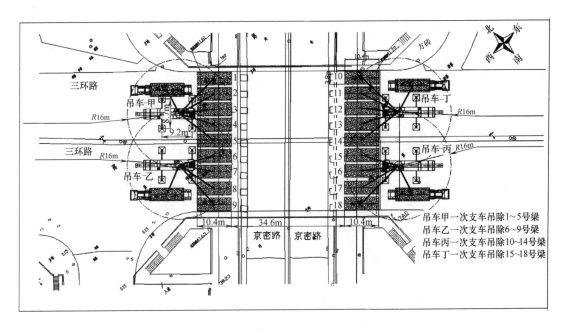

图 5.7-1

出京方向辅路上，汽车吊严格按桥梁吊装作业图尺寸位置支车，梁车就位于出京方向主路上的汽车吊可吊升范围内，两汽车吊分别挂钩于桥上旧梁的两端，吊点距梁端 3.6m，汽车吊起钩 10cm，试钩确认后，两汽车吊起钩、转臂将旧梁放置在梁车上。以此方法，2 台汽车吊 1 次支车能够吊装安装完成中 1 号～中 4 号 4 片梁。见图 5.7-2。

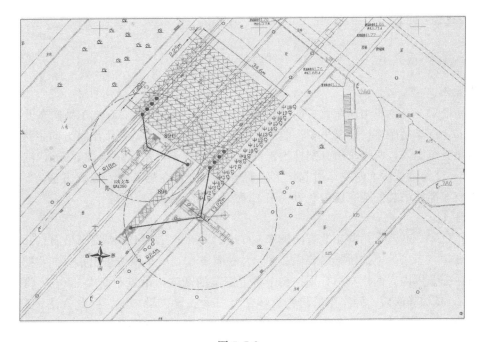

图 5.7-2

步骤 2：

1台 QAY350 汽车吊向东北方向挪车 9.17m，另 1 台 LTM1500 汽车吊向东北方向挪车 9.17m，汽车吊严格按桥梁吊装作业图尺寸位置支车，梁车就位于出京方向主路上的汽车吊可吊升范围内，两汽车吊分别挂钩于桥上旧梁的两端，吊点距梁端 3.6m，汽车吊起钩 10cm，试钩确认后，两汽车吊起钩、转臂将旧梁放置在梁车上。以此方法，2 台汽车吊 1 次支车能够吊装安装完成中 5 号～中 8 号 4 片梁。见图 5.7-3。

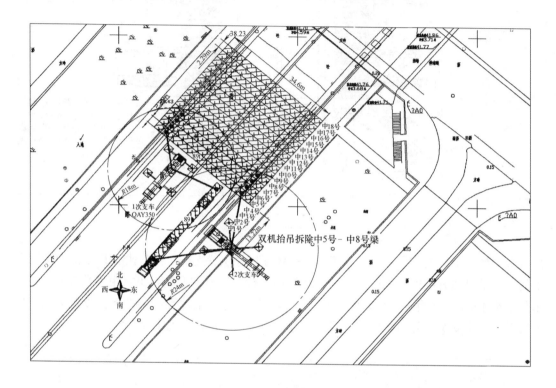

图 5.7-3

步骤 3：

1台 QAY350 汽车吊向东北方向挪车 9.17m，另 1 台 LTM1500 汽车吊向东北方向挪车 9.17m，汽车吊严格按桥梁吊装作业图尺寸位置支车，梁车就位于出京方向主路上的汽车吊可吊升范围内，两汽车吊分别挂钩于桥上旧梁的两端，吊点距梁端 3.6m，汽车吊起钩 10cm，试钩确认后，两汽车吊起钩、转臂将旧梁放置在梁车上。以此方法，2 台汽车吊 1 次支车能够吊装安装完成中 9 号～中 12 号 4 片梁。见图 5.7-4。

步骤 4：

1台 QAY350 汽车吊向东北方向挪车 9.17m，另 1 台 LTM1500 汽车吊向东北方向挪车 9.17m，汽车吊严格按桥梁吊装作业图尺寸位置支车，梁车就位于出京方向主路上的汽车吊可吊升范围内，两汽车吊分别挂钩于桥上旧梁的两端，吊点距梁端 3.6m，汽车吊起钩 10cm，试钩确认后，两汽车吊起钩、转臂将旧梁放置在梁车上。以此方法，2 台汽车吊 1 次支车能够吊装安装完成中 13 号～中 16 号 4 片梁。见图 5.7-5。

步骤 5：

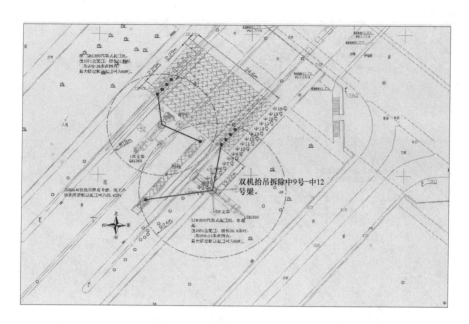

图 5.7-4

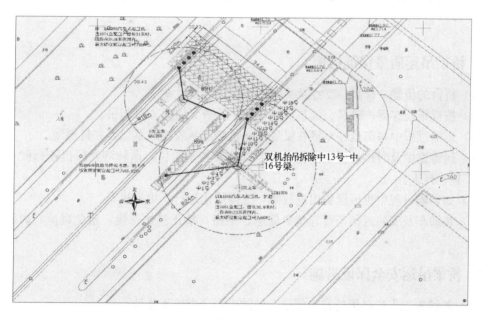

图 5.7-5

1 台 QAY350 汽车吊向东北方向挪车 9.17m，另 1 台 LTM1500 汽车吊向东北方向挪车 9.17m，汽车吊严格按桥梁吊装作业图尺寸位置支车，梁车就位于出京方向主路上的汽车吊可吊升范围内，两汽车吊分别挂钩于桥上旧梁的两端，吊点距梁端 3.6m，汽车吊起钩 10cm，试钩确认后，两汽车吊起钩、转臂将旧梁放置在梁车上。以此方法，2 台汽车吊 1 次支车能够吊装安装完成中 17 号～中 18 号 2 片梁。见图 5.7-6。

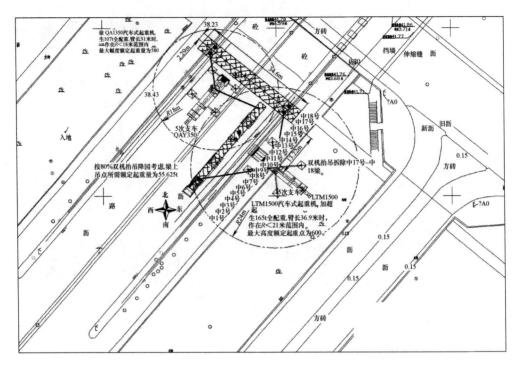

图 5.7-6

5.8 桥梁吊运质量保证措施

1) 桥台的位置、标高、支点及临时支架等符合设计要求。

2) 按规定孔穿绳，锁具、锚具安装牢固，检查无误后方可起吊。

3) 运输过程中每部运输车辆在梁底部垫付垫木、胶皮或草垫，并打镖绳。

4) 运输途中及时检查桥梁捆扎状况，以防梁与车错位，遇转弯路段慢速行驶，注意避让车辆、行人。

5) 如运输过程中机械设备出现故障，立即停止运行，更换机车。

6) 装卸车及安装时吊车臂起落要低速、平稳，禁止忽快忽慢，避免碰撞，引起构件损坏。

5.9 桥梁吊运安全保证措施

1) 各种施工人员必须持有经年审有效的上岗证书施工作业。

2) 吊装前检查起重设备和吊索具，是否符合安全要求，不合要求的杜绝使用。

3) 机械作业高度确保距高压线的垂直距离 5m 以下，水平距离 5m 以外；雨天、风天避免作业。

4) 起重机载荷达到额定起重量 90％ 以上时，严禁下降起重臂。

5) 采用双机抬吊作业时，抬吊时统一指挥，动作配合协调，载荷分配合理，单机的起吊载荷不超过允许载荷的 80％，在吊装过程中，两台起重机的吊钩滑轮组保持垂直状态。

6）运输路线选择宽广平坦、障碍物少、拐弯少的道路，同时构件用镖绳扎绑牢固，运输时中速行驶，拐弯慢，不强行猛拐，防止构件滑落，以免造成事故。

7）超过 5 级风时停止作业。

8）与施工无关人员严禁进入施工现场。

9）进入施工现场人员佩戴安全帽，高空作业人员还应佩戴安全带，安全设备不齐或使用不当者，现场负责人员及时予以纠正。

10）班中不得饮酒，不得打闹。

11）专职信号指挥人员，进行信号指挥作业，指挥时要严格要求不得违章作业。

12）吊装前要向班组进行安全交底。

5.10　桥梁吊运中的环保措施

1）各种施工、运输机械尾气排放量符合国家规定的机动车辆尾气排放标准。

2）设备噪声标准达到国家规定要求。尽量避开居民休息时间进行施工。

3）施工前先洒水，以避免施工中扬尘。

4）运输车辆驶出现场时将轮胎上的泥土清理干净，避免带泥土上路。

5.11　起重机符合性验算

1）旧梁边跨起重机验算

旧梁边跨中最重的边梁为边 9 和边 18，最大重量为 55t。

此 2 梁工作半径为工作半径＜12m

徐工 QAY300 汽车式起重机，

挂 98.2t 全配重，臂长 25.7m 时，

工作半径在 R＜12m 范围内，

最大幅度额定起重量为 75t。

单台起重机负载率为 38/75＝50.7％＜80％，满足要求。

2）旧梁中跨起重机验算

旧梁中跨分割后最大重量块为中标 9，梁重 107t。双机抬吊方式，则每机吊点拉力为 53.5t。

根据吊装布置图 3，徐工 QAY350 汽车式起重机工作半径最远＜18m，LTM1500 汽车式起重机最远工作半径＜24m。

徐工 QAY350 汽车式起重机，

挂 107t 全配重，臂长 31m 时，

工作半径在 R＜18m 范围内，

最大幅度额定起重量为 58t。

LTM1500 汽车式起重机，加超起，

挂 165t 全配重，臂长 36.9m 时，

作在 R＜24m 范围内，最大幅度额定起重量为 60t。

按 80％双机抬吊降效考虑，梁上各吊点所需额定起重量为 53.5t＜58t，满足要求。

3）钢丝绳承载能力验算

本工程最大起重量为 53.5t，采用 $\phi36.5$mm 钢丝绳，公称抗拉强度 1700MPa，其破断拉力为 856kN。

钢梁采用 4 点吊装的方式，每个吊点采用双股 $\phi36.5$mm 钢丝绳，绳头采用编结连接时，连接强度不小于钢丝绳最小破断拉力的 75%。

则单根钢丝绳受力计算如下：

$$F = \beta kG/na\sin60 = 1.08 \times 6 \times 53.5 \times 10/(2 \times 4 \times 0.82 \times \sin60)$$
$$= 611.39\text{kN} < 856 \times 0.75 = 642\text{kN}$$

其中　F——钢丝绳的钢丝破断拉力总和（kN）；

　　　G——最大重量 32.389t；

　　　α——不均匀受力系数，取 0.82；

　　　k——钢丝绳使用安全系数，本计算取 6；

　　　β——动荷载系数，取 1.08；

　　　n——吊索根数。

4）吊耳承载能力验算

（1）吊耳抗剪强度验算

本工程最大吊重为 53.5t，吊装时动荷载系数取 1.4，每片梁设计 4 个吊耳，按照起重规范，计算时四个吊耳按三个吊耳进行验算。

每个吊耳承受的拉力 $G = 1.4 \times 53.5/3 = 25$t

吊耳采用的钢材材质为 Q235b，抗剪强度为 85MPa

单个吊耳的剪应力 $\tau = 25/(2 \times 70) \times 25 = 71.43$MPa

吊耳的抗剪强度满足要求

（2）吊耳焊缝强度验算

查询 GB 50017—2003 得知，E50 焊条角焊缝设计强度 $f_{wt} = 200$MPa，焊角尺寸不小于 6mm。

单个吊耳焊缝承受轴向拉力 $N_1 = 25 \times \sin60 = 21.65$t

单个吊耳焊缝承受侧向拉力 $N_2 = 25 \times \cos60 = 12.5$t

吊耳角焊缝的计算厚度 $h_e = 0.7 \times 6 = 4.2$mm

吊耳角焊缝的计算长度 $l = 2 \times (250 - 2 \times 6) = 476$mm

吊耳角焊缝的拉应力 $\sigma = N_1/h_e \times l = 21.65/(4.2 \times 476) = 108.29$MPa

吊耳角焊缝的剪应力 $\tau = N_2/h_e \times l = 12.5/(4.2 \times 476) = 62.53$MPa

吊耳角焊缝的综合应力 $= \sqrt{\left(\dfrac{\sigma}{1.0}\right)^2 + \tau^2} = \sqrt{108.29^2 + 62.53^2} = 125.05$MPa $< f_{wt} = 200$MPa 满足要求。

6　应　急　预　案

6.1　重大危险源及应急响应程序

1）工期延误

施工过程中，时刻观测现场切割单元变化，一旦发现设备切单元小于预期切割量，立即查将10台备用设备及人员投入施工中。

应急预案小组组长：＊＊＊

成员：＊＊＊、＊＊、＊＊＊、＊＊

一旦工期延误，由该应急预案小组组长总负责，排查工期滞后原因，依据现场情况组织小组成员进行及时调整纠偏。

2）施工遇雨天

在施工过程中，一旦出现雨天，现场将采取措施继续施工。在施工前，配备雨衣、胶鞋等必备品，同时搭设临时小帐篷对设备泵站、闸箱进行保护。

应急预案小组组长：＊＊＊

成员：＊＊＊、＊＊、＊＊＊、＊＊

由该应急预案小组组长负责，进行组内成员合理安排，并派专人负责关注天气预报及变化情况，对于突降大雨或其他天气情况，确保工程有序地进行相应措施启用，确保施工正常进行。

3）断绳、卡绳

在施工前对所有人员进行认真培训及演练，并组织几名施工经验丰富的技术工人作为机动人员，一旦出现断绳的现象，立即投入协助操作技术工人进行接绳，确保设备尽快恢复运转。同时，为了确保施工时不出现断绳卡绳事故，金刚石绳索所用的绳索全部采用进口的高强度、高柔韧性的钢丝绳索；为了保证切割完毕后能够顺利地进行桥体的顶升驮运，金刚石绳锯切割形成的分块缝隙上下必须保持均匀，确保在9～10.5mm之间，避免形成下宽上窄的楔形缝后造成卡绳及桥体顶升过程中发生桥体之间的相互挤压和顶死。

应急预案小组组长：＊＊＊

成员：＊＊＊、＊＊＊、＊＊＊

该小组成员均为一线施工经验较为丰富人员，对于现场生产突发状况处理能力较强，施工工程中由该小组组长负责定期排查预测设备及机具运行情况，确保隐患及时排除，不影响生产。

4）绳锯切割设备损坏

施工前，所有金刚石绳机在我公司基地设备检修间进行统一检查维护，同时配备用金刚石绳10台，一旦施工中设备出现故障，能够及时启用备用设备。

应急预案小组组长：＊＊

成员：＊＊＊、＊＊＊、＊＊＊、＊＊＊

该应急预案小组组长负责，组织组内成员，施工前对每台设备的档案进行详细了解，确保设备无故障不影响生产。

5）桥梁高空坠落事故

一旦发生高空坠落事故由安全员组织抢救伤员，打电话"120"给急救中心，由班组长保护好现场防止事态扩大。其他小组人员协助安全员做好现场救护工作，水、电工协助送伤员外部救护工作，如有轻伤或休克人员，由安全员组织临时抢救、包扎止血、做人工呼吸或胸外心脏挤压，尽最大努力抢救伤员，将伤亡事故控制在最小范围内，值勤门卫在大门口迎候救护车辆。如事故严重，应立即上报省指挥部及有关部门，并启动项目部应急救援预案。

6）机械伤害事故

发生机械伤害事故后，由项目经理负责现场总指挥，发现事故发生人员首先高声呼喊，通知现场安全员，由安全员打事故抢救电话"120"，向上级有关部门或医院打电话抢救，同时通知生产负责人组织紧急应变小组进行可行的应急抢救，如现场包扎、止血等措施。防止受伤人员流血过多造成死亡事故发生。预先成立的应急小组人员分工，各负其责，重伤人员立即送外抢救，值勤门卫在大门口迎接来救护的车辆，有程序的处理事故、事件最大限度地减少人员和财产损失。如事故严重，应立即上报省指挥部及有关部门，并启动项目部应急救援预案。

7）物体打击事故

发生物体打击事故后，由项目经理负责现场总指挥，发现事故发生人员首先高声呼喊，通知现场安全员，由安全员打事故抢救，电话"120"，向上级有关部门或医院打电话抢救，同时通知生产负责人组织紧急应变小组进行可行的应急抢救，如现场包扎、止血等措施。防止受伤人员流血过多造成死亡事故发生。预先成立的应急小组人员分工，各负其责，重伤人员立即送外抢救，值勤门卫在大门口迎接来救护的车辆，有程序的处理事故、事件，最大限度地减少人员和财产损失。如事故严重，应立即报告省指挥部及有关部门，并启动项目部急救援预案。

8）运输车辆事故

（1）车辆在道路上行驶发生交通事故时，驾驶员应在第一时间内向交管部门报警，报警电话122；同时通知项目部。

（2）驾驶员要积极抢救伤者并注意保护事故现场。急救电话：999、120。

（3）及时向项目部安全负责人通报事故情况。

（4）项目部安全负责人应及时将事故情况向公司安全应急领导小组组长汇报，并及时赶赴事故现场，负责处理事故。

（5）公司安全应急领导小组组长组织指挥应急领导小组，调配人员、设备开展事故救援处置工作。

6.2　应急预案启动

当发生上述危险时应立即起动应急预案。现场管理人员根据出现的险情或有可能出现的险情，迅速逐级上报，次序为现场、办公室、抢险领导小组、上级主管部门。由综合部收集、记录、整理紧急情况信息并向小组及时传递，由小组组长或副组长主持紧急情况处理会议，协调、派遣和统一指挥所有车辆、设备、人员、物资等实施紧急抢救和向上级汇报。事故处理根据事故大小情况来确定，如果事故特别小，根据上级指示可由施工单位自行直接进行处理。如果事故较大或施工单位处理不了则由施工单位向建设单位主管部门进行请示，请求启动建设单位的救援预案，建设单位的救援预案仍不能进行处理，则由建设单位的质安室向建委或政府部门请示启动上一级救援预案（图6.2-1）。

（1）紧急情况发生后，现场要做好警戒和疏散工作，保护现场，及时抢救伤员和财产，并由在现场的项目部最高级别负责人指挥，在3分钟内电话通报到值班室，主要说明紧急情况性质、地点、发生时间、有无伤亡、是否需要派救护车、消防车或警力支援到现场实施抢救，如需可直接拨打 120、110 等求救电话，定点医院安排在离施工现场 4 公里左右的中日友好医院。

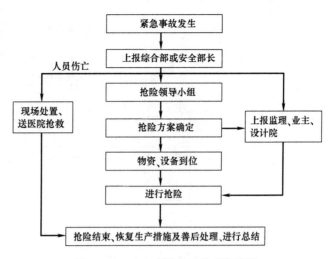

图 6.2-1　应急事故发生处理流程图

（2）值班人员在接到紧急情况报告后必须在 2 分钟内将情况报告到紧急情况领导小组组长和副组长。小组组长组织讨论后在最短的时间内发出如何进行现场处置的指令。分派人员车辆等到现场进行抢救、警戒、疏散和保护现场等。由综合部在 30 分钟内以小组名义打电话向上一级有关部门报告。

（3）遇到紧急情况，全体职工应特事特办、急事急办，主动积极地投身到紧急情况的处理中去。各种设备、车辆、器材、物资等应统一调遣，各类人员必须坚决无条件服从组长或副组长的命令和安排，不得拖延、推诿、阻碍紧急情况的处理。

（4）在整个施工阶段要从人员、设备、材料和制度做好充分的准备工作，一旦遇到险情能迅速投入抢险工作。

（5）事故报告程序（图 6.2-2）。

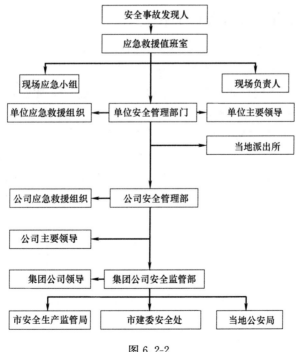

图 6.2-2

（6）事故救援程序（图 6.2-3）。

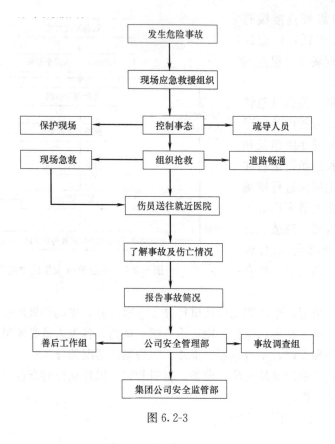

图 6.2-3

6.3 应急救援终止和事故后恢复程序

在满足以下条件后，可终止应急救援和事故后恢复工作：

（1）现场所有受伤人员已得到有效救治；

（2）已完成事故现场调查取证工作，按照"四不放过"原则完成事故处理；

（3）事故隐患已有效排除，事故现场作业条件、设备物资已处于安全状态；

（4）已制定可行的事故后恢复工作计划或方案，并得到公司和其他有关管理部门批准；

（5）恢复工作申请已得到总包方、监理、安全生产主管部门的书面批准。

范例 6　建筑物整体切割拆除工程

潘鸿宝　杨光值　徐　芳　编写

潘鸿宝：高级工程师，北京发研工程技术有限公司公司总经理，毕业于中国地质大学探矿工程专业，1991年被分配到冶金工业部机关工作，专业从事金刚石单晶和工具制造等方面的生产实践与科研管理工作。拥有丰富的企业管理经理和项目策划能力，具有较强的钻切专业技术背景，并拥有多项发明专利。

某公寓 2 号楼拆除及清运工程安全专项施工方案

编制：

审核：

审批：

＊＊＊公司

年　月　日

目　　录

1　编制依据 ·· 227
　　1.1　业主提供的依据 ··· 227
　　1.2　法规及规范依据 ··· 227
2　工程概况 ·· 228
　　2.1　总体概况 ··· 228
　　2.2　工程概况 ··· 228
3　周边环境条件 ·· 229
　　3.1　周边概况 ··· 229
　　3.2　总平面布置 ·· 230
4　施工方案选择 ·· 230
　　4.1　拆除方案的选择 ··· 230
　　4.2　垂直运输方案选择 ·· 236
　　4.3　保留结构加固方案 ·· 237
5　施工组织及资源配置 ··· 238
　　5.1　施工总体部署 ··· 238
　　5.2　拆除施工区段的划分 ······································· 240
6　施工计划 ·· 242
　　6.1　计算机、计量仪器与通信设备计划 ······················ 242
　　6.2　劳动力计划 ·· 242
　　6.3　主要设备选用计划 ·· 243
　　6.4　拆除所需周转材料 ·· 243
　　6.5　施工进度安排 ··· 244
7　主要施工方案 ··· 244
　　7.1　测量施工 ··· 244
　　7.2　隔墙及围护结构施工 ······································· 246
　　7.3　卸荷支撑施工及验算 ······································· 246
　　7.4　保留结构加固施工 ·· 249
　　7.5　剪力墙拆除施工 ··· 249
　　7.6　楼板拆除施工 ··· 253
　　7.7　框架梁拆除 ·· 256
　　7.8　柱拆除施工 ·· 259
　　7.9　底板混凝土拆除施工 ······································· 261
　　7.10　外脚手架施工及计算 ······································ 262
　　7.11　文物建筑保护方案 ··· 263

8　安全及技术保证措施 ··· 263
　8.1　安全管理方针、目标 ·· 263
　8.2　安全管理措施 ·· 265
　8.3　技术保证措施 ·· 267
9　现场文明施工及环境保护以及防民扰措施 ······················· 267
　9.1　文明施工措施 ·· 267
　9.2　环境保护措施 ·· 268
　9.3　防民扰措施 ·· 268
10　应急预案 ··· 269
　10.1　应急预案的目的 ··· 269
　10.2　应急救援机构 ··· 269
　10.3　应急保障措施 ··· 269
　10.4　应急响应 ··· 270
　10.5　消防应急预案 ··· 270
11　参考文献 ··· 271

1 编 制 依 据

1.1 业主提供的依据

(1) 北京市某公寓2号楼改建工程现场实地考察情况；

(2) 工程招标文件：北京市某公寓2号楼改建工程拆除及清运工程招标文件；

(3) 该楼设计、改造图纸资料。

1.2 法规及规范依据

1) 主要法规法律

主要法规法律目录　　　　　　　　　　　　　　表1.2-1

序号	法 规 名 称	编　号
1	中华人民共和国建筑法	主席令第46号
2	建筑工程安全生产管理条例	国务院第393号令
3	北京市建设工程施工现场管理办法	北京市政府令第247号
4	危险性较大的分部分项工程安全管理办法	建质[2009]87
5	北京市实施《危险性较大的分部分项工程安全管理办法》规定	京建施[2009]841

2) 主要规程、规范

主要规程、规范目录　　　　　　　　　　　　　表1.2-2

序号	规范、规程名称	编　号
1	塔式起重机安全规程	GB 5144—2006
2	建筑机械使用安全技术规程	JGJ 33—2012
3	建筑变形测量规范(附条文说明)	JGJ 8—2016
4	工程测量规范	GB 50026—2007
5	建筑结构荷载规范	GB 50009—2012
6	混凝土结构设计规范	GB 50010—2010
7	混凝土结构加固设计规范	GB 50367—2013
8	建筑工程工程量清单计价规范	GB 50500—2013
9	建设工程项目管理规范	GB/T 50326—2006
10	建设工程文件归档整理规范	GB/T 50328—2014
11	建设工程施工现场供用电安全规范	GB 50194—2014
12	建筑施工碗扣式脚手架安全技术规范	JGJ 166—2008
13	施工现场临时用电安全技术规范	JGJ 46—2005
14	建筑拆除工程安全技术规范	JGJ 147—2004
15	建筑施工高处作业安全技术规范	JGJ 80—2016

3) 主要标准

主要标准目录　　　　　　　　　　　　　　表1.2-3

序号	类别	标准名称	编　号
1	国家	建筑工程施工质量验收统一标准	GB 50300—2013
2	行业	建筑施工安全检查标准	JGJ 59—2011

2　工　程　概　况

2.1　总体概况

本工程总体概况可参见表 2.1。

工程总体概况表

表 2.1

工程名称	北京市某公寓 2 号楼拆除及清运工程		
工程地点	北京市东城区＊＊大街＊＊号	招标人	北京＊＊房地产开发有限公司
工程规模	2 号公寓楼建筑	建筑面积	约 15130m²
建筑檐高	公寓楼高 41.6m	现状工程结构类型	装配式框架结构
楼层	地上八层/地下一层	拟建工程结构类型	全现浇钢筋混凝土剪力墙框架结构
其他信息			
雇主	北京＊＊房地产开发有限公司		
建筑顾问	＊＊设计咨询有限公司		
结构工程师	＊＊建筑设计研究院		
机电顾问	＊＊工程顾问有限公司		
监理单位	＊＊工程建设监理公司		
估算顾问	＊＊工程咨询有限公司		

2.2　工程概况

本项目为北京市某公寓 2 号楼拆除及清运工程，原为 1974 年某电视机厂，层数为 6 层，层高 5.4m；后经 1995 年、1998 年两次改造加固，增加了核心筒剪力墙和部分基础底板，并通过增加夹层将建筑物改造为 12 层的住宅。

工程范围包括但不限于按本工程规范及图纸要求建造及完成所有本工程的拆除、临时加固、渣土清运等工作时所需的一切劳务及物料。

1) 本工程拆除区域内容

(1) 拆除剪力墙、楼板、屋面、地坪、外围护结构及内隔墙，保留部分楼板、结构柱、梁及基础。具体项目如下：

(2) 拆除 1995 年增加的全部剪力墙及与其相连接的框架梁及柱；

(3) 拆除 1995 年图纸中 B 轴以北，2~5 轴间和 7~10 轴间核心筒基础；

(4) 拆除核心筒以外的剪力墙直至基础顶面；

(5) 拆除 1995 年后增加的框架柱外附钢柱；

(6) 拆除保留①~②、③~④、⑤~⑥、⑧~⑨、⑩~⑪/Ⓐ~Ⓑ、Ⓒ~Ⓓ轴标高为 5.400、10.800、16.200、21.600、32.400m 的楼板以及 1995 年改造时支撑此部分楼板的钢梁、钢柱做支撑外，拆除其余楼板（含各夹层楼板）和屋面板；

(7) 拆除首层地坪（含 1995 年增加的 600mm 厚钢筋混凝土底板）；

(8) 拆除外围护结构及内部隔墙；

（9）拆除出屋面水箱间。

本工程主要结构拆除范围详见图2.2。

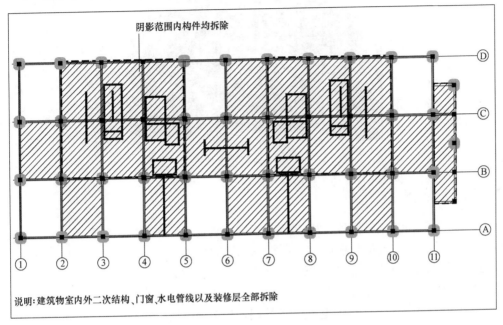

图2.2 结构拆除平面布置图

2）于上述拆除区域工程，工程范围还应包括但不限于下列：

（1）接受雇主移交的一切资料及设施；

（2）清理工程现场，包括清走先前的占有者或其他承包人遗留在现场的任何垃圾；

（3）将电线、燃气管、水管、供热设备等干线与该建筑物的支线切断或迁移；

（4）检查周围危旧房，必要时进行临时加固；

（5）拆除二次结构及夹层楼板、楼梯夹层、管道井等；

（6）拆除各类管线；

（7）拆除屋顶水箱、现有门窗、现有装饰面及木结构等杂项；

（8）垃圾出场，渣土清运及消纳（现场渣土散落范围不得超过寺庙南侧围墙）；

（9）尽最大可能保护性拆除可回收利用的建筑垃圾，并分类回收；

（10）为完成上述工作所隐含的一切必需的工程，例如临时性围挡、护头棚、临时加固及支撑，防护道路等。

3 周边环境条件

3.1 周边概况

本工程地处二环内，场区内北侧为古建筑（寺庙），南侧为某出版社，东侧一路之隔为某银行办公楼，西侧紧邻居民区，周边环境极为复杂，现场可利用场地非常狭小。

现场情况详见图3.1。

图 3.1　现场情况图

3.2　总平面布置

（1）施工现场实行全封闭管理，进场后根据现场情况，在现场东侧重新设置大门，大门宽为 9m，作为施工人员和物资材料的主要出入口。

（2）在建筑物的北侧设置一台 FO/23B 塔吊（臂长 50m）。

（3）在建筑物的北边设置拆除临时堆场。

（4）从给水主干管接支管至建筑物各楼层，根据要求留出接头位置，以满足楼层内生产用水和消防用水需要。

（5）从现场一级配电箱引电缆至建筑物内，每层均设置两级配电箱，以满足楼层内生产用电需要。

（6）在建筑物的南侧设置移动厕所。

总平面布置详见图 3.2。

4　施工方案选择

4.1　拆除方案的选择

北京市某公寓 2 号楼高度 41.6m，结构形式为装配式框架结构，拆除方案必须对经济性、安全性、环保、进度等各方面进行综合比选，选择最优的拆除方案。

1）拆除方案的比选

如何选用合适的静力切割方法，既能满足工程质量的要求，实现无损性拆除，又能具有较高的施工效率，确保施工工期，且工程造价比较合理，这是至关重要的。目前国内常用静力拆除的方案主要有以下几种：机械液压剪破碎、手动液压钳和人工配合破碎、利用金刚石系列工具进行无损性拆除。针对上述三种拆除方案进行比选如下：

（1）施工原理及特点比较

详见表 4.1-1。

（2）工期、费用、对原结构安全性影响的比较

详见表 4.1-2。

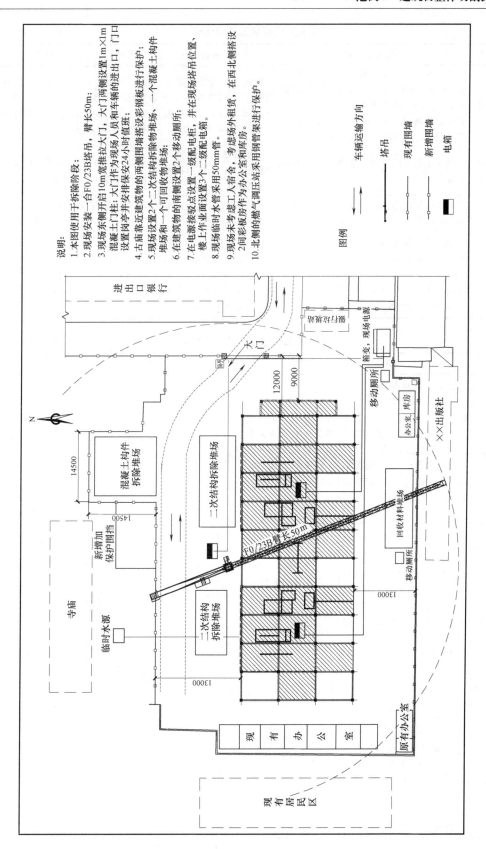

说明：
1. 本图使用于拆除阶段；
2. 现场安装一台 F0/23B 塔吊，臂长 50m；
3. 现场东侧开后为现场人员和车辆的进出口，门口设置岗亭并安排保安 24 小时值班；大门宽推拉大门作为现场人员和车辆的进出口，门口设置岗亭并安排保安 24 小时值班；
4. 古庙靠近建筑物的两侧围墙搭设彩钢板进行保护；
5. 现场设置 2 个一二次结构拆除物堆场，一个混凝土构件堆场；
6. 在建筑物的南侧设置 2 个移动厕所；
7. 在电源接驳点设置一级配电柜，并在现场塔吊位置、楼上作业面设置 3 个二级配电箱；
8. 现场临时水管采用 50mm 管；
9. 现场未考虑工人宿舍，考虑场外租赁，在西北侧搭设 2 间彩板房作为办公室和库房。
10. 北侧的燃气调压站采用倒管架进行保护。

图例

⟶　车辆运输方向

📡　塔吊

━━━　现有围墙

━━━　新增围墙

▮　电箱

图 3.2　现场情况图

几种无损性拆除工法的比较　　　　　　　　　　　表 4.1-1

拆除工法	液压钳人工破碎法	液压剪机械破碎法	金刚石系列组合工具切割
施工原理	人工液压钳拆除技术属机械破碎的一种,采用液压作为动力,用人工替代机械臂,使液压钳能夹持住混凝土板块。它所破碎的物体进入其钳口,方能有效地工作,因此待破碎物的三维尺寸不能太大	和液压钳人工破碎法的原理一样,只不过其功率大,设备重,对保留钢筋也会产生一定的破坏	采用金刚石系列工具通过高速旋转进行切割,在切割过程中,只需要少量的冷却水保持切割工具的冷却和携带切割屑即可
设备装备特点	液压泵站与机械钳口连接通过人力移位操作	液压泵站与机械钳口装在履带车上,通过机械手和车整体移位来操作	通过独立的液压泵,用高压油管传输所需的动力,带动锯片转动
优点	对原结构扰动小、噪声低、对破碎部位的钢筋不易产生损坏、施工成本较低	施工效率高,施工成本较低	不产生任何振动,不产生扬尘,机械自动化程度高、用工少、效率高
缺点	施工效率较低,用工较多。虽然比人工拆除效率相对提高,但人仍然是在负重的情况下作业,而且高空作业面狭窄,安全隐患较大。存在粉尘污染问题。动火切割钢筋,不安全因素增加	操作过程中不易控制机械手臂的碰撞,对原结构会产生较大的扰动,机械噪声大,扬尘大,需大面积搭设防护支撑	必须采用吊装工具进行吊拆

几种无损性拆除工法的综合比较　　　　　　　　　表 4.1-2

拆除方法	工　　期	费　　用	保留结构安全性	备　注
液压钳人工破碎	每层拆除混凝土量约为850m³,手动液压钳每台每天破碎约 1.8m³ 混凝土,完成一层混凝土破碎需要 473 个台班,根据现场实际情况并考虑用电负荷,现场最多只能布置 30 台手动液压钳,需要 16 天才能完成一层混凝土破除,工期不满足要求	手动液压钳租赁费每个台班为 270 元,需要 4 名工人配合,人工费按照 200 元/工日考虑,因此,每立方混凝土破碎需要费用 594 元	采用该方法不影响保留结构的稳定性	本工程楼高41.6m,建筑物南北向 24m,目前北京市场上机械液压剪最大臂长为28m,因此 21m 以上结构机械液压剪无法拆除。只能采用 21m 以下结构采用超长臂机械液压剪进行拆除,上部采用其他方式拆除
机械液压剪破碎	机械液压剪每台每天破碎大约 25m³ 混凝土,完成一层混凝土破碎需要 34 个台班,考虑现场平面布置 7 台设备,需要 5 天才能完成一层混凝土破除,工期满足要求	超长臂机械液压剪租赁费每个台班为14000 元,因此,每立方混凝土破碎需要费用 560 元	长臂机械手在操作过程中的摆动不易平稳控制,难免对保留结构产生碰撞或挤压,导致结构产生微裂纹损伤,且破坏程度不易观察和检测。考虑原结构为装配式框架,保留机械液压钳破碎将给保留结构稳定性和安全性带来极大的隐患。而招标文件中要求的保留结构水平位移不得大于万分之一,根本无法保证。因此该拆除方式安全性不能满足要求	
金刚石系列工具拆除	针对不同的构件采用不同的金刚石锯切工具,楼板、剪力墙采用金刚石圆盘踞(6台),框架柱、框架梁采用金刚石绳锯(4台),基础底板采用金刚石薄壁钻切割(30台),每层混凝土拆除需要 5 天时间,工期满足要求	通过选择合适的吊装工具以及合理分块,每立方混凝土拆除需要费用约为910 元	采用该方法不影响保留结构的稳定性	

2）剪力墙、楼板切割

剪力墙主要分布在核心筒区域，墙体厚度 200mm，楼板结构层厚度 80mm，上部有 60mm 厚垫层，根据现场实际情况，楼板、墙体采用金刚石圆盘锯进行切割。

（1）工作原理

金刚石锯片在液压或电动马达带动下，沿轨道方向移动，高速回转，研磨、切削钢筋混凝土。

（2）施工特点

① 金刚石圆盘锯切割面光滑整齐；

② 切割中锯机的移动方向受轨道控制，切割位置准确，切割线偏差可以较好地控制；

③ 无振动、低噪声、环保、安全无污染；

④ 切割深度可以通过改变锯机功率和更换锯片直径来决定。

（3）技术标准

金刚石圆盘锯安装切割示意图详见图 4.1-1 和图 4.1-2。

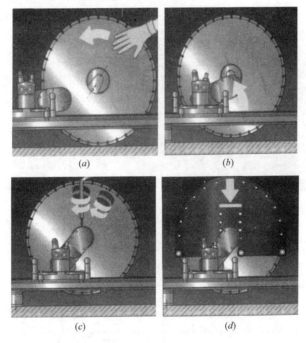

图 4.1-1 金刚石圆盘锯安装切割示意图一

① 切割锯片与切割深度的关系见表 4.1-3；

② 轨道安装偏差控制在 3mm 以内，锯片固定完成后检查调整锯片与切割面的垂直度；

③ 平行于墙体切割楼板时，距离墙边最小切割距离为 30mm；

④ 金刚石圆盘锯切割墙体和楼板详见图 4.1-3 和图 4.1-4。

锯片直径与切割深度的关系   表 4.1-3

锯片直径(mm)	400	600	700	1200
切割深度(mm)	150	250	300	500

图 4.1-2　金刚石圆盘锯安装切割示意图二

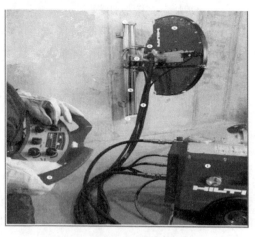

图 4.1-3　金刚石圆盘锯切割墙体

图 4.1-4　金刚石圆盘锯切割楼板

3）框架柱、梁切割

框架柱截面尺寸为 500mm×500mm，框架梁截面尺寸为 250mm×900mm、250mm×800mm，梁柱节点为铰接点，在切除保留框架柱周边的梁时，梁柱节点核心区不得有扰动，因此梁、柱采用金刚石绳锯进行切割。

（1）工作原理

液压金刚石绳锯切割是金刚石绳索在液压马达带动下绕切割面高速运动研磨切割体，完成切割工作。由于使用金刚石颗粒做研磨材料，故此可以进行石材、钢筋混凝土等坚硬物体的切割。切割安装见图 4.1-5、图 4.1-6、图 4.1-7。

（2）施工特点

① 由于采用金刚石作研磨材料，所以可以切割分离任何坚硬物体。

② 切割是在液压马达带动下进行的，液压泵运转平稳，且可通过高压油管远距离控制马达，所以切割过程中振动和噪声都很小，被切割体能在平稳情况下被静态分离。

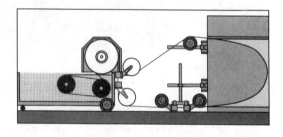

图 4.1-5　金刚石绳锯垂直切割厚墙体示意图

③ 切割过程中高速运转的金刚石绳索，采用水冷却，并将研磨碎屑带走，产生的循环水可以搜集重复利用。

④ 不受被切割物体的形状和大小的限制，可以任意方向切割，如对角线方向、竖向、横向等。

⑤ 液压金刚石绳锯切割速度快、功率大，切割速度优于其他类型切割方法。金刚石

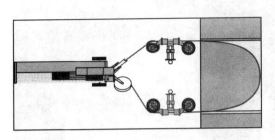

图 4.1-6 金刚石绳锯水平切割厚墙体示意图

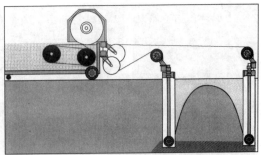

图 4.1-7 金刚石绳锯切割基础示意图

绳锯详见图 4.1-8、图 4.1-9。

(a)   (b)   (c)

图 4.1-8 金刚石绳锯机（产地：日本）

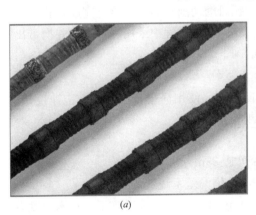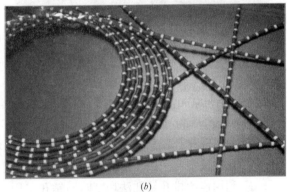

(a)   (b)

图 4.1-9 金刚石锯

（3）技术标准

① 绳索的变向是通过导向轮的组合安装来实现的，施工过程中导向轮的安装与主动驱动轮中的位置关系应巧妙地设计，以满足切割要求；

② 绳索切割线速度不低于 18m/s；

③ 金刚石绳索的质量标准应满足切割过程中最大张拉强度的要求。

④ 金刚石绳锯切割框架柱和框架梁详见图 4.1-10、图 4.1-11。

(a)　　　　　　　　　　　　　　(b)

图 4.1-10　金刚石绳锯切割框架柱

图 4.1-11　金刚石绳锯切割框架梁

4）基础底板切割

框架柱基础为独立柱基，柱基之间基础底板厚度 600mm，采用金刚石薄壁钻进行切割。

（1）工作原理

钢筋混凝土钻孔是由钻孔机带动金刚石薄壁钻头加压、回转，钻头胎体金刚石颗粒研磨切削钢筋和混凝土完成钻孔切割工作。钻进过程中采用冷却水、并携带出磨削下来的粉屑。

（2）工程特点

低噪声、无振动、无粉尘污染。对结构无不良影响，使用简单、灵活，施工速度快。可以进行 0～90°范围变角度钻孔，钻排孔也可实现切割分离。

（3）技术标准

① 一次成孔孔径范围为 $\phi20\sim\phi500$mm，孔深可达 25m。

② 孔位偏差：采用十字画线法确定钻孔中心，孔位偏差不超过 3mm。

③ 利用连续排孔钻孔法切割时，钻孔采用 $\phi89$mm 或 $\phi108$mm 孔径施工，一米长度方向上布置钻孔数为 10～12 个，切割直线偏差小于 20mm。

4.2　垂直运输方案选择

1）三种垂直运输设备的比较

（1）施工电梯

① 优点：安装及租赁费用低，人员和机具上下方便。

② 缺点：构件切除后必须采用人力运至电梯轿厢内，效率低，影响拆除工期，人工成本高。受人工搬运影响混凝土切块较小，施工成本较高。保留结构设计仅考虑风荷载，

电梯与结构水平拉接对结构产生影响。

（2）吊车

① 优点：移动灵活，可根据现场进度及时增加吊车数量。

② 缺点：费用极高，受高度限制，吊车效率较低

（3）塔吊

① 优点：塔吊使用灵活，吊装能力强，直接安装自由高度，不需要附墙。

吊装能力强，混凝土构件分块大，成本降低，综合效益高。

② 缺点：必须综合考虑后期总包使用方便，存在民扰隐患，同时由于甲方没有开工证，塔吊备案困难。

综上所述，对三种垂直运输设备从经济性、安全性进行综合比选，我方采用塔吊作为垂直运输设备。

2）塔吊的选型和布置

（1）塔吊位置的选择

根据现场实际情况，将塔吊布置在建筑物的北侧，并对塔吊进行限位，避免塔吊大臂扫过古庙，同时结合新建地下室的底部标高，将塔吊基础的底标高放置在新建地下室的底标高以下 500mm，根据现场土质的情况，初步计算塔吊基础的尺寸为 8000mm×8000mm×1500mm。塔吊具体位置如图 4.2-1 所示。

（2）塔吊选型

根据工期以及单层混凝土拆除量，塔吊计划选用 FO/23B 型，该塔吊规格型号为 145t·m，最大自由高度 61.5m，臂长 50m，最大起重量 10t，臂尖起重量 2.3t，塔吊性能如表 4.2 所示，塔吊吊装能力分布图详见图 4.2-2。

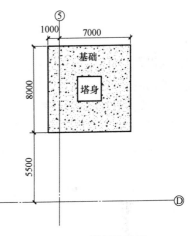

图 4.2-1　塔吊位置图

				塔吊性能表			表 4.2
臂长	50m	48m	46m	44m	42m	40m	38m	36m
吊重	2.3t	2.45t	2.65t	2.7t	2.9t	3.1t	3.3t	3.5t
臂长	34m	32m	30m	26.9m	26m	24m	22m	20m
吊重	3.75t	4.05t	4.4t	5t	5t	5.6t	6.2t	6.9t
臂长	18m	16m	14.5m					
吊重	7.8t	8.9t	10t					

4.3　保留结构加固方案

本工程结构形式为装配式框架结构，在拆除过程中，确保保留结构的稳定性及安全性至关重要，因此通过合理的组织施工以及对保留结构的加固等手段，确保保留结构不被扰动是工程施工的重点。

通常在装配式框架结构中，梁柱接头形式可分为如下几种：齿槽式梁柱接头、叠压式浆锚接头、整体接头，多采用整体式接头，其做法为梁在柱间贯通或对接，梁的两侧伸出

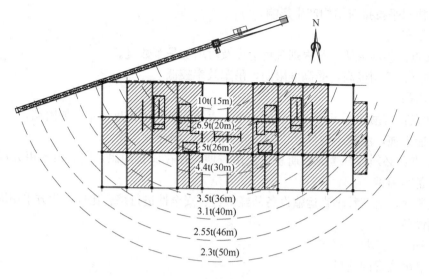

10t(15m)
6.9t(20m)
5t(26m)
4.4t(30m)
3.5t(36m)
3.1t(40m)
2.55t(46m)
2.3t(50m)

图 4.2-2 塔吊位置图

的钢筋以及上下柱筋在梁高范围内相互焊接，通过后浇混凝土搭接锚固结成整体节点。在接头处的缝隙采用干硬性混凝土进行捻缝填塞。

由于该建筑无原结构图纸，对结构节点处配筋及构造情况未知，且对节点处的混凝土浇筑质量也未进行检测；在拆除过程中需通过相应措施保证其结构及节点稳定性。

由于本项目主要针对拆除和切割进行编制，加固措施在此省略。

5 施工组织及资源配置

针对文件条款、施工合同以及现场条件，我项目部提出了对项目建设的总体策划，致力于全面实现业主的明确需求和隐含需求，以建立目标体系为前提，强化协调管理为核心，对整个施工过程进行分解和策划。

全面明确施工目标、科学划分施工流水段、合理确定节点时间、周密安排场地施工设施、严谨确定主要项目施工方案、确保工程提前竣工。

5.1 施工总体部署

本工程的总体施工原则：先二次结构后主体结构，先支撑后拆除，自上而下，先核心筒区域后楼板拆除，最后拆除基础底板。

进场后首先进行临水临电布置、外架以及 3 层以上围护结构施工，随后展开核心筒区域拆除工作，施工总体分为如下阶段：

第一阶段：2010 年 4 月 1 日～2010 年 4 月 8 日，项目进场后积极与业主以及北京市相关主管部门联系，办理相关手续，进行现场临水、临电的布置以及外脚手架和塔吊的施工，从顶层开始插入二次结构拆除；

第二阶段：2010 年 4 月 9 日～2010 年 4 月 27 日，二次结构继续向下拆除，插入拆除结构支撑加固脚手架，核心筒区域混凝土拆除；

第三阶段：2010 年 4 月 15 日～2010 年 5 月 8 日，核心筒区域混凝土拆除；

第四阶段：2010 年 5 月 9 日～2010 年 5 月 20 日，核心筒区域外楼板结构拆除；

第五阶段：2010 年 5 月 21 日～2010 年 5 月 28 日，基础底板拆除；

第六阶段：2010 年 5 月 29 日～2010 年 5 月 30 日，现场清理、验收。

具体施工效果如图 5.1-1～图 5.1-10 所示。

图 5.1-1　建筑物原貌图

图 5.1-2　四层以上围护结构以及
水箱间顶部结构拆除

图 5.1-3　三层围护结构以及水箱间拆除完

图 5.1-4　二层围护结构和核心筒六层顶板拆除完

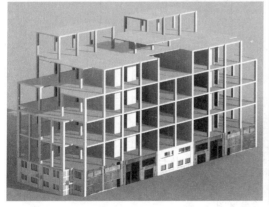

图 5.1-5　二层围护结构和核心筒六层竖向拆除完

图 5.1-6　围护结构和核心筒五层结构拆除完

图 5.1-7　核心筒四层结构拆除完

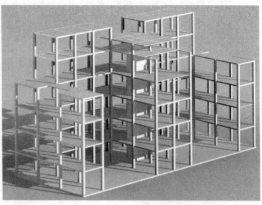

图 5.1-8　核心筒结构拆除完

图 5.1-9　核心筒以外六层楼板结构拆除完

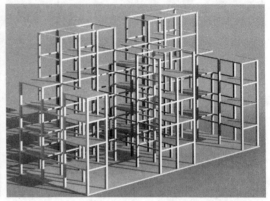

图 5.1-10　核心筒以外楼板结构拆除完

5.2　拆除施工区段的划分

1）施工分为东西区同时进行，东区为⑥-⑫轴/Ⓐ-Ⓓ轴；西区为①-⑥轴/Ⓐ-Ⓓ轴，尽可能做到施工流水作业。拆除区间如图 5.2-1 所示。

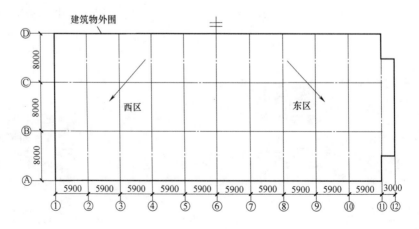

图 5.2-1　拆除分区图

2）施工顺序：东区、西区同时开始施工，各区施工遵循从高到低的原则，即按照从上到下的顺序拆除。各楼层拆除时，遵循先拆除非受力构件，再拆除受力构件的顺序，受力构件拆除按照板、梁、剪力墙（柱）的顺序。

3）部署安排：进场后，即开始分东西两个区搭设支撑架及内、外防护脚手架，按照拟定的施工顺序安排两个班组同时开始拆除施工。拆除前，安装布置1台塔吊，可较好地覆盖拆除部分施工区域，同时可以作为后面的新建部分继续使用。

4）拆除前施工准备

（1）技术准备

① 熟悉图纸

本公司即组织项目有关人员认真阅读熟悉图纸，领会设计意图，掌握工程建筑和结构的形式和特点，需要采用的新技术，编制进场施工预案，做好拆除施工深化设计等工作，为图纸会审做准备。

② 编制施工组织设计

项目经理部编制施工组织设计和分部、分项工程的施工方案，报业主、监理工程师、公司审批后作为工程施工的指导性文件，并负责审核指定劳务单位编制的施工方案。根据工程进度计划安排逐步编制施工组织设计和主要分部分项工程的施工方案，编制计划详见表5.2。

施工组织设计和施工方案编制计划　　　　　　　　　　　　　表5.2

序号	方案计划名称	编制完成时间	审核完成时间
1	施工组织设计	2010年3月13日	2010年3月15日
2	安全技术方案	2010年3月12日	2010年3月14日
3	总平面及临时水电布置方案	2010年3月12日	2010年3月14日
4	测量施工方案	2010年3月12日	2010年3月4日
5	塔吊基础方案	2010年3月12日	2010年3月12日
6	结构拆除施工方案	2010年3月12日	2010年3月14日

（2）现场准备

① 办理好坐标控制点，及时观测建筑物是否倾斜，确保拆除施工的安全进行。图5.2-2为拆除前设立的测量观测点。

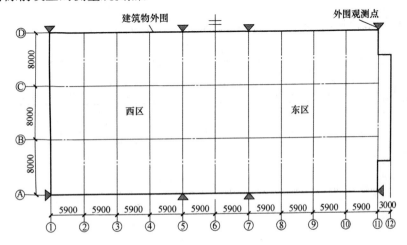

图5.2-2　测量观测点布置图

② 根据现场实际，做好对现场周边环境的保护工作。

③ 根据施工总平面图的要求进行现场围墙的彩钢瓦，大门、道路和临时设施的搭建，材料堆场及施工机械的布置。

④ 严格按照 CI 标准对整个施工现场进行 CI 设计，推行目视管理，从标识、美化等各个角度完善施工形象，创造一种积极向上的施工气氛。

6 施 工 计 划

6.1 计算机、计量仪器与通信设备计划

根据拟建建筑物的建筑特点和建筑规模，确定本工程计算机、计量仪器及通信设备计划，详见表 6.1。

计算机、试验、计量仪器与通信设备计划　　　　　　　表 6.1

序号	仪 器 名 称	型 号 与 规 格	数　量
1	台式办公电脑	戴尔	3 台
2	无线电对讲机	MOTOROLA GP300	4 部
3	经纬仪	J2	1 台
4	精密水准仪	B1C	1 台
5	卷尺	50m	1 把
6	氧压表、乙炔表	0-4MPa	5 个
7	绝缘电阻表	ZC—7	2 个
8	接地电阻表	ZC—8	2 个
9	噪声计	DSL-330	2 个
10	养护箱	40B	2 个

6.2 劳动力计划

劳动力计划见表 6.2，劳动力投入情况详见图 6.2。

劳动力计划表　　　　　　　表 6.2

工种	按工程施工阶段投入劳动力情况（单位：人/天）									持证上岗率
	第一周	第二周	第三周	第四周	第五周	第六周	第七周	第八周	第九周	
普工	60	60	60	60	20	20	20	20	10	100%
拆除工	15	52	52	52	52	52	52	52	45	100%
测量工	2	2	2	2	2	2	2	2	2	100%
架子工	30	10	10	10	10	10	10	10	40	100%
机操工	6	22	22	22	22	22	22	22	12	100%
信号工	2	2	2	2	2	2	2	2	2	100%
焊工	5	5	5	5	5	4	4	3	2	100%
合计	120	153	153	153	113	112	112	111	113	100%

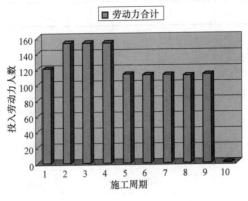

图 6.2 劳动力投入情况

6.3 主要设备选用计划

进场后，项目技术人员根据工程规模及时提出设备需求计划，设备需求表见表 6.3。

拟投入本工程的主要施工设备表   表 6.3

序号	机械或 设备名称	型号规格	数量	国别产地	制造年份	额定功率 （kW）	生产能力	备注
1	塔吊	FO/23B 型	1 台	国产	2009	75	好	
2	金刚石圆盘踞	DLP-32	6 台	进口	2006	32	良好	
3	金刚石绳锯	DSM-10A	4 台	进口	2007	10	良好	
4	喜利得电锤	TE-76	20 台	进口	2008	1.3	良好	
5	角磨机	牧田 9526	15 台	国产	2009	0.6	良好	
6	金刚石手持锯	K950	6 台	国产	2008	5	好	
7	液压钳	350 型	2 台	国产	2008	7.5	好	
8	金刚石水钻	MK-180	30 台	进口	2009	3.6	良好	
9	挖掘机	AT60E-7	1 台	国产	2008	/	良好	
10	交流电焊机	23～28kVA	4	国产	2007	21	良好	
11	倒链	5t	10	国产	2008	/	良好	
12	司机	金杯	1	国产	2006	/	良好	
13	拖板车	40t	2	国产	2005	/	良好	

6.4 拆除所需周转材料

进场后，项目技术人员根据工程预算和不同施工阶段的要求，及时提出周转材料的总体需用计划及月度需用计划，项目物资部从本公司材料供应商数据库中选择供货商，按计划及时组织材料陆续进场。详见表 6.4。

主要周转材料需用量计划表 表 6.4

序号	名　称	规　格	数　量	单　位
1	碗扣式架	$\phi48\times3.5$	352	t
2	钢管	$\phi48\times3.5$	90.93	t
3	扣件		18186	颗
4	可调支撑	KTC-600	13056	个
5	木方	50×100	545	根
6	安全密网	—	6200	m²
7	脚手板	标准	344	块
8	彩条布	—	6000	m²

以上工程量只为技术方案提供参考，不作为报价依据。

6.5　施工进度安排

施工进度安排见表 6.5。

施工进度表 表 6.5

安全目标	不出人身伤亡之事故
工程质量标准	合格
本工程工期及进度要求	本工程要求工期 60 天 开工日期：2010 年 4 月 1 日 计划竣工日期：2010 年 5 月 30 日

7　主要施工方案

7.1　测量施工

1）监测的目的

（1）通过将监测数据与预测值作比较，判断上一步施工工艺和施工参数是否符合或达到预期要求，同时实现对下一步的施工工艺和施工进度控制，从而切实实现信息化施工；

（2）通过监测及时发现柱子在施工过程中的环境变形发展趋势，及时反馈信息，达到有效控制施工对邻近设施影响的目的；

（3）将现场监测结果反馈设计单位，使设计能根据现场工况发展，进一步优化方案，达到优质安全、经济合理、施工快捷的目的。

2）监测项目内容

主要进行柱子的水平位移以及沉降监测。

3）监测点水平位移测量

拟采用测定坐标法，采用高精度电子全站仪来监测。在现场外布置 3 个稳固基准点

A、B、C，全站仪首先架设于 A、B、C 其中一点，后视第二点，第三点复核，以 A、B、C 三点为基准，测量各监测点的坐标，根据坐标值的变化，可分析判断监测点的位移值和方向。

4）沉降监测控制网测量

采用独立水准系，在远离施工影响范围以外南、北两侧各布置一组（各两只）稳固水准点，沉降监测基准网以上述永久水准基准点作为起算点，组成水准网进行联测。

外业观测使用 WILD NA2 自动安平水准仪（标称精度：±0.3mm/km）往返实施作业。

观测措施：本高程监测基准网使用 WILD NA2 自动安平水准仪及配套因瓦尺，外业观测严格按规范要求的二等精密水准测量的技术要求执行。为确保观测精度，观测措施制定如下：

（1）作业前编制作业计划表，以确保外业观测有序开展。

（2）观测前对水准仪及配套因瓦尺进行全面检验。

（3）观测方法：往测奇数站"后—前—前—后"，偶数站"前—后—后—前"；返测奇数站"前—后—后—前"，偶数站"后—前—前—后"。往测转为返测时，两根标尺互换。

（4）两次观测高差超限时重测，当重测成果与原测成果分别比较其较差均没超限时，取三次成果的平均值。

沉降位移基准网外业测设完成后，对外业记录进行检查，严格控制各水准环闭合差，各项参数合格后方可进行内业平差计算。内业计算采用 EPSW 平差软件按间接平差法进行严密平差计算，高程成果取位至 0.1mm。

5）测量的点的布置

测量点布置在框架柱上，共计 10 根柱子，每根柱子每层设置一个测量点，具体位置见图 7.1。

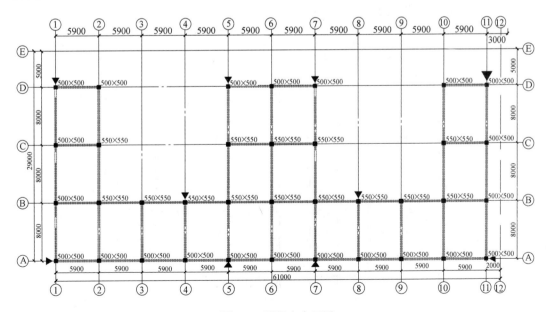

图 7.1 测量点布置图

6）技术保证措施

（1）在具体测试中固定测量人员和测量仪器，以尽可能减少人为和仪器本身误差；

（2）固定时间按基本相同的路线，以减少温度、湿度造成的误差；

（3）采用相同的测试方法进行测试，以减少不同方法间的系统误差；

（4）测试仪器在投入使用以前，均应由法定计量单位进行校验，经检验合格并在有效期内方可使用；

（5）在每天的测试之前均应对所使用的仪器进行自检，并详细记录自检情况，使用完毕后记录仪器运转情况；

（6）使用过程中若发生仪器异常的情况，除立即对仪器进行维修或调换外，同时对该仪器当天测试的数据进行重新测试；

（7）各类监测元件均应有详细的出厂标定记录并得到法定计量单位的认可，有效期应满足工程需要；

（8）各类监测元件在埋设前均应再次进行测试，经检验合格方可进行埋设，埋设完成以后立即检查元件工作是否正常，如有异常应立即进行重新埋设；

（9）对测量工作中使用的基准点、工作点、监测点用醒目标志进行标识的同时，对现场作业的工人进行宣传，尽量避免人为沉降和偏移，对变化异常的测点进行复测，测试数据发生异常后，应及时与项目审核人、审定人联系，共同协商解决。

7.2 隔墙及围护结构施工

隔墙和围护等拆除部署、流程和注意事项省略。

7.3 卸荷支撑施工及验算

楼板和框架梁卸荷支撑采用碗扣架搭设，纵横向间距1.2m，步距1.8m，上部采用U形＋木枋进行支顶，卸载支撑见图7.3。

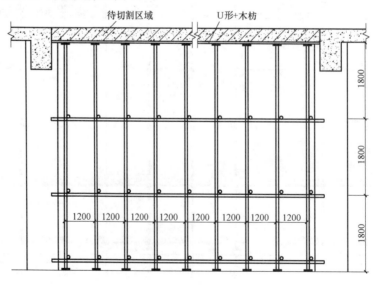

图 7.3 脚手架卸载支撑

1）工艺流程

安放垫木→竖立杆、安放扫地杆→安装底层（第一步）横杆→安装斜杆→接头销紧→铺放脚手板→安装上层立杆→紧立杆连接销→安装横杆→设置连墙件→ 设置剪刀撑→挂安全网。

2）施工要点

（1）竖立杆、安放扫地杆：

① 脚手架地基基础必须按施工设计进行施工，按地基承载力要求进行验收。

② 脚手架基础经验收合格后，应按施工设计或专项方案的要求放线定位。底部横杆（扫地杆）严禁拆除，立杆应配置可调底座。

（2）安放底层横杆根据步高的要求将横杆接头插入立杆的下碗扣内，然后将上碗扣沿限位销扣下，并顺时针旋转，将横杆与立杆牢固地连接在一起，形成框架结构。

（3）平放在横杆上的脚手板，必须与脚手架连接牢靠，可适当加设横杆，脚手板探头长度应小于150mm。

（4）接立杆接头是立杆同横杆的连接装置，应确保接头锁紧。组装时，先将上碗扣搁置在限位销上，将横杆、斜杆等接头插入下碗扣，使接头弧面与立杆密贴，待全部接头插入后，将上碗扣套下，并用榔头顺时针沿切线敲击上碗扣凸头，直至上碗扣被限位销卡紧不再转动为止。安装碗扣式脚手架时，立柱和纵、横向水平杆的安装必须同步进行，接头必须锁紧。

（5）如发现上碗扣扣不紧或限位销不能进入上碗扣螺旋面时，应检查立杆与横杆是否垂直，相邻的两下碗扣是否在同一水平面上（即横杆水平度是否符合要求）；下碗扣与立杆的同轴度是否符合要求；下碗扣的水平面同立杆轴线的垂直度是否符合要求；横杆接头与横杆是否变形；横杆接头弧面中心线同横杆轴线是否垂直；下碗扣内有无砂浆等杂物填充等；如是装配原因，则应调整后锁紧；如是杆件本身原因，则应拆除，并送修。

3）碗扣架受力计算

（1）荷载计算

① 脚手架的自重（kN）

$$N_{G_1}=0.108\times5.400=0.582kN$$

② 钢筋混凝土楼板自重（kN）

$$N_{G_3}=25.000\times0.140\times1.200\times1.200=5.040kN$$

经计算得到，静荷载标准值 $N_G=(NG1+NG2+NG3)=6.126kN$。

③ 活荷载为施工荷载标准值与振捣混凝土时产生的荷载。

经计算得到，活荷载标准值 $N_Q=(1.500+0.000)\times1.200\times1.200=2.160kN$

不考虑风荷载时，立杆的轴向压力设计值计算公式

$$N=1.20N_G+1.40N_Q$$

（2）立杆的稳定性计算

① 不考虑风荷载计算

不考虑风荷载时，立杆的稳定性计算公式为：

$$\sigma=\frac{N}{\varphi A}\leqslant[f] \tag{7.3-1}$$

其中　N——立杆的轴心压力设计值，$N=10.38kN$；

$\quad\quad i$——计算立杆的截面回转半径，$i=1.59cm$；

$\quad\quad A$——立杆净截面面积，$A=4.567cm^2$；

$\quad\quad W$——立杆净截面模量（抵抗矩），$W=4.788cm^3$；

$\quad\quad [f]$——钢管立杆抗压强度设计值，$[f]=205.00N/mm^2$；

$\quad\quad a$——立杆上端伸出顶层横杆中心线至模板支撑点的长度，$a=0.30m$；

$\quad\quad h$——最大步距，$h=1.80m$；

$\quad\quad l_0$——计算长度，取 $1.800+2\times0.300=2.400m$；

$\quad\quad \lambda$——长细比，为 $2400/16=151$；

$\quad\quad \varphi$——轴心受压立杆的稳定系数，由长细比 $10/i$ 查表得到 0.305；

经计算得到 $\sigma=10375/(0.305\times457)=74.595N/mm^2$；

不考虑风荷载时立杆的稳定性计算 $\sigma<[f]$，满足要求！

② 考虑风荷载计算

考虑风荷载时，立杆的稳定性计算公式（7.3-2）为：

$$\frac{N_w}{\varphi A}+0.9\frac{M_w}{W}\leqslant[f] \tag{7.3-2}$$

风荷载设计值产生的立杆段弯矩 M_w 计算公式

$$M_w=1.4W_kl_al_0^2/8-P_rl_0/4$$

风荷载产生的内外排立杆间横杆的支撑力 P_r 计算公式

$$P_r=5\times1.4W_kl_al_0/16$$

其中　W_k——风荷载标准值（kN/m^2）；

$$W_k=0.7\times0.300\times1.200\times0.600=0.216kN/m^2$$

$\quad\quad h$——立杆的步距，$1.80m$；

$\quad\quad l_a$——立杆迎风面的间距，$1.20m$；

$\quad\quad l_b$——与迎风面垂直方向的立杆间距，$1.20m$；

风荷载产生的内外排立杆间横杆的支撑力 $P_r=5\times1.4\times0.216\times1.200\times2.400/16=0.272kN\cdot m$；

风荷载产生的弯矩 $M_w=1.4\times0.216\times1.200\times2.400\times2.400/8=0.098kN\cdot m$；

$\quad\quad N_w$——考虑风荷载时，立杆的轴心压力最大值；

$\quad\quad N_w=1.2\times6.126+0.9\times1.4\times2.160+0.9\times1.4\times0.098/1.200=10.176kN$

经计算得到 $\sigma=10176/(0.305\times457)+98000/4788=91.577N/mm^2$；

考虑风荷载时立杆的稳定性计算 $\sigma<[f]$，满足要求！

（3）风荷载作用下的内力计算

架体中每个节点的风荷载转化的集中荷载 $w=0.216\times1.200\times1.800=0.467kN$

节点集中荷载 w 在立杆中产生的内力 $w_v=1.800/1.200\times0.467=0.700kN$

节点集中荷载 w 在斜杆中产生的内力 $w_s=(1.800\times1.800+1.200\times1.200)1/2/1.200\times0.467=0.841kN$

支撑架的步数 $n=3$

节点集中荷载 w 在立杆中产生的内力和为 $0.841+(3.000-1)\times0.841=2.523kN$

节点集中荷载 w 在斜杆中产生的内力和为 $3.000 \times 0.700 = 2.100\text{kN}$

架体自重为 0.582kN

节点集中荷载 w 在立杆中产生的内力和小于扣件的抗滑承载力 8kN，满足要求！

7.4　保留结构加固施工

保留结构加固等顺序、要点和注意事项省略。

7.5　剪力墙拆除施工

本工程核心筒拆除采用金刚石圆盘锯切割工艺，这样可确保结构及施工人员作业安全，切割混凝土块最大 6.76t，最小 2.73t；此分块依据为塔吊的起吊能力。

1）工艺流程

施工准备→放线定位（核心筒墙体）→搭设施工操作架→金刚石薄壁钻切割穿绳孔→金刚石圆盘锯切割→局部金刚石绳锯切割→吊装→混凝土块外运、消纳

2）施工准备工作

（1）施工准备

施工前把施工过程所用工具准备齐全，包括金刚石圆盘锯、金刚石薄壁钻、$\phi 108$ 钻头等机具；人员准备到位。

（2）放线定位

由专业测量放线人员，确定核心筒所要切割混凝土的具体位置线，由质检及技术人员进行核查后，报请监理单位验收。

（3）施工操作架搭设

拆除工作之前，在需拆除的墙体及柱周边搭设施工操作架，并在所拆除构件四周做好安全围护工作。

3）混凝土切割分块

（1）核心筒分块图见图 7.5-1。

（2）分块依据

根据塔吊的起吊能力计算混凝土块的重量，从而确定切割线的位置，便

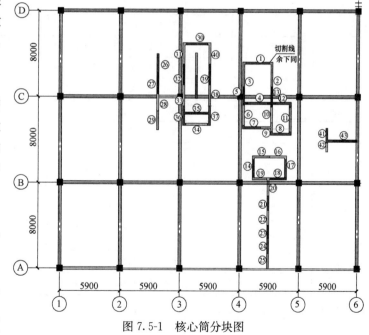

图 7.5-1　核心筒分块图

于施工的顺利进行，核心筒拆除块高均为 5.2m 高；切割顺序按照上图序号施工；现场根据情况做相应调整。拆除后的混凝土块应及时清运至指定垃圾存放处，不得随意堆放在切割现场以免对结构造成损坏。将图 7.5-1 各部位切割重量编制成表 7.5。

切割重量表 表 7.5

序号	分割块号	分割块尺寸 (m×m×m)	分割块重量(t)	塔吊起吊能力(t) (×0.8 安全系数)
1	①	2.6×5.2×0.2	6.76t	7.12
2	②	2.3×5.2×0.2	5.98	6.24
3	③	2.3×5.2×0.2	5.98	6.24
4	④	2×5.2×0.2	5.2	5.52
5	⑤	2×5.2×0.2	5.2	5.52
6	⑥	1.9×5.2×0.2	4.94	5.2
7	⑦	1.8×5.2×0.2	4.68	4.96
8	⑧	1.9×5.2×0.2	4.94	5.2
9	⑨	1.9×5.2×0.2	4.94	5.2
10	⑩	1.9×5.2×0.2	4.94	5.2
11	⑪	2×5.2×0.2	5.2	5.52
12	⑫	2×5.2×0.2	5.2	5.52
13	⑬	2.3×5.2×0.2	5.98	6.24
14	⑭	1.7×5.2×0.2	4.42	4.45
15	⑮	1.6×5.2×0.2	4.16	4.45
16	⑯	1.5×5.2×0.2	3.9	4.45
17	⑰	1.9×5.2×0.2	4.94	4.45
18	⑱	1.5×5.2×0.2	3.9	4.45
19	⑲	1.6×5.2×0.2	4.16	4.45
20	⑳	1.5×5.2×0.2	3.9	4.1
21	㉑	1.5×5.2×0.2	3.9	4.1
22	㉒	1.3×5.2×0.2	3.38	4.1
23	㉓	1.3×5.2×0.2	3.38	4.1
24	㉔	1.3×5.2×0.2	3.38	4.1
25	㉕	1.3×5.2×0.2	3.12	4.1
26	㉖	1.7×5.2×0.2	4.42	4.48
27	㉗	1.7×5.2×0.2	4.42	4.48
28	㉘	1.6×5.2×0.2	4.16	4.45
29	㉙	1.6×5.2×0.2	4.16	4.45
30	㉚	2.1×5.2×0.18	4.91	5.52
31	㉛	1.9×5.2×0.18	4.45	5.52
32	㉜	1.9×5.2×0.18	4.45	5.52
33	㉝	1.9×5.2×0.18	4.45	4.48
34	㉞	1.8×5.2×0.18	4.21	4.48
35	㉟	1.8×5.2×0.18	4.21	4.48

续表

序号	分割块号	分割块尺寸 （m×m×m）	分割块重量(t)	塔吊起吊能力(t) （×0.8安全系数）
36	㊱	1.7×5.2×0.18	3.98	4.48
37	㊲	1.7×5.2×0.18	3.98	4.48
38	㊳	1.9×5.2×0.18	4.45	5.52
39	㊴	1.9×5.2×0.18	4.45	5.52
40	㊵	2×5.2×0.18	4.68	5.52
41	㊶	1.05×5.2×0.2	2.73	5.52
42	㊷	1.5×5.2×0.2	3.9	5.52
43	㊸	1.9×5.2×0.2	4.94	5.52

4）电梯井切割分块吊装

（1）切割顺序分解

依据塔吊起吊能力进行分块切割，顺序走向见图7.5-2（其他同此）。

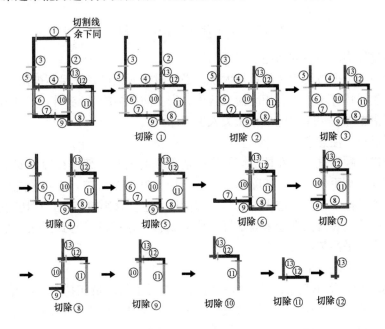

图7.5-2 分块切割走向图

（2）吊装部位示意见图7.5-3。

（3）相关操作系统的连接及安全防护技术措施

根据现场情况，水、电、机械设备等相关管路的连接应正确规范、相对集中，走线摆放严格执行安全操作规程，以防机多、人多、辅助设备、材料乱摆、乱放，造成事故隐患。圆盘锯切割过程中，沿轨道运动的方向的前面一定用安全防护措施，并在一定区域内设安全标志，以提示行人不要进入施工作业区域。

（4）切割

启动电动马达，通过控制盘调整切割速率，第一道切割深度为 10cm，以后依次进行；供应循环冷却水，来回切割。切割过程中必须密切观察机座的稳定性，随时调整，以确保切割的连贯性。

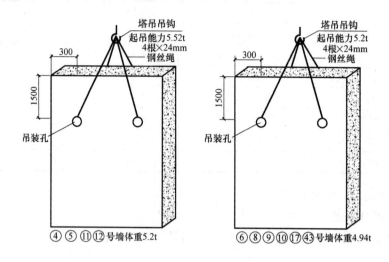

图 7.5-3 吊装部位示意图（示例）

（5）切割过程中应注意的问题

切割过程中，根据被切割块的重量大小，必要时打入钢楔，确保不被松动的混凝土挤住，如遇到发生锯片等现象要有相应措施解决。安全防护措施一定严格、严密，现场除搞好必要的防护措施外，一律谢绝来往无关人员观摩。

（6）切割过程中注意事项

为使安全进度顺利进行，在核心筒周边应搭设临时的脚手架；在确保安全的情况下，移动脚手架或固定脚手架均可，切除第一块时，应做好安全防护，应在旁边搭设防护架、防护网并标示醒目标语。切割过程中为防止切割块发生偏移影响切割，在切割前钻好穿绳孔，并通过穿绳孔安装对拉钢管来固定拆除块的偏移；这样可以起到拆除块平衡的作用。安全防护架搭设及平衡装置见图 7.5-4。

（7）拆除块吊装注意事项

① 进行起吊时，塔吊起吊的吨位数一定要和混凝土的重量相持平。以免在切割完后瞬间混凝土左右或上下摆动，以防事故发生。吊装过程中，吊装块状下严禁有人逗留；被吊运的混凝土块放到指定地点，再通过平板车运至消纳地点。

② 下面对吊装钢丝绳进行验算，图 7.5-5 为计算简图。

A. 计算

根据现场条件，剪力墙切割分块重量不超过 7t（70kN）。作吊索无弯曲时，安全系数 K 取 6～8。

$$F_1 = F_2 = G \div (n \times \sin\beta) = 70 \div (4 \times \sin45°) = 25\text{kN}$$

其中，F_1、F_2 表示吊索承受的拉力；

n 表示吊索根数；

β 表示吊索与水平面的夹角；

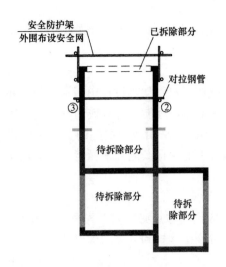

图7.5-4 安全防护架搭设及平衡装置图

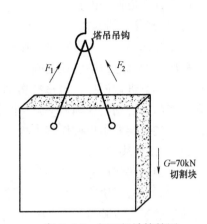

图7.5-5 钢丝绳计算简图

$[S] = F \times K \div \alpha = 25 \times 8 \div 0.82 = 244$kN。

$[S]$ 为钢丝绳破坏拉力；

α 为钢丝绳破坏拉力换算系数，取值为 0.82

B. 选用钢丝绳

根据以上计算结果和《设备起重吊装工程便捷手册》中 6×37 钢丝绳的破断拉力表，选用直径 24mm、公称抗拉强度 1550N/mm² 的麻芯钢丝绳，其破断拉力为 326kN。采用双索两点吊装，满足要求。

7.6 楼板拆除施工

1）拆除范围

除保留①～②、③～④、⑤～⑥、⑧～⑨、⑩～⑪/Ⓐ～Ⓑ、Ⓒ～Ⓓ轴标高为 5.400、10.800、16.200、21.600、32.400m 的楼板以及 1995 年改造时支撑此部分楼板的钢梁、钢柱作支撑外，拆除其余楼板（含各夹层楼板）和屋面板。

2）拆除顺序

从上至下 6 层顶板→6 层夹层→5 层顶板→5 层夹层，以此类推一层一层进行，拆除一层清理一层。

3）施工工艺流程

见图 7.6-1 施工工艺流程图。

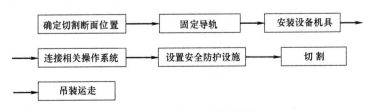

图7.6-1 施工工艺流程图

4）圆盘锯固定——导轨安装

导道使用 HILTI 专用导轨，导轨固定采用喜利得高强度锚栓，安装过程使用激光定位，以保证轨道连接的直线度。

5）切割参数的选择

液压马达驱动金刚石圆盘高速运转，磨削混凝土被切割块，切割过程中用水冷却，并冲走粉屑。切割过程中保证金刚石圆周线速度达到 5～8m/s，才能进行有效切割，这可通过控制操作盘进行调控，但每次切割深度不要超过 200mm，采用浅切快跑的方式来回进行逐步加深的切割，否则，一旦金刚石锯片受力变形，不能保证其刚性平面度，会影响切割速度，甚至会发生机械伤害事故。

6）切割分块及切割

(1) 根据房间尺寸和结构特点，合理布置支撑结构，支撑点必须要紧贴楼板下层面，保证切割后的楼板块能平稳落在支撑上，并计算切割后该层楼板和支撑结构以及活动荷载的总荷载的情况下验算下层楼板的稳定性，保证施工人员在绝对安全可靠的施工环境下工作。

(2) 拆除时先在要拆除的楼板上利用金刚石薄壁钻进行吊点孔切割，切割时将机械设备沿楼板平面布置轨道，安装机具，切割过程中严禁在墙锯锯片平面内站人、观察，切割分离的楼板上部允许有人和机械设备，切割分离后的楼板应及时吊运，完成后方可进行该层梁体和柱的拆除工作，拆除过程电缆、电线、油管等要随着锯片行走及时跟踪移动，但人员搬移时必须在机械非工作状态下进行。

(3) 拆除的块体划分要严格按照设计顺序进行，不能盲干，按分块次序一块一块切割，并时刻观察梁、柱的稳定性，出现裂纹，裂缝的情况要及时报工程技术人员，由技术人员负责和甲方人员进行沟通，确定施工工艺和施工方式。

(4) 分块大小根据设计竖立塔吊吊装能力大小，按该层内该楼板最远距离进行塔吊重量计算（计算时根据距离大小确定塔吊起重量，再乘以安全系数），后根据该块楼板的总重量进行划分，楼层中每一处的起重量都要进行安全核算。并且要考虑被吊构件自身的结构强度，保证楼板抗弯、抗折。在起重和构件安全范围内，结合施工工期和工程量将所分块体可尽可能按大块进行。各层楼板的拆除分块详细见图 7.6-2。

(5) 除保留①～②、③～④、⑤～⑥、⑧～⑨、⑩～⑪/Ⓐ～Ⓑ、Ⓒ～Ⓓ轴标高为 5.400、10.800、16.200、21.600、32.400m 的楼板以及 1995 年改造时支撑此部分楼板的钢梁、钢柱做支撑外，拆除其余楼板（含各夹层楼板）和屋面板；需要拆除楼板分块见图 7.6-2，楼板分块表见表 7.6。

楼板分块表　　　　　　表 7.6

序号	待拆除楼板号	楼板类型	楼板切割块数（块）	每楼板重量（t）
1	①	预制圆孔板	36	2
2	②	钢筋混凝土板	2	2.5
3	③	钢筋混凝土板	3	2.8
4	④	钢筋混凝土板	2	2.2
5	⑤	钢筋混凝土板	2	3.1
6	⑥	钢筋混凝土板	2	2.5

序号	待拆除楼板号	楼板类型	楼板切割块数(块)	每楼板重量(t)
7	⑦	钢筋混凝土板	2	2.6
8	⑧	钢筋混凝土板	2	2.1
9	⑨	钢筋混凝土板	2	2.0
10	⑩	钢筋混凝土板	40	2.0
11	⑪	钢筋混凝土板	10	2.1
12	⑫	钢筋混凝土板	2	2.1
13	⑬	钢筋混凝土板	2	2.3
14	⑭	钢筋混凝土板	8	3.8

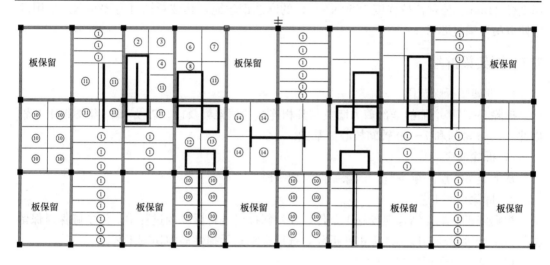

图 7.6-2　拆除楼板分块图

（6）楼板吊装及验算

① 混凝土楼板吊装见图 7.6-3。

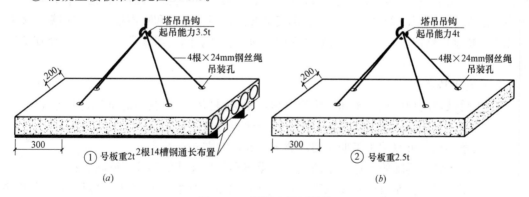

图 7.6-3　混凝土楼板吊装

② 下面对吊装钢丝绳进行验算：

A. 计算

根据现场条件，楼板切割分块重量不超过 3.8t(38kN)。作吊索无弯曲时，安全系数

K 取 6～8。

$$F_1 = F_2 = G \div (n \times \sin\beta) = 38 \div (4 \times \sin 45°) = 13.58 \text{kN}$$

F_1、F_2 表示吊索承受的拉力；

n 表示吊索根数；

β 表示吊索与水平面的夹角；

$[S] = F \times K \div \alpha = 25 \times 8 \div 0.82 = 244 \text{kN}$。

$[S]$ 为钢丝绳破坏拉力；

α 为钢丝绳破坏拉力换算系数，取值为 0.82。

B. 选用钢丝绳

根据以上计算结果和《设备起重吊装工程便捷手册》6×37 钢丝绳的破断拉力表，选用直径 24mm、公称抗拉强度 1550N/mm^2 的麻芯钢丝绳，其破断拉力为 326kN。采用双索四点吊装满足要求。

7.7 框架梁拆除

1) 框架梁拆除范围

拆除 1995 年增加的全部剪力墙及与其相连接的框架梁及柱，以及 1995 年图纸中 B 轴以北，2～5 轴间和 7～10 轴间核心筒基础。

2) 拆除顺序

从上至下一层一层进行，拆除一段清理一段。

3) 拆除切割工艺

根据施工图纸，结合现场施工条件，在对斜撑梁进行拆除的过程中，为了确保对保留框架桩不产生扰动，以实现无损性拆除，选用金刚石无损性静力切割工艺。

(1) 金刚石绳锯切割的原理

金刚石绳锯切割是金刚石绳索在液压马达驱动下绕切割面高速运动研磨切割体，完成切割工作。由于使用金刚石单晶作为研磨材料，故此可以对石材、钢筋混凝土等坚硬物体进行切割。切割是在液压马达驱动下进行的，液压泵运转平稳，并且可以通过高压油管远距离控制操作，所以切割过程中不但操作安全方便，而且震动和噪声很小，被切割物体能在几乎无扰动的情况下被分离。切割过程中高速运转的金刚石绳索靠水冷却，并将研磨碎屑带走。

(2) 施工特点

① 不受被切割物体积大小和形状的限制，能切割和拆除大型的钢筋混凝土构筑物；

② 可以实现任意方向的切割，如横向、竖向、对角线方向等；

③ 快速的切割可以缩短工期，切割效率：2m^2/h 左右；

④ 解决了常规拆除施工过程中的振动、噪声和灰尘及其他环境污染问题；

⑤ 远距离操作控制可以实现水下、危险作业区等一些特定环境下一般设备、技术难以完成的切割。

(3) 金刚石绳锯机切割施工工艺见图 7.7-1。

① 固定绳锯机及导向轮

用 M16 化学锚栓固定绳锯主脚架及辅助脚架，导向轮安装一定要稳定，且轮的边缘

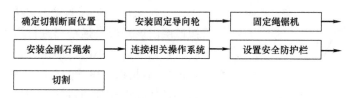

图 7.7-1　金刚石绳锯机切割施工工艺图

一定要和穿绳孔的中心线对准，以确保切割面的有效切割速度，严格执行安装精度要求。

② 安装绳索

根据已确定的切割形式将金刚石绳索按一定的顺序缠绕在主动轮及辅助轮上，注意绳子的方向应和主动轮驱动方向一致。

③ 相关操作系统的连接及安全防护技术措施

根据现场情况，水、电、机械设备等相关管路的连接应正确规范、相对集中，走线摆放严格执行安全操作规程，以防机多、人多、辅助设备、材料乱摆、乱放，造成事故隐患。绳索切割过程中，绳子运动的方向的前面一定要用安全防护栏防护，并在一定区域内设安全标志，以提示行人不要进入施工作业区域。

④ 切割

启动电动马达，通过控制盘调整主动轮提升张力，保证金刚石绳适当绷紧，供应循环冷却水，再启动另一个电动马达，驱动主动轮带动金刚石绳索回转切割。切割过程中必须密切观察机座的稳定性，随时调整导向轮的偏移，以确保切割绳在同一个平面内。

⑤ 切割参数的选择

切割过程中通过操作控制盘调整切割参数，确保金刚石绳运转线速度在 20m/s 左右，另一方面切割过程中应保证足够的冲洗液量，以保证对金刚石绳的冷却，并把磨削下来的粉屑带走。切割操作做到速度稳定，参数稳定、设备稳定。

⑥ 切割过程中应注意的问题

如遇到发生卡绳，断绳等现象要有相应措施解决。安全防护措施一定严格、严密，否则断掉的金刚石绳索上的金刚石串珠会像子弹一样飞出伤人。故现场除搞好必要的防护措施外，一律谢绝来往无关人员观摩。

4）切割分块切割

搭设支撑，根据梁体结构、切割面位置和吊点位置，合理布局支撑支撑点必须紧贴梁体下底面，保证梁体分离后能平稳落在支撑上，验算该层梁体荷载、支撑结构荷载情况下下层梁体和楼板的稳定性，支撑搭设还要考虑梁分离落到支撑架上后侧向稳定性，切割后的块体必须及时吊出支撑架，禁止块体长时间放置于支撑架上，影响周边梁体施工和下一步柱子切除施工保证施工人员在绝对安全可靠的施工环境下工作。

拆除时先在要拆除的楼板上的吊点进行剔凿，金刚石薄壁钻钻出各个吊点。切割时将机械设备固定在梁体上，安装机具，切割过程中严禁在梁体分离面内站人、观察。施工人员进行挂绳、冷却时提供时必须在机械非工作状态下进行。

拆除的块体划分要严格按照设计顺序进行，按分块次序一块一块切割，并时刻观察柱的稳定性，出现裂纹、裂缝的情况要及时报工程技术人员，由技术人员负责和甲方人员进行沟通，确定施工工法。

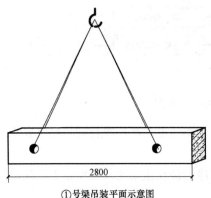

①号梁吊装平面示意图

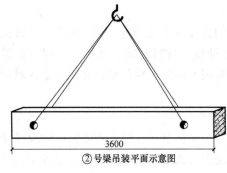

②号梁吊装平面示意图

图 7.7-2　梁吊装示意图

分块大小根据设计竖立塔吊吊装能力大小，按该层内该楼板最远距离进行塔吊重量计算（计算时根据距离大小确定塔吊起重量，再乘以安全系数），后根据该段梁的总重量进行划分，楼层中每一处的起重量都要进行安全核算。并且要考虑被吊构件自身的结构强度，保证分离梁体抗弯、抗折。在起重和构件安全范围内，结合施工工期和工程量将所分块体可尽可能按大块进行，吊装见图 7.7-2。各层框架梁的拆除分块详细见图 7.7-3，框架梁切割分块表见表 7.7。

5）吊装验算

（1）计算

根据现场条件，楼板切割分块重量不超过 3.6t（36kN）。作吊索无弯曲时，安全系数 K 取 6～8。

$$F_1 = F_2 = G \div (n \times \sin\beta) = 38 \div (4 \times \sin 45°)$$
$$= 12.87 \text{kN}$$

其中，F_1、F_2 表示吊索承受的拉力；

　　　　n 表示吊索根数；

　　　　β 表示吊索与水平面的夹角；

$$[S] = F \times K \div \alpha = 25 \times 8 \div 0.82 = 244 \text{kN};$$

$[S]$ 为钢丝绳破坏拉力；

α 为钢丝绳破坏拉力换算系数，取值为 0.82。

（2）选用钢丝绳

根据以上计算结果和《设备起重吊装工程便捷手册》6×37 钢丝绳的破断拉力表，选用直径 24mm、公称抗拉强度 1550N/mm² 的麻芯钢丝绳，其破断拉力为 326kN。采用双索四点吊装满足要求。

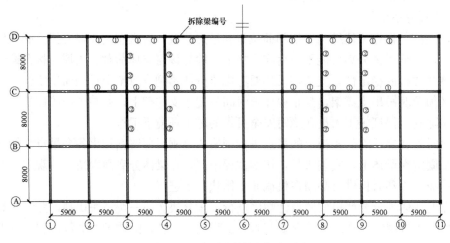

图 7.7-3　标准层梁拆除平面图

框架梁切割分块表 　　　　　　　　　　　　　　　　表7.7

节段编号	梁截面尺寸 (mm)	梁分块数量 (块)	梁数(根)	混凝土方量 (m³)	分块重量 (t)
①	250×800	2	12	1.02	2.55
②	250×800	2	8	1.44	3.6

7.8　柱拆除施工

1）拆除顺序

待一层内楼板和框架梁拆除后，进行框架柱的拆除工作，从上至下一层一层进行，拆除一段清理一段。

2）拆除前的拆除条件及施工准备

确定拆除范围和对象，依据塔吊吊装能力进行分块和重量核算，布置分块后吊点的位置。施工放线，并标出吊点位置。依据切割线位置进行支护，防止框架柱切割后的倾覆性，支护时保证切割线位置没有支撑架并排除其他影响切割的结构和构件。验算框架柱拆除后结构稳定性。

3）拆除方案

框架柱拆除所用设备与框架梁拆除相同，施工工艺相同。

拆除柱必须在该层楼板和梁拆除之前进行，在一层的竖向平面内按柱、板、梁的拆除顺序进行。拆除梁之前必须先将1995年后增加的增加柱外附钢柱拆除，外附钢柱用气割按楼层进行拆除，保证外附钢柱拆除后的完整性。待外附钢柱拆除后在原有楼板、梁、柱的支撑结构下适当补充柱体周围支撑，保证柱拆除过程中柱子的竖向稳定性，不发生侧向倾倒。由于绳锯可进行任意方向的切割，绳锯拆除中的不同点主要绳锯机的固定方向。

在待拆的框架柱周围围成一圈支护架，维护架的搭设可利用既有楼板和框架梁拆除支撑进行搭设，搭设应符合规范标准。

由于绳锯机本身具有可切割任意形状、角度分离面的特点，水平切割框架柱完全可以实现。

4）柱子拆除分块及吊装

柱切割平面图和吊装示意图详见图7.8，框架柱切割分块表见表7.8。

柱切割分块表 　　　　　　　　　　　　　　　　　表7.8

序号	拆除柱 编号	柱截面 (mm×mm)	柱分块(个)	柱数(个)	每块重量(t)	塔吊起吊能力(t)
1	①	500×500	4	2	3.25	4.48
2	②	500×500	5	2	5.25	5.52
3	③	500×500	4	1	6.5	8
4	④	500×500	6	1	4.3	4.48

5）柱子吊装验算

（1）计算

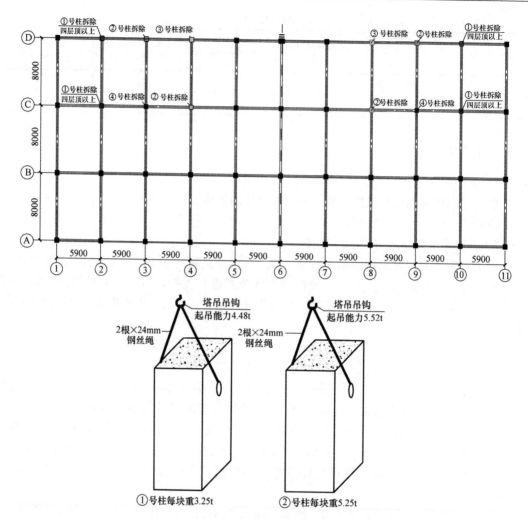

图 7.8 框架柱切割分块图

根据现场条件，柱子切割分块重量不超过 6.5t（65kN）。作吊索无弯曲时，安全系数 K 取 6~8。

$$F_1 = F_2 = G \div (n \times \sin\beta) = 65 \div (4 \times \sin 45°) = 23.22 \text{kN}$$

其中，F_1、F_2 表示吊索承受的拉力；

n 表示吊索根数；

β 表示吊索与水平面的夹角；

$[S] = F \times K \div \alpha = 25 \times 8 \div 0.82 = 244 \text{kN}$。

$[S]$ 为钢丝绳破坏拉力；

α 为钢丝绳破坏拉力换算系数，取值为 0.82。

（2）选用钢丝绳

根据以上计算结果和《设备起重吊装工程便捷手册》6×37 钢丝绳的破断拉力表，选用直径 24mm、公称抗拉强度 1550N/mm^2 的麻芯钢丝绳，其破断拉力为 326kN。采用双索两点吊装，满足要求。

7.9　底板混凝土拆除施工

1）拆除范围

本次基础底板拆除仅拆除核心筒区域。详见图 7.9-1 和图 7.9-2。基础底板分块详见表 7.9。

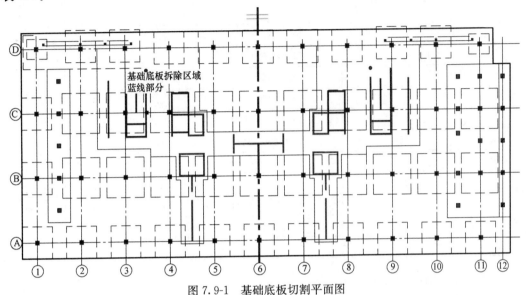

图 7.9-1　基础底板切割平面图

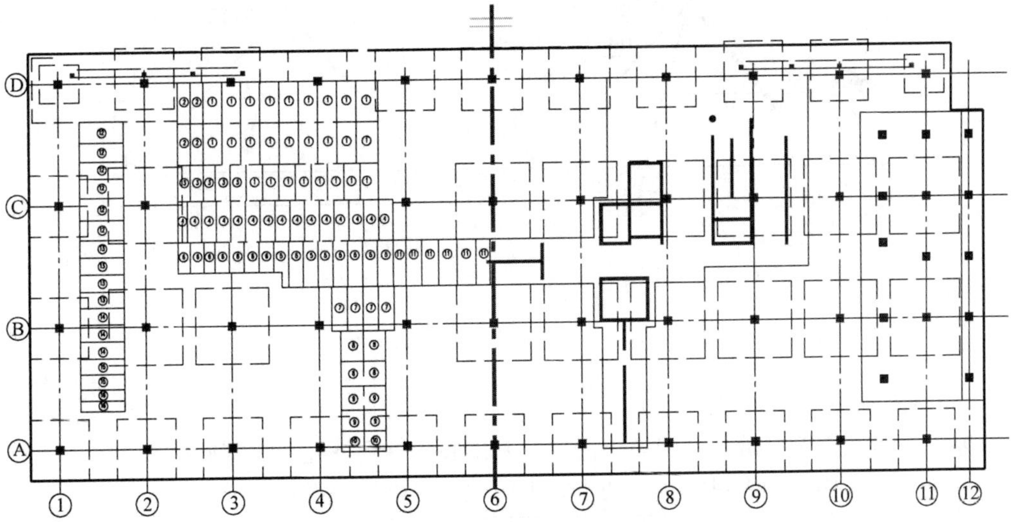

图 7.9-2　基础底板切割分块图

基础底板分块　　　　　　　　　　　　　　　　表 7.9

序号	拆除基础底板编号	底板截面积（mm×mm×mm）	每块重量（t）	总数（个）	塔吊起吊能力（t）
1	①	1480×2700×600	5.9	26	6.24
2	②	890×2700×600	3.6	4	4.48

序号	拆除基础底板编号	底板截面积 （mm×mm×mm）	每块重量 （t）	总数 （个）	塔吊起吊能力（t）
3	③	890×2400×600	3.2	5	3.52
4	④	1000×2300×600	3.45	15	3.8
5	⑤	1000×2700×600	4.05	8	4.56
6	⑥	1000×2500×600	3.75	7	4
7	⑦	1000×2000×600	3	4	3.35
8	⑧	1000×1800×600	2.7	4	3.1
9	⑨	1000×1600×600	2.4	4	3
10	⑩	1000×1500×600	2.25	2	2.5
11	⑪	1000×3000×600	4.5	6	4.68
12	⑫	1200×3000×600	5.4	6	5.52
13	⑬	1000×3000×600	4.5	4	4.68
14	⑭	900×3000×600	4.05	3	4.56
15	⑮	800×3000×600	3.6	2	3.8
16	⑯	500×3000×600	2.25	2	2.5

基础底板切割吊装示意图见图 7.9-3。

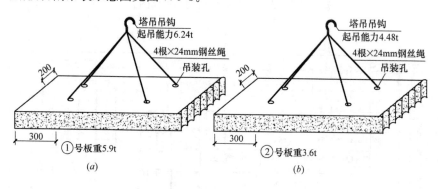

图 7.9-3 基础底板切割吊装示意图

2）拆除顺序

基础底板上部垫层破碎→回填土清理→基础底板拆除→柱独立基础拆除。

在施工平面内按照先里部后外的步骤进行，便于机械边拆边退。

3）地坪施工

基础底板上部做法为 50 厚 C10 混凝土→150 厚卵石混合砂浆层→回填土。

采用小型挖掘机（带小炮锤）首先对上层混凝土垫层进行破碎，然后用装载机将渣土转运至场外。

7.10 外脚手架施工及计算

本工程在建筑物外围搭设双排脚手架，搭设高度 34.0m，立杆采用单立管。立杆的纵距1.50m，立杆的横距1.05m，内排架距离结构0.30m，立杆的步距1.80m。钢管类型为48×3.5，连墙件采用2步3跨，竖向间距3.60m，水平间距4.50m。

脚手架搭拆、计算及注意事项省略。

7.11 文物建筑保护方案

1）搭设围挡进行围护

（1）为确保建筑物北侧庙宇在施工过程中不被破坏，在施工前，沿寺庙围墙外侧搭设优质彩色喷塑压型钢板进行封闭，整个围挡总高度2.5m，围挡基础砌筑50cm高度的墙基底脚并抹光，上部为优质彩色喷塑压型钢板。围挡按照业主、监理同意的方案进行CI设计；

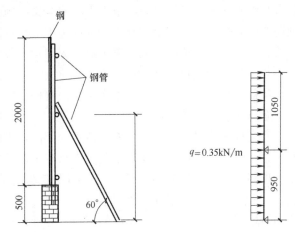

（2）对信号工和塔吊司机进行详细的交底，在塔吊吊运过程中，严禁塔吊从庙宇上方运行；

（3）对进场施工的工人进行详细的交底，严禁工人进入寺庙。

2）围墙计算

围挡支撑详见图7.11。

图7.11 金属围挡支撑图示及受力计算模型

（1）钢围挡抗倾覆计算：

① 荷载：钢围挡主要承受的荷载为风荷载，依据《建筑结构荷载规范》GB 50009—2012。北京地区基本风压 $W_0 = 0.35\text{kN/m}^2$。

② 计算模型：钢围挡底端固定在500mm高砖基础中，水平背楞距固定端950mm，竖向背楞间距3000mm，背楞均采用 $\phi45$ 钢管；同时还采用一根 $\phi45$ 钢管与水平背楞用扣件连接后以60°倾角与地面撑紧，只需选择竖向背楞作为带悬臂的梁进行抗倾覆验算。受风荷载面积为3m×2m。

③ 竖向背楞受力：$q = 1.4 \times W_0 \times 3 = 1.4 \times 0.35 \times 3 = 1.47\text{kN/m}$。

④ 弯矩 $M_{max} = ql^2/8 \times [(1-\lambda_2)/2] = 1.47 \times 0.95^2/8 \times [(1-1.11/2)/2] = -0.07\text{kN·m}$

⑤ 抗弯强度 $= M/W = 0.07 \times 10^3 \times 10^3/5.08 \times 10^3 = 13.8\text{N/mm}^2 < f = 205\text{N/mm}^2$，满足。

⑥ 挠度 $f = qml^3/24EI \times (-1+4\lambda_2+3\lambda_3) = 1.47 \times 1.05 \times 0.95^3/(24 \times 2.06 \times 10^5 \times 12.19 \times 10^4) \times (-1+4 \times 1.1025+3 \times 1.16) = 1.5\text{mm} < [v] = 10\text{mm}$，满足。

经计算，本工程钢围挡设计满足安全使用要求。

8 安全及技术保证措施

8.1 安全管理方针、目标

1）安全管理方针

严格遵守《建筑施工安全技术规范》的相关技术规定，项目经理部将严格执行企业"消除一切隐患风险，确保全员健康安全"的安全方针，严格遵守国家现行安全生产法律、法规，消除一切安全隐患，防止各类事故发生，建立科学的安全管理体系，改善施工作业环境，依靠先进的管理方法，保证项目施工、管理人员的安全。

2）安全管理目标

本合同施工安全管理目标是：明确项目经理部的安全管理机构及职责；建立、健全安全生产责任制度，确保责权明确，信息流畅通；相关人员依法、依据明确的管理程序履行各自职责和义务；使所有影响施工现场安全文明施工的各类因素处于受控状态，保障施工现场作业人员的人身安全和健康，确保施工安全全过程"五无"指标达标，即无工伤死亡事故、无工伤重伤事故、无火灾事故、无中毒事故和无重大机械设备事故。

3）安全管理组织与职责

项目经理对本项目的安全工作负全面责任。项目经理部设置安全部，并配备专职和兼职安全员及相应管理人员。

安全部为项目经理部安全的归口管理部门，进行安全体系和相关制度执行情况的审核和监察；各施工作业班组和部室负责人是本单位的安全第一责任人，保证全面执行各项安全管理制度，负直接领导责任。安全部设专职安全员，其他部门和班组设一名兼职安全员，在安全部的监督指导下负责本班组、部门的日常安全管理工作，各施工作业班组班组长为兼职安全员，在专职安全员的指导下开展班组的安全工作，对本班人员在施工过程中的安全和健康全面负责，确保本班人员按照有关规定和作业指导书及安全施工措施进行施工，不违章作业。

4）安全管理制度及办法

建立以安全生产责任制为基础，包含安全教育、安全检查、安全会议、安全报告和奖励及处罚等为主要办法的安全管理制度。

5）危险源

项目经理部安全部门根据本公司《危险源辨识、风险评价和风险控制策划管理程序》的要求，组织收集危险源辨识信息，从以下方面存在的危险、危险因素进行辨识与分析。

根据施工经验，针对本合同工程，初步辨识主要的危险源见表8.1。

重大危害、危险因素及控制策划清单　　　　表8.1

序号	辨识部位及内容	潜在危害危险因素	可能导致的事故	控制方法
1	现场交叉作业施工	物体坠落	物体打击伤害事故	管理方案
2	吊装作业	吊物坠落伤害	物体打击伤害事故	管理方案
4	切割作业	钻头伤害、触电、机械伤害	人员工伤事故	管理方案
5	高空作业	临边作业未系安全带坠落、物体打击、吊车回转伤人、机械伤害、长期振动噪声等	人员工伤事故、肢体伤害	管理方案
6	交通运输	路面宽度不满足需要	撞车交通事故	管理方案
8	现场用电作业	违章操作、带电体裸露、保护装置失灵	触电伤亡	管理方案
9	生活用电等	违章作业、线路老化、未配备消防器材	火灾	管理方案，应急预案

序号	辨识部位 及内容	潜在危害危险因素	可能导致 的事故	控制方法
10	高排架施工	排架搭设不稳定、排架搭、拆过程未按程序施工	排架垮塌	管理方案
11	起重作业	违章作业、钢丝绳断裂、受力件断裂、吊具有缺陷、指挥不当	起重伤害	管理方案

根据有关风险分析与评价的要求，判断风险级别、确定不同的控制手段。

8.2 安全管理措施

1）一般要求

（1）在组织施工中，必须保证有本单位施工人员施工作业就必须有本单位领导和安全管理人员在现场值班，不得空岗、失控。

（2）严格执行施工现场安全生产管理的技术方案措施，在执行中发现问题应及时向有关部门汇报。更改方案和措施时，应经原设计方案的技术主管部门领导审批签字后实施，否则任何人不得擅自更改方案和措施。

（3）建立并执行安全生产技术交底制度。要求各施工项目必须有书面安全技术，且交底必须有针对性，并有交底人和被交底人签字。

（4）建立并执行班前安全生产讲话制度。

（5）建立机械设备、临电设施和各类脚手架工程设置完成后的验收制度。未经过验收和验收不合格的严禁使用。

2）行为管理

（1）进入施工现场的人员必须按规定戴安全帽，并系下颌带，不系者视同违章。

（2）凡从事 2m 以上无法采用可靠的防护设施的高处作业人员必须系安全带。安全带应高挂低用，操作中应防止摆动碰撞，避免意外事故发生。

（3）参加现场施工的所有电工、信号工、翻斗车司机，必须是自有职工或长期合同工，不允许安排外施队人员担任。

（4）参加现场施工的特殊工种人员必须持证上岗，并将证件复印件报投标人项目经理部安全文明施工管理部门备案。

3）安全防护管理

（1）各类施工脚手架严格按照脚手架安全技术防护标准和支搭规范搭设，脚手架立网统一采用绿色密目安全网防护，密目网应绷拉平直，封闭严密。脚手架严禁钢木混搭。

（2）脚手架必须与结构拉接牢固，拉接点垂直距离不得超过 4m，水平距离不得超过 6m，拉接所用的材料强度不得低于双股 8 号铅丝的强度。在拉接点处设可靠支顶。连墙件应能承受拉力与压力，其承载力标准值不应小于 10kN；连墙件与门架、建筑物的连接也应具有相应的连接强度。

（3）脚手架的操作面必须满铺脚手架，离墙面不得大于 20cm，不得有空隙和探头板、飞跳板。施工层脚手板下一步架处兜设水平安全网。操作面外侧应设置两道护身栏、一道挡脚板或设一道护身栏，立挂安全网，下口封严，防护高度应为 1.5m。在脚手架基础或邻近严禁挖掘作业。

(4) 脚手架必须保证整体结构不变形，凡高度在 20m 以上的脚手架，纵向必须设置十字盖，十字盖宽度不得超过 7 根立杆，与水平夹角应为 45°～60°。高度在 20m 以下的，必须设置正反斜支撑。

(5) 建筑物出入口处应搭设 3～6m，宽于出入通道两侧各 1m 的防护棚，棚顶应满铺 5cm 厚的脚手板，非出入口和通道两侧必须封闭严密。

4) 临时用电安全技术措施

(1) 施工工地现场临时配电线路，按照 TN-S 系统要求配备五芯电缆、四芯电缆和三芯电缆；线路过道必须套管保护；严禁使用老化电线。

(2) 按"三级配电箱，二级保护"要求配备总配电箱、分配电箱和开关箱三类标准电箱。开关箱应符合一机、一箱、一闸、一漏的配置标准，所用各类电器产品均采用国内名牌厂家生产的标准产品。总配电箱和开关箱内的漏电保护器的容量应与负荷相适应。

(3) 施工现场变压器低压侧供电必须采用 TN-S 接地保护零线。保护零线不准与工作零线混接。

(4) 安全用电措施：严禁操作电工无证上岗；严禁无经验电工单独值班；严禁带病、疲劳、酒后上岗；现场电工必须严格遵守操作规程；实行定期检查制度和特殊情况外检查制度。

5) 洞口作业安全技术措施

必须设置牢固的盖板、防护栏杆、安全网或其他防坠落的防护设施。施工现场通道附近的各类洞口与坑槽等处，除设置防护设施与安全标志外，夜间还应设红灯示警。楼板、平台等面上的孔口，必须使用坚实的盖板。盖板应能防止移位。边长在 150cm 以上的洞口，四周设防护栏杆，洞口下张设安全平网。位于车辆行驶道旁的洞、深沟与管道坑、槽，所加盖板应能承受不小于额定卡车后轮承载力 2 倍的荷载。

6) 高空作业防护措施

(1) 施工负责人应对工程的高处作业安全技术负责并建立相应的责任制。施工前，应逐级进行安全技术教育及交底，落实所有安全技术措施和人身防护用品。

(2) 对高空作业的脚手架、斜道、靠梯等设施进行每天定期检查，及时更换和补强使其坚固和稳定。高空作业时搭设的工作平台须牢固可靠，并设置栏杆、挂安全防护网，在醒目处设立安全警示标志。

(3) 高处作业中的安全带、工具、仪表、电气设施和各种设备，必须在施工前加以检查，确认其完好，方能投入使用。

(4) 攀登和悬空高处作业人员以及搭设高处作业安全架子的人员，必须经过专业技术培训及专业考试合格，持证上岗，并必须定期进行体格检查。

(5) 施工中对高处作业的安全设施，包括照明设备和避雷设施等，发现有缺陷和隐患时，必须及时解决；危及人身安全时，必须停止作业；高处作业中所用的物料，均应堆放平稳。工具应随手放入工具袋；在架上传递、放置杆件时，应注意防止失衡闪失；作业中的走道、通道板和登高用具，应随时清扫干净；拆卸下的混凝土渣块及时清理运走。

(6) 因作业必须，临时拆除或变动安全防护设施时，必须经施工负责人同意，并采取相应的可靠措施，作业后应立即恢复。

8.3 技术保证措施

1）流水作业，主次分明

在确保工期前提下，合理安排施工投入。拆除分为两个大作业区，每区划分为若干个施工流水段，在流水段内组织流水施工。

2）先进施工技术、施工方法的应用

拆除施工中采用金刚石圆盘锯和绳锯、手持锯的锯切方法，分别对板、梁和柱、剪力墙进行静态切割，既保证了无损性拆除，又极大地提高切除速度，缩短施工时间。

9 现场文明施工及环境保护以及防民扰措施

9.1 文明施工措施

1）全面开展创建文明工地活动。做到"两通三无五必须"，即：施工现场人行道畅通，施工现场排水畅通；施工中无管线高放；施工现场无积水，施工道路平整无坑塘，施工区域与非施工区域必须严格分离；施工现场必须挂牌施工，施工人员必须佩卡上岗，现场材料、构件、料具等堆放时必须堆放整齐且悬挂有名称、品种、规格等标牌，工地生活设施必须文明。注重施工现场的整体形象，科学组织施工。

2）加强宣传教育，提高全体施工人员对文明施工重要性的认识，不断增强文明施工意识，使文明施工逐步成为全体施工人员的自觉行为，讲职业道德，扬行业新风。

3）建立文明施工奖罚规定，现场文明施工与经济挂钩。

4）对施工场地进行规划布置时按照施工道路畅通无阻、机械设备摆放有序、梯道交通安全、材料堆放整齐、施工废水排放合理的原则。对于易飞扬的细颗粒建筑材料，密闭存放或采用苫布覆盖，对于拆除过程中的粉尘，采取喷水等有效措施进行及时除尘。

易燃、易爆和有毒的化学物品分类存放在各自的仓库内，用时采取可靠措施运输，做到随到随用，不能用完的及时退库处理。

5）在各作业区、库房及生产、生活营地分别设置消防专用水阀及消防用软管等设施，并按有关规定配置足够的灭火器。油罐配置足够的干粉灭火器。

6）对箱梁切割集水槽的施工废水采用相应的污水沉淀系统，沉淀处理后回收或排放。

7）加强对施工人员的全面管理，所有施工人员均要办理暂住证。严禁接受"三无"盲流人员。落实防范措施，做好防盗工作，及时制止各类违法和暴力行为，并报告公安部门，确保施工区域内无违法违纪现象发生。尊重当地行政管理部门的意见和建议，积极主动争取当地政府支持，自觉遵守各项行政管理制度和规定，搞好文明共建工作。

8）工区内设置醒目的施工标识牌，标明工程项目名称、范围、开竣工时间、工地负责人；所有施工管理人员和操作人员必须佩戴证明其身份的标识牌，标识牌标明姓名、职务、身份编号；设立监督电话，接受社会监督，提高全体施工人员的文明施工意识。

9）项目经理部对自检和监理单位组织的检查中查出文明施工中存在的问题，不但要立即纠正，而且要针对文明施工中的薄弱环节，进行改进和完善，使文明施工不断优化和提高。

10）工程完工后，按要求及时拆除所有工地围墙、安全防护设施和其他临时设施，并将工地及周围环境清理整洁，做到工完、料清、场地净。

9.2　环境保护措施

1）严格执行《中华人民共和国环境保护法》、《环境管理体系原则、体系和支持技术通用指南》GB/T 24004—2004、《建筑工程施工环境保护工作基本标准》。

2）每天职工上下班采用班车接送出入施工现场。

3）工地主要入口处设置统一标准式样的标牌，字迹规整，明洁美观。

4）临时设施和各类材料按施工平面布置或码放。

5）施工现场应设排水措施，运输道路平整畅通，不准有污水横流，不得有常流水、常明灯。

6）工人应活完脚下清，工完场地清，有洒、漏、剩要及时清理。

7）现场不准乱堆垃圾，在适当地点临时堆放，并定期外运。建筑物内的渣土垃圾，要通过搭设的封闭垃圾井道或装箱措施稳妥下卸，严禁从门窗口向外抛掷。

8）执行严格的成品保护制度，严禁损坏污染成品，严禁在场地内大小便。

9）现场材料要分规格码放整齐，不能混杂，应妥善保管或入库保存。

10）所有施工人员一律统一着装，佩带统一胸卡标志。

11）现场设来访接待办公室，安排专人每天值班，专门解决现场施工环保事宜。

12）施工现场厕所，安排专人每天清扫冲洗，定时清运，保持卫生。

13）施工现场统一规划排水管线。生产废水要排入沉淀池内，经二次沉淀后，方可排入城市市政污水管线或用于洒水降尘。生活污水通过现场埋设的排水管道，向市政污水井排放。平时加强管理，防止污染。

14）对现场施工管理人员和操作人员进行消防培训，增强消防意识。严格落实各项消防规章及防火管理规定。

15）严格遵守《中华人民共和国消防条例实施细则》等条例。

16）明火作业要开用火证。动火前，要清除附近易燃物，配备看火人员和灭火用具。严禁在施工区焚烧会产生有毒或恶臭气体的物质。

17）施工现场严禁吸烟

9.3　防民扰措施

1）严格执行《中华人民共和国环境噪声污染防治法》、《建筑施工场界环境噪声排放标准》GB 12523—2011，确保不影响周边居民日常生活和出行。

2）根据北京市环保要求，本公司将采取合理调整拆除程序和设备控制噪声，白天施工噪声不高于 50dB，夜间施工噪声不高于 30dB。

3）对产生强烈噪声或震动的施工工序或作业，采取减振措施，选用低噪、弱振设备和工艺。对固定的大的噪声源，应设置必要的隔音间或隔音罩。

4）严禁施工车辆在禁行时段内进入街道，避免交通噪声对街道和周围生活办公区声环境的影响。车辆行驶应适当减速，并严禁鸣笛。

5）施工中加强各种机械设备的维修和保养，做好机械设备使用前的检修，使设备性能处于良好状态，运行时可减少噪声。

6）根据施工总体布置，确定噪声源的分布和对环境的影响程度，对主要噪声源采取措施，使施工区场界外敏感区声环境不因本工程施工而不满足《声环境质量标准》GB 3096—2008类区标准的要求。

7）确保场内无烟尘、场外无渣土的主要措施有：

（1）装运渣土、垃圾等一切产生粉尘、扬尘的车辆，必须覆盖封闭；

（2）各种燃油机械设备必须配备必要的消烟除尘设备；

（3）施工道路应及时进行洒水或其他降尘措施，根据天气状况确定洒水频率，一般以场地不起尘为标准；非雨日每天洒水2～4次，使不出现明显的扬尘。

10 应 急 预 案

10.1 应急预案的目的

在拆除过程中，保留结构的稳定是现场工作的核心，是保证现场施工进度和安全的基础，因此必须建立有效的结构失稳预警机制，预先识别紧急情况，在危急事件的潜伏期及时处理，预先识别危险源，做好危机防范。针对一旦事故发生后，及时展开救援，抢救受伤人员，使受困、受伤害人员、财产得到及时抢救，防止事故继续发展。

10.2 应急救援机构

1）机构

项目建立以项目经理为组长的结构失稳应急领导小组，副项目经理和项目技术负责人为副组长，并形成由甲方、监理、设计院、项目相关职能部门等共同参加的紧急情况处置组织体系，同时对相关人员要求必须24小时开机，确保通信保障。在施工过程中一旦发现保留结构的异常，及时向上级汇报。

2）职责和分工

（1）组长负责事故应急救援的全面组织、指挥、协调工作，负责向上级报告并负责调集抢险救援所需的人力、物力。

（2）副组长协助组长组织、指挥、协调救援工作，组长不在现场时代行组长的职责。

（3）组员在组长或副组长的指挥下，负责现场的维护、抢救、警戒等工作，及具体落实组长或副组长下达的救援方法、措施的指令。

10.3 应急保障措施

1）在施工前，对需要测量的柱子进行测量点的标识，并在场区内设置测量永久基准点。

2）严格按照加固施工方案进行梁柱节点加固，并进行认真验收。

3）确定合理拆除工序，严禁采用风镐、大锤对结构进行破坏性拆除，将拆除对梁柱节点的扰动降到最低。

4）每天安排专人认真检查保留结构是否出现裂缝，加固支撑脚手架扣件和钢管是否出现变形，一旦发现异常，及时汇报。

5）施工期间，每天对柱子监测两次，并将测量结果上报甲方和监理，发现柱子有水平位移及时向设计院进行汇报。

6）通过将监测数据与预测值作比较，判断上一步施工工艺和施工参数是否符合或达到预期要求，同时实现对下一步的施工工艺和施工进度控制，从而切实实现信息化施工；通过监测及时发现柱子在施工过程中的环境变形发展趋势，及时反馈信息，达到有效控制施工对邻近保留结构影响的目的；将现场监测结果反馈设计单位，使设计能根据现场工况发展，进一步优化方案，达到优质安全、经济合理、施工快捷的目的。

7）一旦发现构件测量数据超出要求，必须立即将施工人员全部撤出作业面，并及时反映。

10.4　应急响应

现场一旦出现结构构件失稳时，在现场的任何人员都必须立即向组长报告，汇报内容包括失稳构件的部位、失稳的程度、迅速判断事故可能发展的趋势等，及时将施工人员撤除施工现场、在现场警戒、观察构件发展的动态并及时将现场的信息向组长报告。组长接到信息后，立即赶赴现场并组织、调动人力、物力，并立即向公司和甲方、监理、设计院等领导负责人汇报情况。

10.5　消防应急预案

1）预案准备

（1）成立义务消防队，由项目经理担任义务消防队长。

（2）严格按北京市、国家文件规定建立相应的消防防范设备。

（3）采取黑板报、观看视频等形式普及消防知识，提高全体职工的消防意识。

（4）每月举行一次消防演习活动，增强员工的应急应变能力。

2）消防预备方案

（1）发现火情者要大声呼喊，并及时向项目部领导汇报。

（2）消防队长负责现场总指挥，同时向上级领导报告。

（3）义务消防队员用灭火器、消防桶提水、铁锹铲土灭火。

（4）由电工切断电源。

（5）义务消防队员负责打开消防栓接上水龙带灭火。

（6）由安全员对火情发展态势进行判断，必要时，打 119 电话报警，并安排人员接车。

3）现场防火设施准备

（1）沿建筑物周边敷设直径 DN50 镀锌钢管作为水源，与现场内市政自来水管网接口，接口点设置水表井。

（2）现场周边设消防栓，并配备消防箱（内设消防水带 50m、消防枪一个），设明显标志牌，以满足现场周边消防要求。

（3）楼上消防用水由水管引到楼层内，并配备成套消防箱，设明显标志牌，以满足楼层现场的消防要求。

11　参 考 文 献

[1]　何军. 城市建（构）筑物控制拆除的国内外现状 ［J］. 工程爆破，1999，5（3）：76-81.

[2]　GB 50009—2012　建筑结构荷载规范. 北京：中国建筑工业出版社，2012.

[3]　过镇海，钢筋混凝土原理 ［M］. 北京：清华大学出版社，1999.

[4]　曹双寅，邱洪兴，王恒华. 结构可靠性鉴定与加固技术. 北京：中国水利水电出版社，2001

[5]　吴仕岩. 高层建筑结构加固改造研究 ［D］　［硕士学位论文］. 天津：天津大学，2004.

[6]　喜利得（Hilti）电动工具产品手册

[7]　何焯编. 设备起重吊装工程便携手册 ［M］. 北京：机械工业出版社，2003.

[8]　RILEM（1988），Demolition Method sand Practice，Proc，of the 2nd International Conferences，Tokyo，7-11，November，Tokyo，Japan.

范例 7 地铁隧道爆破工程

杨年华 吴晓腾 编写

———————————

杨年华：中国铁道科学研究院，研究员，长期从事隧道爆破、露天防爆破及爆破振动的研究与实践。

吴晓腾：中铁十八局四公司，项目总工，20多年从事铁路相关工程施工技术与管理。

地铁四号线 TA05 标锁金村站—花园路站区间爆破安全专项施工方案

编制：

审核：

审批：

＊＊＊公司

年　月　日

目　　录

1　编制依据 ┈┈┈┈┈┈┈┈┈┈┈┈┈┈┈┈┈┈┈┈┈┈┈┈┈┈┈┈ **276**

　1.1　设计依据的规范 ┈┈┈┈┈┈┈┈┈┈┈┈┈┈┈┈┈ 276

　1.2　设计依据资料 ┈┈┈┈┈┈┈┈┈┈┈┈┈┈┈┈┈┈ 276

　1.3　设计原则 ┈┈┈┈┈┈┈┈┈┈┈┈┈┈┈┈┈┈┈┈┈ 276

2　工程概况 ┈┈┈┈┈┈┈┈┈┈┈┈┈┈┈┈┈┈┈┈┈┈┈┈┈┈┈┈ **276**

　2.1　工程地质情况 ┈┈┈┈┈┈┈┈┈┈┈┈┈┈┈┈┈┈ 277

　2.2　水文地质情况 ┈┈┈┈┈┈┈┈┈┈┈┈┈┈┈┈┈┈ 277

　2.3　设计断面 ┈┈┈┈┈┈┈┈┈┈┈┈┈┈┈┈┈┈┈┈┈ 277

3　周边环境条件 ┈┈┈┈┈┈┈┈┈┈┈┈┈┈┈┈┈┈┈┈┈┈┈┈ **278**

4　隧道施工方案选择 ┈┈┈┈┈┈┈┈┈┈┈┈┈┈┈┈┈┈┈┈ **281**

　4.1　工程难点分析 ┈┈┈┈┈┈┈┈┈┈┈┈┈┈┈┈┈┈ 281

　4.2　确保安全的隧道施工方法 ┈┈┈┈┈┈┈┈┈┈ 282

　4.3　确保隧道施工质量的要点 ┈┈┈┈┈┈┈┈┈┈ 283

5　地铁隧道爆破技术设计 ┈┈┈┈┈┈┈┈┈┈┈┈┈┈┈┈ **283**

　5.1　区间隧道爆破施工方案 ┈┈┈┈┈┈┈┈┈┈┈┈ 283

　5.2　横通道爆破施工方案 ┈┈┈┈┈┈┈┈┈┈┈┈┈ 289

　5.3　竖井爆破施工方案 ┈┈┈┈┈┈┈┈┈┈┈┈┈┈┈ 293

6　爆破安全设计及防护 ┈┈┈┈┈┈┈┈┈┈┈┈┈┈┈┈┈┈ **295**

　6.1　爆破振动安全核算 ┈┈┈┈┈┈┈┈┈┈┈┈┈┈┈ 295

　6.2　爆破振动控制措施 ┈┈┈┈┈┈┈┈┈┈┈┈┈┈┈ 296

　6.3　爆破飞石控制 ┈┈┈┈┈┈┈┈┈┈┈┈┈┈┈┈┈┈ 297

　6.4　爆破冲击波控制 ┈┈┈┈┈┈┈┈┈┈┈┈┈┈┈┈ 297

　6.5　爆破振动监测 ┈┈┈┈┈┈┈┈┈┈┈┈┈┈┈┈┈┈ 297

　6.6　爆破后施工通风及降尘 ┈┈┈┈┈┈┈┈┈┈┈ 300

　6.7　重点目标保护措施 ┈┈┈┈┈┈┈┈┈┈┈┈┈┈┈ 301

7　施工组织及资源配置 ┈┈┈┈┈┈┈┈┈┈┈┈┈┈┈┈┈┈ **302**

　7.1　施工方法 ┈┈┈┈┈┈┈┈┈┈┈┈┈┈┈┈┈┈┈┈┈ 302

　7.2　人员配置 ┈┈┈┈┈┈┈┈┈┈┈┈┈┈┈┈┈┈┈┈┈ 303

　7.3　爆破器材及器具配置 ┈┈┈┈┈┈┈┈┈┈┈┈┈ 304

8　施工计划 ┈┈┈┈┈┈┈┈┈┈┈┈┈┈┈┈┈┈┈┈┈┈┈┈┈┈┈┈ **305**

　8.1　劳动力计划 ┈┈┈┈┈┈┈┈┈┈┈┈┈┈┈┈┈┈┈┈ 305

　8.2　施工进度计划 ┈┈┈┈┈┈┈┈┈┈┈┈┈┈┈┈┈┈ 305

　8.3　工程进度控制方法 ┈┈┈┈┈┈┈┈┈┈┈┈┈┈┈ 306

9　安全保证措施 ┈┈┈┈┈┈┈┈┈┈┈┈┈┈┈┈┈┈┈┈┈┈┈┈ **306**

9.1　爆破安全警戒 ··· 306

9.2　安全技术措施 ··· 307

9.3　爆破安全管理 ··· 308

10　文明施工及环保、消防措施·· **308**

11　施工应急预案·· **309**

11.1　预案制定原则·· 309

11.2　应急工作内容（爆破作业主要危险源）·· 310

11.3　组织机构··· 310

11.4　火工品丢失、被盗应急预案·· 310

11.5　火工品火灾、爆炸应急预案·· 311

11.6　地下管线事故应急预案··· 312

11.7　爆破飞石伤人事故应急预案·· 312

11.8　信集号规定··· 313

参考文献··· **313**

1　编　制　依　据

1.1　设计依据的规范

（1）《民用爆炸物品安全管理条例》国务院令第 466 号；

（2）《爆破安全规程》GB 6722—2014；

（3）《爆破作业单位资质条件和管理要求》GA 990—2012；

（4）《爆破作业项目管理要求》GA 991—2012；

（5）《土方与爆破工程施工及验收规范》GB 50201—2012；

（6）现行城市快速路和隧道的设计、施工规范，技术标准及工程质量检验评定标准，以及国家颁发的相关施工规范和验收标准。

1.2　设计依据资料

（1）《建设工程施工图设计》；

（2）现场踏勘资料及自行搜集的爆破地段环境图；

（3）与甲方签订的工程合同。

1.3　设计原则

根据爆区的地形地质、环境及施工要求，设计原则为：

（1）确保施工安全。采取控制爆破有害效应的措施，保证爆区周围人身安全和需保护的建（构）筑物、设施、设备等不受损坏。

（2）如期完成任务。在工期控制上，采用关键工序施工控制，突出关键线路；采用平行作业和流水作业方式，注重工序衔接，自始至终对施工现场合理统筹、科学管理，实施全员、全方位、全过程监控，对劳动力及各种资源实行动态管理；在工期安排、人员设备配置、施工方法等方面进行综合考虑。

（3）保证施工质量。在工程质量标准上，严格遵循设计文件、招标文件规定的有关施工技术要求和相应验收标准，按创优质工程为标准编制。

（4）科学合理施工。在施工关键的技术上，使用先进施工方法、技术、工艺设备，技术先进性、科学合理性、经济适用性与实事求是相结合为原则。针对项目施工特点、难点、现场地理环境，制定相应的施工方案和措施。

（5）降低工程成本。采用合理的炸药单耗和起爆方案，加强施工现场的人员和机械设备管理，提高劳动效率，保证施工质量且避免返工现象，节约一切生产或非生产性开支，以达到降低成本的目的。

2　工　程　概　况

地铁四号线 TA05 标锁～花区间设计起讫里程：右 CK19＋110～右 CK20＋853，区间长度 1743m，隧道埋深 14～20m。在花园路站始发，锁金村站接收。区间 CK19＋

980～CK20＋853 区段闪长岩段岩体强度较高，采用爆破法施工。

区间最大曲线半径 2000m，最小 350m，区间线路纵向采用单面坡的方式，水流方向由东向西，最大坡度 12.7‰，最小 8.6‰，线路间距 9.1～15.5m。

2.1　工程地质情况

地铁四号线锁金村站～花园路站区间岩土工程详细勘察报告（报告编号 2011-KC-014-6）显示：场地岩土种类较多，不均匀，性质变化较大，地下水埋藏较浅。场地土按沉积时代、成因类型及物理力学性质，各土层自上而下依次为：①$_1$ 杂填土、①$_2$ 素填土、④$_{2b2}$ 粉质黏土、④$_{4e2}$ 混合土、δ$_0$ 残积土、δ$_2$ 强风化闪长岩、δ$_3$ 中风化闪长岩、场地基坑底部为 δ$_3$ 中风化闪长岩、局部为 J1-2XN-3 中风化石英砂岩。

（1）③$_{4e2}$ 混合土状态不均匀，总体为中密—密实状态，自上而下密实度逐渐增大，强度较高，弱透水性，富水性不均，为坡积成因，西端厚度较大，主要分布于 CK19＋110～CK19＋950 之间，总长 840m。围岩类别判定为Ⅴ级。

（2）δ$_0$ 残积土为砂土状，含风化碎屑，状态不均匀，工程性质良好，弱透水性，富水性不均，为岩石风化残积成因，厚度变化较大。围岩类别判定为Ⅴ级。区间分布较少。

（3）δ$_2$ 层强风化闪长岩，碎块状，总体强度较高，低压缩性，弱透水。围岩类别判定为Ⅳ级。区间分布较少。

（4）δ$_3$ 层中风化闪长岩，压缩性低，工程性质很好，强度较高（单轴抗压强度 f_r 平均值 73.21MPa，标准值 69.36MPa，最大 169.38MPa），围岩类别判定为Ⅲ级。

锁金村站～花园路站区间 CK19＋950～CK20＋853 里程段通过 δ$_3$ 中风化闪长岩，区间左右线合计通过岩层段 1806m，占区间总长度的 52%。

2.2　水文地质情况

本工程地下水类型主要为潜水、微承压水及基岩裂隙水。潜水主要分布于浅部填土层中，雨季有水，旱季无水；④$_{2b2}$ 粉质黏土为隔水层；微承压水赋存于④$_{4e2}$ 及 δ$_0$ 中；基岩裂隙水主要储存在基岩风化带、断层破碎带和节理裂隙中，富水程度差异较大，连通性较差。潜水主要受大气降水补给，大气蒸发及侧向径流排泄。微承压水补给来源为地下径流以及上层孔隙潜水的越流补给，以地下径流为主要排泄方式。基岩裂隙水（包括风化裂隙和构造裂隙）补给来源为裸露地表基岩接受的大气降水的补给及松散地层中孔隙水的补给，由于受裂隙分布及相互连通条件的影响，径流不畅，具多变性，但一般以侧向径流为主要排泄方式。

2.3　设计断面

区间结构形式及施工方法　　　　　　　　　　　表 2.3-1

地质单元	区间名称	断面形式	断面外径（m）	埋深（m）	施工方法
闪长岩	1 号竖井～花区间	马蹄形	6.6	14～20	矿山法

| 闪长岩 | 1号竖井～花区间 | 马蹄形 | 6.6 | 14～20 | 矿山法 |

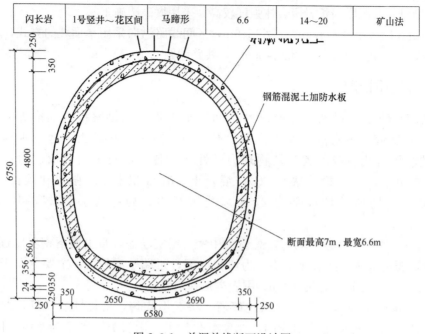

图 2.3-1 单洞单线断面设计图

横通道结构形式及施工方法					表 2.3-2
地质单元	通道名称	断面形式	断面外径（m）	挖深（m）	施工方法
闪长岩	1号、2号横通道	直墙弧形拱	9.3×5	21	矿山法

竖井布置形式及施工方法					表 2.3-3
地质单元	区间名称	断面形式	断面外径（m）	挖深（m）	施工方法
闪长岩	1号、2号竖井	矩形	5×8	21	爆破法

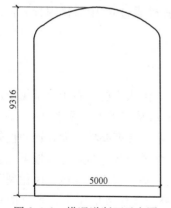

图 2.3-2 横通道断面示意图

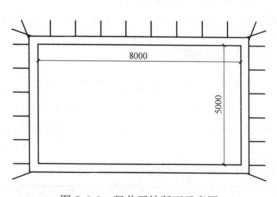

图 2.3-3 竖井开挖断面示意图

3 周边环境条件

（1）区间沿线建（构）筑物情况

区间沿线建（构）筑物情况见表 3-1。

（2）区间沿线管线

区间管线：区间线路延板仓街前行，板仓街下管线密集，主要有 $\phi1000mm$ 的污水管，埋深 3.8m；$\phi500$ 的 PVC 雨水管，埋深 3.1m；380V 铜质电缆线路，埋深 1.1m；$\phi300mm$ 的铸铁给水管，埋深 0.6m。

（3）隧道爆区周边环境图、矿山法区间环境示意图和2号竖井爆区周边环境图分别见图 3-1、图 3-2 和图 3-3。

区间沿线建（构）筑物　　　　　　　　　　　　　　　　表 3-1

序号	建筑物名称	里程位置	概况及与区间关系	备注
1	锁金六村	CK19+167.4-CK19+540.0	该区间段近距离穿越锁金六村3栋6层住宅楼，隧道边距离建筑物距离分别是 4.06m、5.1m、6.2m，基础形式为条形基础，砖混结构，无地下室	穿越③₄ₑ₂混合土地层
2	师范大学紫金山校区	CK19+860-CK19+980	师范大学紫金山校区沿街门面房，1~3层砖混结构，条形基础，对沉降敏感，距离区间距离 1~2.5m	穿越③₄ₑ₂混合土地层
3	玄武湖信用社	CK20+030.0	玄武湖信用社，玄武湖街道社区服务中心，7层框架结构带1层裙楼，筏板基础，距离隧道3.6m	上部穿越③₄ₑ₂混合土，下部穿越§3中风化闪长岩地层
4	今维宁海尔展销中心有限公司	CK20+080.0	今维宁海尔展销中心有限公司7层框架结构，带2层裙楼，筏板基础，距离隧道最近距离 5.26m	上部穿越③₄ₑ₂混合土，下部穿越§3中风化闪长岩地层
5	观音阁住宅小区	CK20+100-CK20+210.0	观音阁住宅小区，砖混结构7层，条形基础，无地下室，距离隧道最近距离 13.5m	穿越§2强风化闪长岩地层
6	佳慧汽车修理厂	CK20+280-CK20+380.0	砖混结构2~3层，条形基础，无地下室，距离隧道最近距离 12.0m	依次穿越上部为§2强风化闪长岩，下部为§3中风化闪长岩地层
7	市东方艺术学校	CK20+350.0	市东方艺术学校，砖混结构7层，筏板基础，距离隧道最近距离 13.6m	上部为§2强风化闪长岩，下部为§3中风化闪长岩地层
8	市玄武区人民法院锁金村人民法庭	CK20+480.0	市东方艺术学校，砖混结构6层，条形基础，距离隧道最近距离 22.6m	穿越§2强风化闪长岩地层
9	玄武区玄武湖社区卫生服务中心及7层住宅楼	CK20+500-CK20+600.0	玄武区玄武湖社区卫生服务中心及7层住宅楼，7层框架结构，筏板基础，距离隧道21.6m	穿越§3中风化闪长岩和§2强风化闪长岩地层

图 3-1　隧道爆区周边环境图

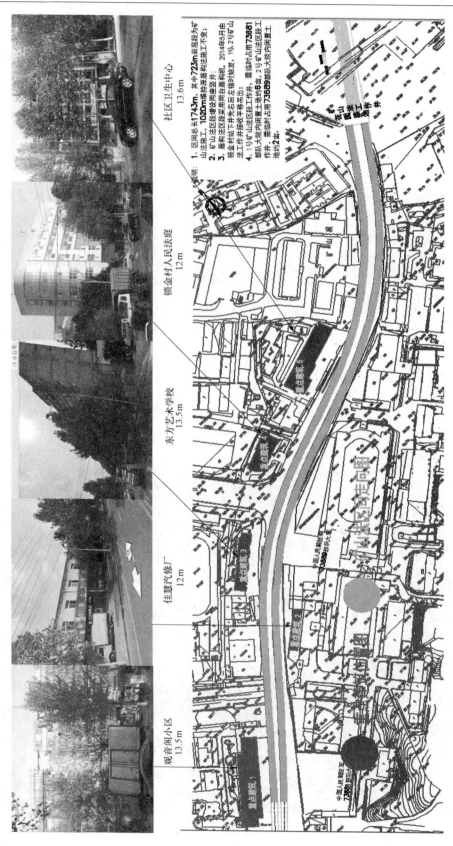

图 3-2 矿山法区间环境示意图

图 3-3　2 号竖井爆区周边环境图

4　隧道施工方案选择

4.1　工程难点分析

仔细阅读设计图纸，在结合我公司现场踏勘及前期工作的总结，认为本工程的特点如下：

（1）地下管线丰富，必须进行谨慎爆破

地铁四号线 TA05 标锁～花区间设计起讫里程：右 CK19＋110～右 CK20＋853，区间长度 1743m。区间 CK20＋130～CK20＋853，共 723m，为爆破法施工的双向两条隧道，区间埋深 14～20m。在该区间内管线十分丰富：沿板仓街前行，板仓街下管线密集，主要有 ϕ1000mm 的污水管，埋深 3.8m；ϕ500 的 PVC 雨水管，埋深 3.1m；380V 铜质电缆线路，埋深 1.1m；φ300mm 的铸铁给水管，埋深 0.6m。这些管线距隧道顶部只有十多米，过大的爆破振动，有可能导致管线的开裂。必须进行谨慎爆破，严格控制爆破振动。

（2）不能昼夜施工，势必影响施工进度

隧道施工的特点是：一旦开始将昼夜不间断循环施工，若在夜间爆破，产生的振动和噪声势必对周边的居民产生影响。不间断地扰民刺激，会导致居民的上访或阻碍施工情况的发生，而该工程正好位于城市繁华地段。因此，必须合理地安排施工时间，采取科学的施工方法方法，避免扰民现象的产生。

（3）周边环境复杂，警戒防护任务重

地铁隧道从城区下方穿过，地面上有大量的建筑物和市政设施，而且竖井出口处周边建筑物密集、车流人流量大。这对爆破施工提出了更高的要求，必须严格控制爆破振动、飞石的产生，这样必须彻底清场、严密防护、认真警戒，方可确保安全。

（4）城区运送保管难，爆炸物品管理压力大

隧道爆破是一个循环接着一个循环不间断地爆破，而爆炸物品的配送不可能根据你的循环零碎的单循环需求量而配送，在城区又不能设立临时存放点，而且运送爆炸物品的车辆受道路交通的影响，很难及时配送到位。这样既给爆炸物品的管理带来巨大的压力，同时又会影响正常的爆破施工。

（5）交叉作业多、协调难度大

由于业主要求的工期比较紧，本工程施工环境复杂、施工出渣难度大，工艺工序多而复杂。为此，在施工组织上必须考虑隧道主体掘进开挖钻爆作业工序及工期控制。初期支护、二次混凝土衬砌施工是整个隧道工程的关键工序。竖井开挖、混凝土二次衬砌施工分别穿插于关键工序之中，形成多工序，多环节，多工种立体交叉作业施工。因此，加大了施工组织协调难度。

4.2　确保安全的隧道施工方法

（1）采用新奥法施工方法。确保洞内岩体稳定，施工安全，其要点是少扰动，早喷锚，勤测量，紧封闭。

（2）采用超前钻孔法和 TSP 超前预报法预报前方的围岩和水量情况。本隧道围岩为闪长岩，施工过程中要密切注意小型溶洞和溶蚀充填物等不良地质的影响，采用超前地质预报判断隧道前方和下方的岩溶发育情况，及时采取有效的工程措施。

隧道施工中采用 TSP 超前地质预报系统和先进测量、探测技术对围岩进行超前地质预报、监控。隧道通风采用大功率轴流式通风机、大直径软管压入式通风。二次衬砌采用模筑混凝土曲墙式衬砌，即泵送混凝土和整体式模板台车的机械化施工方案。

因此，在施工过程中，需要做好地质超前预报，应在可疑位置打超前钻，以起到探明地质情况和超前排水的作用，保证施工安全和施工质量。

（3）及时支护。为防止软弱破碎围岩在洞体形成过程中发生围岩的沉降作用，必须随挖随支护，支护至开挖面的距离一般不得超过 4m，如遇石质碎破，风化严重时，应尽量缩小支护工作面。

（4）定期对锚杆的抗拔力进行测试。当发现已喷混凝土段的围岩有较大变形或锚杆失效时，应增设加强锚杆。当发现量测数据有不正常变化或突变，洞内或地表位移大于允许位移

值，洞内地面出现裂缝以及喷层出现异常裂缝时，应采取技术措施后方可继续施工。

4.3　确保隧道施工质量的要点

1）测量放线

（1）洞外控制

在洞口设置两个平面控制点。控制点设在能相互通视、稳固不动并能与开挖后的洞口通视的地点。高程控制采用水准测量，在洞口布置两个高精度水准点。水准点布置在通视良好、施测方便处。两水准点的高差适宜，以安置一次水准仪即可联测为宜。

（2）洞内控制

根据施工规范要求，洞内控制测量采用中线法。由具有丰富测量经验的测量工程师负责隧道测量；坚持三级复测制。隧道贯通后进行贯通测量。

2）钻爆工艺

爆破法开挖施工的关键工艺是光面爆破，有效地控制周边开挖轮廓，减少对围岩的扰动，保持围岩稳定，有效控制超欠挖，提高工程质量和进度，确保施工安全。

5　地铁隧道爆破技术设计

5.1　区间隧道爆破施工方案

根据工程要求、围岩性质、设计要求，爆破开挖采用分台阶、短进尺、弱爆破、微振动爆破方案。其总体方案主要体现在以下几方面：

① 炮眼深度控制在 1.0～1.2m 左右，开挖循环进尺控制在 0.8m 左右，控制同一段装药量，控制爆破规模以达到控制地表爆破振动速度的目的。

② 围岩开挖采用分台阶开挖，先上后下，同步推进，要严格控制掌子面距离，暂定为 3～5m；

③ 采用二班制作业。周边眼采用不耦合装药，保证光面爆破效果；掏槽区采用大空孔＋斜眼掏槽模式减弱爆破振动，提高进尺率；

④ 采用毫秒延期起爆技术，控制一次齐爆药量，利用信息化监测手段，确保爆破振动小于保护目标的允许震动值。

具体布孔方式及爆破参数如下：

（1）炮眼布置

本区间环境条件相对比较复杂，可采用大空孔＋斜眼掏槽模式，能使掏槽爆破振动降低 30％左右。大空孔直径 150mm，由水平钻机一次钻进 30m 以上，位置设在上断面中线偏下。掏槽区围绕大空孔中心布置见图 5.1-1。大空孔可用图 5.1-2 所示的钻机，每炮 1～1.2m，10 几天钻一次，即不增加太多成本，又能有效降低爆破振动。

（2）掏槽眼

掏槽孔采用楔形掏槽的布孔方式。

掏槽眼的深度：1.2m

掏槽眼与工作面交角：75°

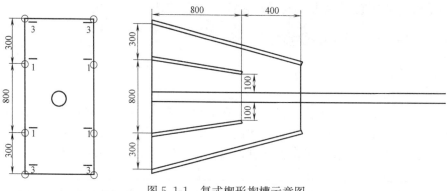

图 5.1-1 复式楔形掏槽示意图

图 5.1-2 大空孔孔钻机图

掏槽眼的眼底间距：20cm

（3）掘进眼

布置原则：掘进眼在内圈眼与掏槽眼之间均匀分布，炮眼间距 1.0m，抵抗线 0.8m。

（4）内圈眼

内圈眼间距 0.8m，抵抗线 $W=E/0.8$

（5）周边眼

为了控制振速及保证成形质量，周边眼采用预留光爆层实现光面爆破技术。其光面爆破设计参数如下：

眼深：$L=1.0$m

眼间距：$E=0.4$m

最小抵抗线：$W=0.5$m

单位长度装药量：$q=0.12\sim0.2$kg/m

（6）底板眼

布置原则：底板眼在台阶下部均匀分布，炮眼间距 0.75m，抵抗线 0.8m。

（7）炮孔布置（图 5.1-3）

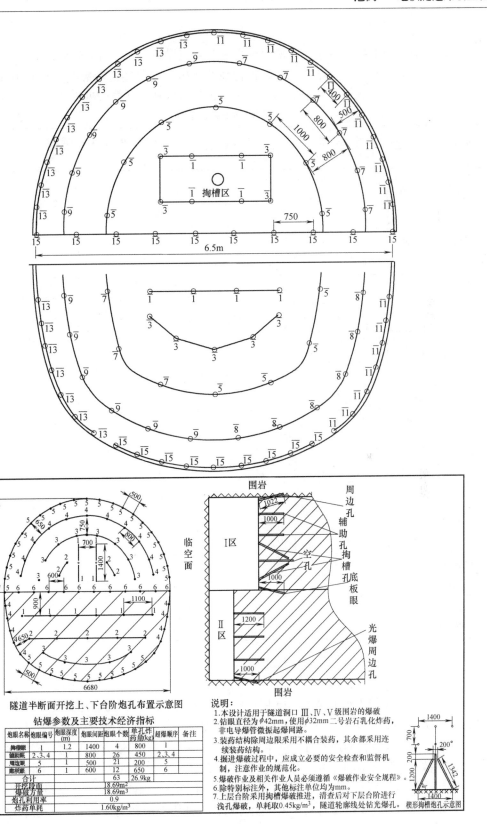

钻爆参数及主要技术经济指标

炮眼名称	炮眼编号	炮眼深度 (m)	炮眼间距	炮眼个数	单孔炸 药量(kg)	超爆顺序	备注
掏槽眼	1	1.2	1400	4	800	1	
辅助眼	2、3、4	1	800	26	450	2、3、4	
周边眼	5	1	500	21	200	5	
底板眼	6	1	600	12	650	6	
合计				63	26.9kg		
开挖断面					18.69m²		
爆破方量					18.69m³		
炮孔利用率					0.9		
炸药单耗					1.60kg/m³		

说明:
1. 本设计适用于隧道洞口Ⅲ、Ⅳ、Ⅴ级围岩的爆破
2. 钻眼直径为φ42mm,使用φ32mm二号岩石乳化炸药,非电导爆管微振起爆网路。
3. 装药结构除周边眼采用不耦合装药,其余都采用连续装药结构。
4. 掘进爆破过程中,应成立必要的安全检查和监督机制,注意作业的规范化。
5. 爆破作业及相关作业人员必须遵循《爆破作业安全规程》。
6. 除特别标注外,其他标注单位均为mm。
7. 上层台阶采用掏槽爆破推进,清查后对下层台阶进行浅孔爆破,单耗取0.45kg/m³,隧道轮廓线处钻光爆孔。

图 5.1-3 隧道炮孔布置图

（8）爆破参数

隧道爆破采用上导洞台阶施工法爆破掘进，实施爆破时，上台阶爆破清渣后，利用形成的新的临空面，对下台阶钻水平孔，进行浅孔爆破，同时隧道轮廓线上布水平光爆孔，以减少对周围围岩的扰动，并形成平整的轮廓。具体爆破设计参数见表5.1-1。

区间钻爆装药参数表   表5.1-1

断面	部位	炮眼名称	雷管段号	眼深(m)	眼数	孔距(m)	最小抵抗线(m)	单孔药量(kg)	同段药量(kg)	装药结构
上台阶	掏槽区	掏槽眼	1	0.8	4	0.8	0.8	0.4	1.6	耦合
			3	1.2	4	0.3	0.3	0.6	2.4	耦合
	掘进	掘进眼	5	1.0	7	1	0.8	0.45	3.15	耦合
		内圈眼1	7	1.0	6	0.8	0.8	0.4	2.4	耦合
		内圈眼2	9	1.0	6	0.8	0.8	0.4	2.4	耦合
	边部	周边眼1	11	1.0	12	0.4	0.5	0.25	3	间隔
		周边眼2	13	1.0	12	0.4	0.5	0.25	3	间隔
		底板眼	15	1.0	8	0.75	0.8	0.4	3.2	耦合
下台阶	中部	掘进眼1	1		5	1	0.8		2	耦合
		掘进眼2	3	1.0	5	0.8	0.8	0.5	2.5	耦合
		内圈眼1	5	1.0	4	0.8	0.8	0.5	2	耦合
		内圈眼2	7	1.0	3	0.8	0.8	0.5	1.5	耦合
		内圈眼3	8	1.0	6	0.8	0.8	0.4	2.4	耦合
		内圈眼4	9	1.0	6	0.8	0.8	0.4	2.4	耦合
	底部	周边眼1	11	1.0	7	0.4	0.5	0.25	1.75	间隔
		周边眼2	13	1.0	7	0.4	0.5	0.25	1.75	间隔
		底板眼	15	1.0	9	0.75	0.8	0.4	3.6	耦合
开挖断面面积(m²)			38							
布孔个数			111							
总装药量			41.05							
炸药单耗(kg/m³)			1.08							

上述爆破参数根据现场试爆情况进行调整。

（9）微振动爆破开挖段

在环境条件比较困难的地段，采用大空孔直眼掏槽模式，大空孔直径150mm，由水平钻机一次钻进30m以上，位置设在上断面中线偏下。掏槽区围绕大空孔中心布置（图5.1-4）。预先在大空孔周边布置两圈掏槽爆破孔，采用逐孔起爆方式联网。掏槽区清理后进行第二次钻孔爆破作业。第二次爆破临空面条件较好，爆破振动会有所降低，与此同时，第二次爆破仍然多分段。雷管排列原则是：外圈眼比内圈眼晚一个跳段；右侧炮眼比左侧炮眼晚25ms起爆；孔内从3段以上排列，孔外用2段接力延时，孔外雷管全部起爆后孔内雷管才开始引爆（表5.1-2）。

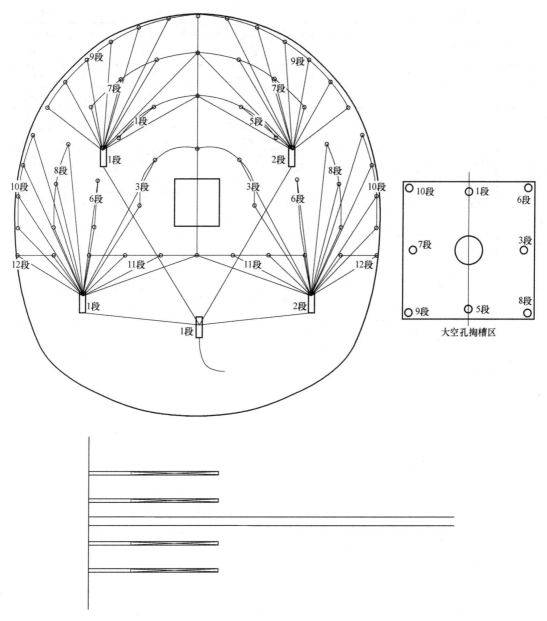

图 5.1-4　隧道上半断面分次起爆直眼掏槽炮孔布置及起爆网路图

隧道直眼掏槽爆破上台阶分两次爆破设计参数表　　　表 5.1-2

顺序	炮眼名称	炮孔直径 （mm）	炮眼数 （个）	深度 （m）	炮眼间距 （cm）	炸药单耗 （g/m³）	单孔装药 （kg）	累计装药 （kg）	雷管段位 （MS）
1	掏槽眼	40	1	1.2	25		0.8	0.8	1 段
		40	1	1.2	25		0.8	0.8	3 段
		40	1	1.2	25		0.8	0.8	5 段
		40	1	1.2	25		0.8	0.8	7 段
		40	1	1.2	30		0.6	0.8	6 段

顺序	炮眼名称	炮孔直径 (mm)	炮眼数 (个)	深度 (m)	炮眼间距 (cm)	炸药单耗 (g/m³)	单孔装药 (kg)	累计装药 (kg)	雷管段位 (MS)
		40	1	1.2	30		0.6	0.8	8 段
		40	1	1.2	30		0.6	0.8	9 段
		40	1	1.2	30		0.6	0.8	10 段
第二次钻眼爆破									
2	辅助掏槽眼	40	3	1.0	55		0.50	1.5	3 段
		40	2	1.0	55		0.50	1.0	3+2 段
3	辅助眼	40	3	1.0	70		0.45	1.35	5 段
		40	2	1.0	70		0.45	0.9	5+2 段
		40	2	1.0	75		0.45	0.9	6 段
		40	2	1.0	75		0.45	0.9	6+2 段
		40	4	1.0	75		0.40	1.6	7 段
		40	3	1.0	75		0.40	1.2	7+2 段
		40	3	1.0	75		0.45	1.35	8 段
		40	3	1.0	75		0.45	1.35	8+2 段
4	周边眼	40	7	1.0	50		0.2	1.4	9 段
		40	6	1.0	50		0.2	1.2	9+2 段
		40	4	1.0	50		0.3	1.2	10 段
		40	4	1.0	50		0.3	1.2	10+2 段
6	底板眼	40	3	1.0	60		0.45	1.35	11 段
		40	3	1.0	60		0.45	1.35	11+2 段
		40	3	1.0	60		0.45	1.35	12 段
		40	2	1.0	60		0.45	0.9	12+2 段
	合计		67					19.5	
	开挖断面面积(m²)		23						
	爆破方量(m³)		23						
	炮孔利用率		0.9						
	炸药单耗(kg/m³)		0.85						
	单段最大药量		1.5kg						

　　如果环境条件允许，上半断面可一次同时起爆，分 15 个段别，仍然左右分别差 25ms，适当调整掏槽眼的雷管排列，见表 5.1-3 和图 5.1-5。

隧道直眼掏槽爆破上台阶一次爆破设计参数表　　　　　表 5.1-3

顺序	炮眼名称	炮孔直径 (mm)	炮眼数 (个)	深度 (m)	炮眼间距 (cm)	炸药单耗 (g/m³)	单孔装药 (kg)	累计装药 (kg)	雷管段位 (MS)
1	掏槽眼	40	2	1.2	25		0.8	1.6	2 段
		40	2	1.2	25		0.8	1.6	4 段

续表

顺序	炮眼名称	炮孔直径(mm)	炮眼数(个)	深度(m)	炮眼间距(cm)	炸药单耗(g/m³)	单孔装药(kg)	累计装药(kg)	雷管段位(MS)
		40	2	1.2	30		0.8	1.6	5 段
		40	2	1.2	30		0.8	1.6	6 段
2	辅助掏槽眼	40	3	1.0	55		0.50	1.5	7 段
		40	2	1.0	55		0.50	1.0	7+2 段
3	辅助眼	40	3	1.0	70		0.45	1.35	8 段
		40	2	1.0	70		0.45	0.9	8+2 段
		40	2	1.0	75		0.45	0.9	9 段
		40	2	1.0	75		0.45	0.9	9+2 段
		40	4	1.0	75		0.40	1.6	10 段
		40	3	1.0	75		0.40	1.2	10+2 段
		40	3	1.0	75		0.45	1.35	11 段
		40	3	1.0	75		0.45	1.35	11+2 段
4	周边眼	40	7	1.0	50		0.2	1.4	12 段
		40	6	1.0	50		0.2	1.2	12+2 段
		40	4	1.0	50		0.3	1.2	13 段
		40	4	1.0	50		0.3	1.2	13+2 段
6	底板眼	40	3	1.0	60		0.45	1.35	14 段
		40	3	1.0	60		0.45	1.35	14+2 段
		40	3	1.0	60		0.45	1.35	15 段
		40	2	1.0	60		0.45	0.9	15+2 段
	合计		67					19.5	
	开挖断面面积(m²)		23						
	爆破方量(m³)		23						
	炮孔利用率		0.9						
	炸药单耗(kg/m³)		0.85						
	单段最大药量		1.6kg(出现在掏槽区)						

5.2　横通道爆破施工方案

1）横通道总体方案

两座施工竖井通过横通道进入正线，其中1号竖井横通道长36m，2号竖井横通道长34m，横通道设计断面为宽5m，高9.3m，上部为半圆拱状，埋深为12m。竖井施工完毕后，再施工横通道，施工方法为台阶法，施工时采用光面非电毫秒微差控制爆破。

（1）炮眼深度控制在1.0～1.2m左右，开挖循环进尺控制在0.8m左右，根据施工情况调整。

（2）围岩开挖采用分台阶开挖，先上后下，同步推进，临时仰拱距掌子面距离要严格

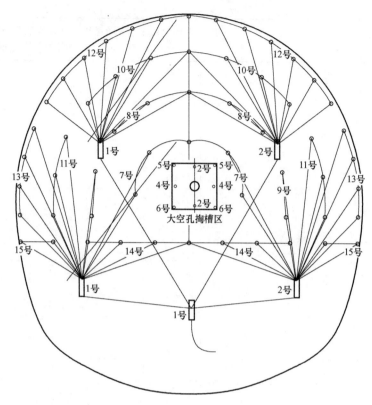

图 5.1-5　隧道上半断面同次起爆直眼掏槽炮孔布置及起爆网路图

控制在 5m 以内。

（3）钻孔机具选用凿岩机（风枪）钻孔，炮孔直径为 42mm。

2）横通道爆破参数设计

① 掏槽眼的布置

掏槽形式为楔形掏槽，炮孔深度 1.2m，孔口距为 600mm，孔底距离为 200mm，详见图 5.2-1。

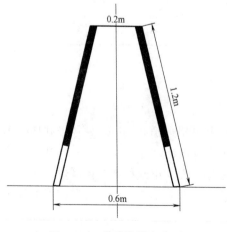

图 5.2-1　楔形掏槽布孔图

② 掘进眼的布置

布置原则：掘进眼在内圈眼与掏槽眼之间均匀分布，炮眼间距 0.7m，抵抗线 0.4m，炮孔深度 1m。

③ 内圈眼的布置

由于内圈眼的作用是为了进一步扩大槽口体积和爆破量，为周边眼创造有利的爆破条件，所以辅助眼的布置应由内向外，逐层布置，逐层起爆，逐步接近开挖轮廓线。孔距 0.8m，炮孔深度 1m。

④ 周边眼的布置

周边眼的布置一般沿设计轮廓线均匀布

置，为了控制超欠挖以及便于下一次钻眼时好落钻孔眼，应将炮眼方向以 3‰～5‰ 的斜率外插，对于中硬岩石及硬岩，眼底应落在设计轮廓线以外 10～15cm。并相应缩小孔眼间距，周边眼间距 0.5m，炮孔深度 1m。

⑤ 底板眼的布置

底板眼的眼底也须落在设计轮廓线以外 5～10cm 左右，并与辅助眼、周边眼的眼底落在同一垂直面上，而且采取较大的炸药单耗，有利于克服上覆石渣的压制并起到翻渣作用，眼间距 0.6m，炮孔深度 1m。

⑥ 布孔设计，见图 5.2-2。

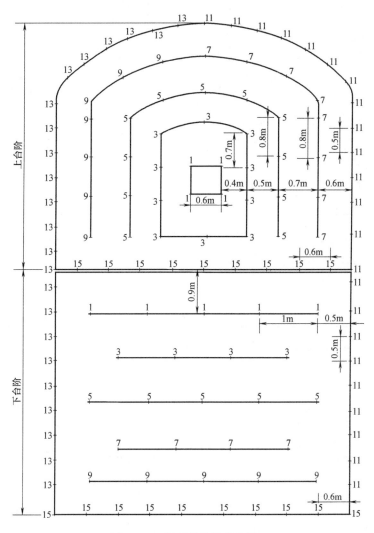

图 5.2-2　横通道炮眼布置图

⑦ 爆破参数（表 5.2-1）

上述爆破参数根据现场试爆情况进行调整。

3）区间、横通道装药结构及起爆网路设计

（1）装药结构

横通道台阶法爆破参数表 表 5.2-1

断面	部位	炮眼名称	雷管段号	眼深(m)	眼数	孔距(m)	最小抵抗线(m)	单孔药量(kg)	同段药量(kg)	装药结构
上台阶	掏槽区	掏槽眼	1	1.2	4	0.6	0.3	0.6	2.4	耦合
	掘进	内圈眼1	3	1.0	10	0.7	0.4	0.25	2.5	耦合
		内圈眼2	5	1.0	11	0.8	0.5	0.25	2.75	耦合
		内圈眼3	7	1.0	8	0.8	0.7	0.3	2.4	耦合
		内圈眼4	9	1.0	7	0.8	0.7	0.3	2.1	耦合
	边部	周边眼1	11	1.0	14	0.5	0.6	0.2	2.8	间隔
		周边眼2	13	1.0	14	0.5	0.6	0.2	2.8	间隔
		底板眼	15	1.0	10	0.6	0.6	0.3	3	耦合
下台阶	掘进	掘进眼1	1	1.0	5	1	0.9	0.5	2.5	耦合
		掘进眼2	3	1.0	4	1	0.9	0.5	2	耦合
		掘进眼3	5	1.0	5	1	0.9	0.5	2.5	耦合
		掘进眼4	7	1.0	4	1	0.9	0.5	2	耦合
		掘进眼5	9	1.0	5	1	0.9	0.5	2.5	耦合
	边部	周边眼1	11	1.0	9	0.5	0.5	0.25	2.25	间隔
		周边眼2	13	1.0	9	0.5	0.5	0.25	2.25	间隔
		底板眼	15	1.0	10	0.6	0.9	0.3	3	耦合
开挖断面面积(m²)						44.5				
布孔个数						129				
总装药量						40				
炸药单耗(kg/m³)						0.92				

装药结构:周边眼采用间隔装药结构,其余孔采用连续耦合装药结构,孔径 φ42,孔口用机做炮泥填塞 30cm 以上(图 5.2-3)。

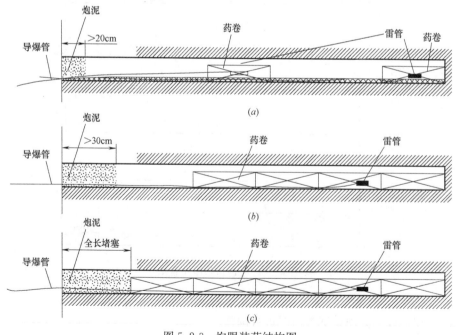

图 5.2-3 炮眼装药结构图

(a)周边眼装药结构;(b)辅助眼装药结构;(c)底板眼、掏槽眼装药结构

（2）起爆顺序：掏槽区→掘进眼→内圈眼→周边眼→底板眼。

（3）起爆网路

起爆网路的联结采用：导爆管雷管的起爆网路。各炮孔采用非电毫秒雷管微差起爆技术，又能消除爆破振动的有害效应。为了保证后起爆的网路不被先起爆的炸断，都采用孔内微差的起爆网路。在掏槽眼、辅助眼、底眼及周边眼中，每相邻段别雷管间隔时差为不小于 50ms，即每次爆破相邻两段别装药量较大的起爆雷管采用国产系列（15 段）非电毫秒雷管，见图 5.2-4。

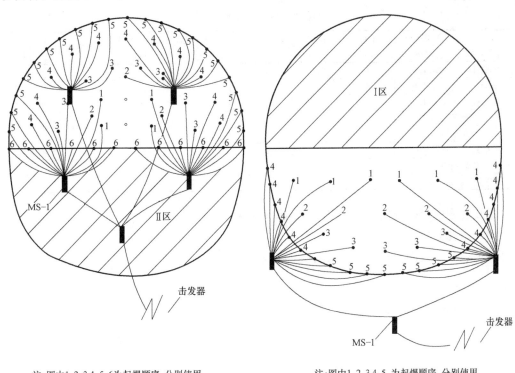

注：图中1、2、3、4、5、6为起爆顺序，分别使用毫秒延期导爆管雷管3、5、7、9、11、13段。

(a)隧道爆破上台阶起爆网路图

注：图中1、2、3、4、5、为起爆顺序，分别使用毫秒延期导爆管雷管3、5、7、9、11段。

(b)隧道爆破下台阶起爆网路图

图 5.2-4　非电雷管的起爆网路图

5.3　竖井爆破施工方案

1）竖井爆破的特点

为在隧道开挖过程中增加工作面，改善通风条件，缩短工期，需要在区间开挖竖井，竖井设计断面为长 8m，宽 5m，深 21m。竖井的上部土方部分采用小型机械开挖，人工配合，石方部分开挖采用微差松动控制爆破作业，石方爆破时，按照浅孔、密布、弱爆、循序渐进的原则进行，爆破参数应随地质变化及时调整，爆破时要采取切实有效的覆盖措施，以防石块飞溅伤人。爆破尽量避开交通繁忙的时间，以减少对周围环境的影响。

2）竖井爆破参数设计

（1）本次爆破岩石为坚硬岩石，临空面朝上，夹制作用大，采用掏槽爆破的方法对爆区进行局部掏槽，整体松动，周边光爆，最终达到设计要求。

（2）爆破设计参数

根据体积平衡法计算公式：

$$Q_{单孔} = q \times a \times L \times W$$

其中：Q 为单孔药量（kg）；q 为炸药的单耗（kg/m³）；L 为炮孔深度（m）；W 为最小抵抗线（m）；a 为孔距（m）。

参数见表5.3。

竖井爆破设计参数表　　　　表5.3

部位及炮眼名称	眼深(m)	单排眼数	孔距(m)	最小抵抗线(m)	单孔药量(kg)	同段药量(kg)	排数	每次总药量
掏槽孔	1.2	8	0.6	0.44	0.15	1.2	2	2.4
松动孔	1.0	7	0.7	0.51	0.15	1.05	13	13.65
周边孔	1.0	10	0.5	0.5	0.1	1	5	5
开挖断面面积(m²)	40							
布孔个数	157							
一次最大齐爆药量	1.2							
总装药量	21.05							
炸药单耗(kg/m³)	0.52							

爆破过程中根据现场实际效果，灵活调整单耗与炮孔深度。

（3）布孔方式

根据表5.3孔网参数，炮孔布置见图5.3-1。

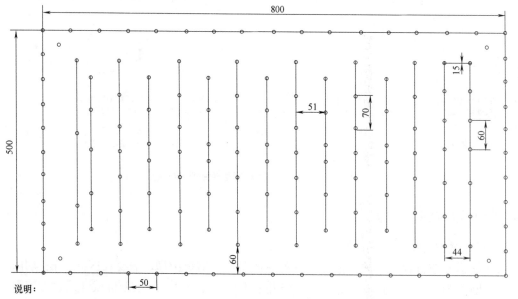

说明：

1. 红线区域为掏槽孔，采用小直径直孔掏槽，ϕ=38mm，钻3个相邻的空孔，第一个起爆药孔距空孔距离为15cm，掏槽孔 a=60cm，b=44cm，q=0.47kg/m³，单孔药量Q=150g。

2. 黄色区域为辅助孔，ϕ=38mm，a=70cm，b=51cm，q=0.42kg/m³，Q=150g。

3. 绿色区域为光爆孔，ϕ=38mm，a=50cm，b=60cm，q=0.33kg/m³，Q=100g。

4. 爆区长8m，宽5m，每循环进尺80cm，炮孔超深20cm，掏槽孔超深40cm。

图5.3-1　竖井炮孔布置图

3）起爆网路

针对爆破物体周围环境，为避免杂散电流、射频电流和感应电流以及雷电对于爆破网路的影响，在本次爆破中使用安全可靠的非电起爆网路，四通连成单侧起爆复式闭合网路。孔内装高段位雷管，孔外连接使用低段位雷管（Ms-4），排与排之间时间差 $\Delta t = 75\text{ms}$，既可达到降低爆破振动，又可起到好的爆破效果，起爆网路连接示意见图 5.3-2。

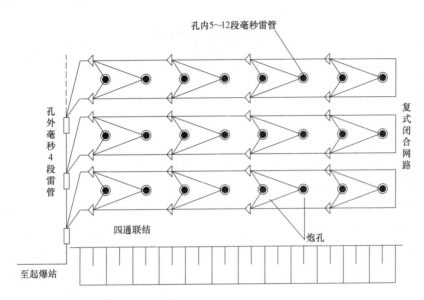

图 5.3-2　起爆网路连接示意

6　爆破安全设计及防护

该爆破工程应考虑的主要危害效应是：爆破飞石和爆破地震波以及空气冲击波。根据国内外大量工程实测资料及我们多次工程实践经验分析，只要控制得当，这些危害效应就不会对一定范围内人员、建筑和设施造成任何不良影响。

6.1　爆破振动安全核算

爆破振动安全计算

选用《爆破安全规程》GB 6722—2014 确定的公式，见公式（6.1）：

$$R = \left(\frac{K}{V}\right)^{1/\alpha} \cdot \sqrt[3]{Q} \tag{6.1}$$

式中　R——爆破振动安全距离（m）；

　　　K——与地震波传播途径有关的地形地质等条件的系数；

　　　V——安全振动速度（cm/s）；

　　　α——爆破衰减指数；

Q——一次起爆的总装药量或延时爆破的最大单段装药量（kg）。

坚硬岩石取 $K=100$、中硬岩石取 $K=150$、松软岩石取 $K=200$，本工程被爆岩石属坚硬岩石，被保护物为砖结构房屋，爆破采用延时起爆技术；根据《爆破安全规程》GB 6722—2014[5]的规定，一般砖结构房屋，其最大安全允许振动速度 $V=2.0\text{cm/s}$。

取 $K=100$，$\alpha=2.0$，为确保爆破振动留有安全系数，设计最大爆破振动 $V=1.5\text{cm/s}$。

各断面一次最大齐爆药量　　　　　　　　　　　　　　　　　表 6.1

开挖断面	最大一次齐爆药量 Q_{max}(kg)	距离保护目标最近距离 R(m)
隧道上台阶	3.2	≥12
隧道下台阶	3.6	≥15
竖井	1.2	≥9
横通道上台阶	3	≥12
横通道下台阶	3	≥16

从以上数据可以判读，爆破允许振动速度为 1.5cm/s，距离竖井 9m 处，一次允许齐爆药量为 1.2kg（单孔 0.15kg，每排 6 个炮孔），该处为雅迪电动车销售商铺，竖井起爆网路为每排延期起爆，掏槽区域每排起爆药量为 1.2kg，松动孔每排齐爆药量为 1kg，该齐爆均在允许范围之内；距离隧道 12m 处，一次允许齐爆药量为 3.2kg，隧道爆破实际施工中，上台阶单段最大齐爆药量为 3.2kg，下台阶单段最大齐爆药量为 3.6kg，该段为下台阶底板眼位置，该位置距离最近保护目标为 18m（最近目标位 12m，隧道高度 6m），上述一次齐爆药量值均在允许范围之内；横通道下台阶和上台阶最大单段药量均为 3kg，完全满足振动安全要求。同时施工过程中对爆破振动进行监测，根据监测数据，再调整一次爆破药量（表 6.1）。

6.2 爆破振动控制措施

1）选择合适的爆破器材

通过优选炸药，使炸药与岩石的波阻抗尽可能匹配，以最大限度发挥炸药效率，达到减小装药量的目的。

2）控制同段最大装药量的振动速度

爆破振动速度与同段起爆的装药量有关，也与装药结构和各炮眼起爆顺序和间隔有关，与总装药量相关性较小，综合上述各种因素严格控制装药量，采取有效减振措施达到控制爆破振动速度的目的。

3）合理的起爆顺序和时间间隔

网路连接过程中，多段毫秒雷管通过布置合理的起爆顺序，使各段之间的延期时间保证 50ms 以上，避免爆破地震波重叠；

4）采用孔内外接力延期起爆网路，解决多孔爆破同段装药量不超过设计最大装药量问题；

5）严格控制一次齐爆药量。初始通过试爆同时监测爆破振动，优化调整爆破方案，最严格阶段时可以调整循环进尺为 50～70cm；

6）加强信息化监测。始终在爆破振动监测的前提下进行爆破开挖，以爆破振动允许值的 85% 作为预警值，达到预警值，应及时通知爆破施工方。超过允许值发停工整改令，造成安全问题的追究责任。

6.3 爆破飞石控制

根据 Lundborg 的统计规律，岩石药孔爆破飞石距离可由式（6.3-1）计算：

$$R_{\text{fmax}} = K_{\text{T}} \cdot K \cdot D \tag{6.3}$$

式中 K_{T}——与爆破方式、填塞长度、地质和地形条件有关的系数，$K_{\text{T}} = 1.2 \sim 1.5$；

K——炸药单耗（kg/m^3）；

D——药孔直径（mm），本次爆破 $D = 42mm$。

将有关数据代入，按照最不理想的情况考虑，K_{T} 取 1.5，将 $K = 1.15kg/m^3$，$D = 42mm$ 代入公式，计算得 $R_{\text{fmax}} = 72m$。

个别飞石防护措施：

1）在相对安全作业点进行试爆，确定合理爆破单耗值。在相对危险点作业爆破时取小值。绝不能因挖方要求块度小而任意加大药量以提高破碎度，必须避免单耗失控。

2）为保证人员、设备的安全，划定爆破警戒范围，爆破前人员撤至警戒范围以外，加强隧道洞口方向的警戒。

3）竖井爆破防护方式：为防止爆破飞石对周边造成危害，在井口上部搭设密闭式防护棚，确保飞石不出基坑，防护棚是有若干块钢板和炮被组成的防护块组成，爆破时将钢板和防护块直接铺设井口上方，钢板厚度不小于 6mm，炮被防护块尺寸为 6m×5m，防护块制作步骤为：铺设下层 φ32 钢筋→铺设炮被→铺顶层 φ32 钢筋，铺设钢筋的排距×行距约为 0.4m×0.4m，钢筋交叉点用电焊焊接牢固。同时为防止覆盖过于密实影响冲击波和炮眼释放，防护棚架空搭设在围栏立杆上方，围栏侧面采用竹笆遮挡防护。防护搭设完毕后须经监理单位确认认可，把好安全质量关（图 6.3）。

6.4 爆破冲击波控制

炸药爆炸时所产生的空气冲击波是一种在空气中传播的压缩波，其强弱取决于一次爆破药量、传播距离、填塞质量、爆破单耗等。本次爆破采用的孔内分散装药爆破，警戒距离 50m 以外，由此可见，空气冲击波和爆破噪声不会对警戒区以外的人员造成危害，冲击波的影响范围虽然较小，但爆破时隧道内人员必须及时撤离。

6.5 爆破振动监测

为确保地铁施工中的爆破安全和尽可能降低施工中爆破对周围环境的影响，对地铁施工中的爆破振动安全委托第三方进行合理监控，有效避免爆破扰民和民扰爆破。

(a) 钢板覆盖防护   (b) 炮被覆盖防护

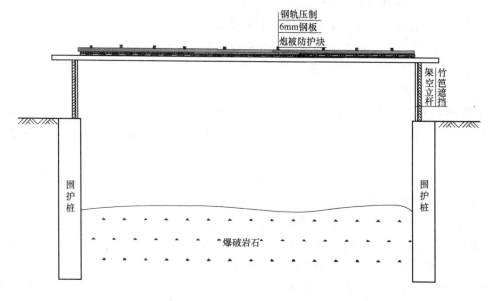

(c) 覆盖防护剖面位置

图 6.3 竖井岩石爆破防护示意图

通过爆破施工振动监测主要达到三个目的：一是通过爆破振动监测，测定爆破作业对振动敏感建（构）筑物的振动影响程度，并根据相关规范及设计标准，对其安全性进行评估，并为控制或调整爆破参数提供依据；二是对部分地域有争议的爆破振动进行监测，提供法律依据；三是确保爆源附近建（构）筑物处于安全可控范围内。

1）仪器设备

本次振动监测采用的仪器为成都中科测控有限公司生产的 TC-4850 型爆破测振仪。该仪器是一款专为工程爆破设计的便携式振动监测仪。仪器体积小、重量轻、耐压抗击、可靠易用，配接相应的传感器能完成加速度、速度、位移等动态过程的监测、记录、报警和分析。仪器工作示意图见图 6.5-1。

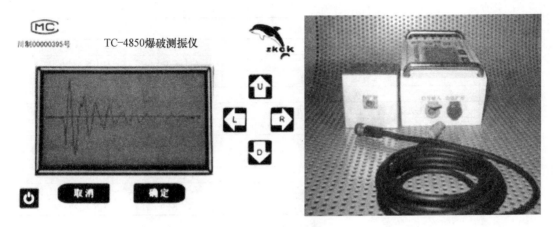

图 6.5-1 测振仪器图

TC-4850 爆破测振仪采用三通道并行采集,可长时间、高精度大容量存储。仪器配备 X,Y,Z 三维一体速度传感器,并有与之相匹配的三矢量合成分析软件,现场传感器安置与测量后读数都很方便;量程范围 0.001～35.4cm/s,能完全涵盖爆破振动所需全部量程,无需再另设量程。仪器采用并行三通道,频响范围为 5～500kHz,完全覆盖工程爆破所需的频段,可连续触发记录达 1000 次,记录时长达 160s 可调。记录精度:0.01cm/s,读数精度:1‰,适应环境:−10～75℃,适合隧道内恶劣工程爆破环境。

2)监测方法和原则

爆破点沿隧道掘进不断变化,周围的保护目标也在变化,应针对不同区域的目标特性合理确定测点和安全振速。

施工中先采用试验确定爆破控制指标,即爆破点与保护目标之间距离由远至近,爆破药量由小至大进行试验。确定在此地质条件下的爆破衰减参数,掌握一定药量在不同距离处产生的振动速度,便于施工中控制一次齐爆药量。

实际施工中,爆破振动控制标准按照允许安全振速的 80% 执行。

布点原则:针对重点保护目标,在爆破点的上方、侧向、重点目标处布设测点,重点方位测点 3 个以上,便于掌握规律。重点目标的测点布置在离爆破点最近处,便于保护。

3)监测点布置

(1)通过对爆破周围环境现场勘察,在离爆破点周围最近的重要建筑物附近设置了 17 个爆破振动监测点,具体监测布点见表 6.5 和图 6.5-2 所示。

爆破振动监测点名称和位置 表 6.5

序号	建筑物名称	监测点位置
1	苏果便利～普德利快修连锁	左 CK20+104.17～左 CK20+197.52
2	宁栖路加油站	左 CK20+276.92～左 CK20+298.92
3	天大胶业公司	左 CK20+318.96～左 CK20+344.42
4	玄武湖烟酒～建材	左 CK20+348.74～左 CK20+408.52
5	玄武区人民法院锁金村人民法庭	左 CK20+469.01～左 CK20+503.29
6	玄武区玄武湖社区卫生服务中心	左 CK20+516.45～左 CK20+545.30

序号	建筑物名称	监测点位置
7	月德茶楼～老陈汽修	左 CK20+557.04～左 CK20+633.89
8	江苏广电集团	左 CK20+635.27～左 CK20+670.58
9	宁波海鲜馆～和谐宾馆	左 CK20+738.72～左 CK20+779.13
10	美容美体汗蒸	左 CK20+790.60～左 CK20+834.24
11	自动变速箱专业维修～湖城龙虾馆	右 CK20+287～右 CK20+373.36
12	佳慧汽车修理厂	CK20+280-CK20+380.0
13	雅迪电动车～四川菜馆	右 CK20+411.36～右 CK20+520.23
14	新大世界酒店	右 CK20+569.04～右 CK20+640.31
15	新大众汽车服务中心	右 CK20+649.19～右 CK20+692.66
16	隆士达汽修服务中心	右 CK20+691.49～右 CK20+721.99
17	轮胎电瓶～金龙美食	右 CK20+783.12～右 CK20+808.3

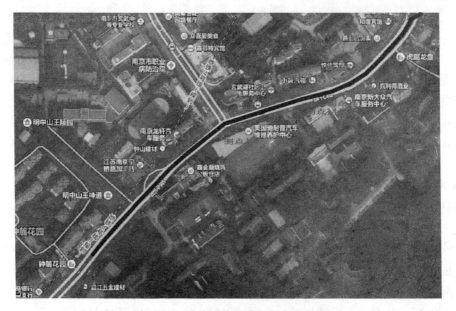

图 6.5-2　爆破振动监测点名称和位置

（2）监测数据分析

实测爆破振动速度，并进行频率与幅值域分析，根据国家规程及本市对本项目的允许安全标准（具体按经专家评审过的爆破施工方案操作，允许质点振动速度按方案及规范控制），评价爆破对建筑物的安全影响。

（3）报告提交

爆破振动监测一般提交振动监测简报和总结报告，简报在现场测试完成后次日提交，总结报告在全部振动监测工作结束后 30 天内提交，必要时提交阶段成果报告。振动监测成果报告内容包括监测概述、监测点布置图、参数表、成果表、振动波形图等。

6.6　爆破后施工通风及降尘

隧道作业环境卫生标准：（1）隧道内氧气含量按体积不小于 20％；（2）隧道内气温不得高于 28℃；（3）噪声不能大于 85db；（4）隧道内有害气体浓度允许值：二氧化碳按

体积不能大于 5‰，氮氧化物为 $5mg/m^3$，甲烷（CH_4）浓度不大于 3‰，一氧化碳最高浓度 $30mg/m^3$。

1）隧道通风

隧道通风采用压入式通风方式，左、右线隧道各配 1 台 11kW 轴流通风机。每次爆破后或当洞内环境达不到要求时，用空压机向洞内送风，确保洞内施工环境满足上述要求。

2）降低粉尘措施

（1）钻眼作业采取湿式凿岩技术。

（2）凿岩机钻眼时，先送水，后送风。放炮通风后进行喷雾洒水，出渣前用水淋湿全部石渣。合理调整隧道供风风速。经验表明，风速为 1.5～3.0m/s 时，作业面粉尘浓度可降低到最小，是最佳风速。

6.7　重点目标保护措施

1）管线的保护措施

（1）加强地下管线监测。在掌子面前 30m、后 50m 内 2 次/天；测点距掌子面 ＞100m，1 次/周；测点距掘进面＞150m，1 次/月。地下管线允许沉降范围为＋10～ －20mm，确定沉降报警值为：＋8mm、－16mm。沉降速率控制值为 2mm/天。超出报警值时，适当加大监测频率。

（2）矿山法穿越地下管线时，均匀、快速通过，控制好爆破参数，减少超挖及欠挖。保证注浆量及注浆压力，减少二衬后空隙填充不密实造成地层的沉降。

（3）在施工中，尽量采用人工及风镐的方式开挖隧道顶拱，为下部台阶爆破提供临空面，也为下部爆破时起到隔振作用。钻爆作业过程中，必须对爆破振动进行监测，将爆破振动严格控制在《爆破安全规程》允许的范围之内，并用监测资料及时反馈、指导和优化爆破设计。

2）隧道穿越沿线建构筑物和保护措施

1 号竖井区间沿线地形比较平坦，线路基本延板仓街下前行。右 CK20＋130～右 CK20＋851 段区间延板仓街前行，道路两侧多为商业及住宅，房屋多以 1～7 层居多，砖混结构，基础形式为条形基础。

施工中尽量减少对围岩的扰动，尽量采用人工开挖，当局部不得不爆破开挖时，应采用光面、预裂、微振爆破等控制爆破技术，采取短进尺，弱爆破施工。

严格控制开挖循环进尺，当围岩软弱或临近既有建筑物通过时不宜超过 1.0m；严格控制台阶长度，当台阶较长、必要时应作临时仰拱封底。格栅钢架拱脚需认真处理，一般情况垫槽钢，必要时安设锁脚注浆锚管加固。

开挖后应及时进行初期支护或临时支护，工序紧扣、衔接，尽早施作抑拱，尽早封闭成环。掌子面稳定性差时，应随时喷射混凝土封闭工作面。

施工期间加强施工排水，必要时在掌子面下设超前钻孔局部排水，以保证开挖面处于无水状态，提高地层自稳能力。

施工过程中（包括竣工初期）对围岩及支护结构、地面建（构）筑物进行必需的监控量测，以便及时获取信息，及时采取措施控制地表下沉。

7 施工组织及资源配置

7.1 施工方法

隧道钻孔爆破施工工序见图 7.1。

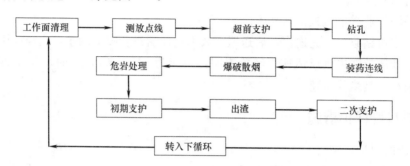

图 7.1 隧道钻爆施工工序循环图

其中钻爆作业重点工序注意事项：

（1）标孔。按设计的炮孔参数，使用钢卷尺在爆区现场测量定位，确定的每个炮孔位置，对准位置喷上油漆作标记物。

（2）钻孔。钻孔前，先将炮孔周围 0.5m 范围内的碎石清除干净，以防钻孔时落入孔内和塌落。钻孔设计应根据爆破效果及时调整爆破参数。炮孔底部应尽量保持在同一水平线上，以保证隧道进尺在同一的平面上。

（3）验孔。钻孔完毕，应按国标规定逐一进行验孔，不合格的炮孔，应分别采用加深、回填和补钻的方法，直到达到要求为止。

（4）清孔。炮孔内的活动石块应事先清除干净，以防装药时出现卡药现象。

（5）制作起爆药包。暗挖隧道每个炮孔使用 1 个起爆药包，每个起爆药包由 1 枚非电雷管和设计好的胶状炸药组成。将规定段别的非电雷管插入药卷内，使用胶布将其固定。

（6）装药。暗挖隧道装药前作业班组应对爆破器材的规格类型按技术交底进行核对，并将炮孔内的泥浆、岩屑清除干净。装药外的余孔，装药完成后，应由班长对装药质量进行检查。使用炮泥进行填塞，达到标准为止。

（7）连接起爆网路。将每个炮孔引出的导爆管使用四通进行连接或使用非电毫秒 1 段的雷管将临近的导爆管（不超过 20 根）捆为一个集束把，使用导爆管进行串联。

（8）检测线路和连接起爆电源。当全部人员已撤至安全地点后，方可进行线路检测和连接起爆器。

（9）清场。自爆区开始，由里向外地进行。要特别注意爆区四周的居民，清场要彻底，保证危险区内无一人。

（10）安全警戒。在爆区四周各个方向和路口的危险区边界，均应设置警戒岗哨，在交通要道进行临时交通管制，每个警戒点一部对讲机作通信联络工具，警戒点使用红旗作警戒标志。

（11）爆破信号。发出预警信号后，各警戒点岗哨到位，禁止一切人员和车辆通行。各警戒点通过对讲机向爆破指挥员报告警戒情况。当爆破指挥员确认危险区的人员、车辆均撤至安全地点，已具备安全起爆条件时，发出起爆信号，同时命令点火员将爆破主线接于起爆器并开始充电。充电完毕，爆破指挥员以倒数计时"10、9……1"下达"起爆"口令，点火员起爆。

（12）检查现场。暗挖隧道爆破，炮响后应将里面的烟尘使用排风机将其排净，检查空气合格后；爆破员方可进入现场进行检查；如爆堆稳定，无盲炮、危石和冒顶，迅速向指挥员报告，发出解除信号。如果有危情，必须等处理完毕后，其他人员方可接近现场。

7.2 人员配置

地铁四号线 TA05 标锁金村站～花园路站区间隧道爆破工程指挥部，张文斌任爆破指挥部总指挥，负责本工程的全面组织与实施。

指挥部下设技术组、施工组、安全组和后勤组和爆破工程队（图 7.2）。

1）技术组

由某某负责。其职责：

（1）认真勘察隧道现场，详细编制隧道爆破施工组织设计书。

（2）对施工人员进行爆破安全技术培训，对爆破人员进行技术交底工作。

（3）加强爆破施工时的监督，及时解决施工中遇到的技术难题。

（4）定出隧道中线和开挖轮廓线，用油漆画出设计好的炮孔位置。

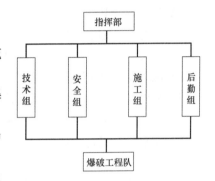

图 7.2 爆破指挥部机构框图

（5）加强隧道施工的监控量测，对支护完成后表面的观察和记录。

（6）监督施工人员按技术要求进行施工，杜绝一切违章行为，预防各类爆破事故的发生。

（7）第一次试爆后，根据效果对药量进行调整。

（8）汇总整理爆破技术资料、摄影和摄像，做好工程总结。

2）安全组

由某某负责。其职责：

（1）严格执行国家爆破安全法规和标准，检查监督施工人员的遵章守法情况，杜绝一切违法违章行为。

（2）隧道爆破作业时，炸药到现场后，在作业区 30m 范围外设置好警戒，派专人值守，防止无关人员进入作业区。

（3）加强工地临时存放点的爆破器材的监管，建立严格的收发登记，做好现场的看护和防失控工作。

（4）严密监控爆破器材的使用环节，防止丢失、被盗事故和私拿行为的发生。

（5）督促爆破员按规定领取、使用和清退爆破器材，严禁将剩余的爆破器材私存于工地。

（6）经常检查爆破工作面，发现隐患，及时上报或处理，有权制止无爆破安全作业证的人员进行爆破作业。

（7）认真做好爆破时的清场和安全警戒工作。

（8）制订和落实好各项安全措施，预防各类爆破事故的发生。

3）施工组

由某某负责。其职责：

（1）根据工程的需要，准备人员、机具、材料和器材。

（2）在装药前应检查围岩，确认无浮石、松石方可进行作业。

（3）保管所领取的爆破器材，不应遗失或转交他人，不应擅自销毁和挪作他用。

（4）提前开创工作面，安排好钻孔、装药、填塞、连线、防护、警戒、清场、起爆、爆后检查、排除盲炮。

（5）及时掌握钻孔的工作情况，根据现场的钻孔速度，提前上报爆破器材量计划。

（6）根据施工进度，保证施工按计划顺利实施。

（7）按爆破各工序的技术标准组织施工，确保施工质量达到设计要求。

4）后勤组

由某某负责。其职责：

（1）筹备、购置施工所需的机具、材料和器材，预定爆破器材，满足正常施工的需要。

（2）安排施工人员的就餐及喝水，搞好饮食卫生，防止食物中毒。

（3）深入施工现场了解施工人员对后勤工作的要求，注意改进工作方法和工作质量。

（4）协调与业主的关系，积极处理和解决好各种问题。

（5）主动征求业主的意见，不断使各项工作日趋完善。

（6）积极做好其他各项后勤保障工作。

5）爆破工程队

由某某负责。其职责主要是根据施工组的具体安排，做好爆破施工的各项工作，领导爆破员、安全员、保管员进行、装药、填塞、连线、防护、警戒、清场、起爆、爆后检查、排除盲炮等工序的作业。

7.3 爆破器材及器具配置（表7.3）

爆破器材及器具表 表7.3

序号	名　　称	规　格　或　型　号	单位	数　量
1	炸药	ϕ32mm 胶状乳化	吨	70
2	非电导爆管雷管	MS-1、3、5、7、9、10、11、12、13	发	35000
3	导爆索		m	70000
4	导爆管		m	100000
5	起爆器	电容式	部	4
6	欧姆表		部	2
7	爆破主线		m	400
8	炮棍	长3～4m的竹杆	根	10
9	胶布	黑胶布	盘	1000
10	四通		个	100000
11	警报器		部	2
12	对讲机		部	10
13	铁锹		把	2
14	测量绳		根	2

续表

序号	名　称	规 格 或 型 号	单 位	数 量
15	剪刀		把	2
16	气腿式凿岩机	YT28	台	50
17	20m³ 空压机		台	4
18	轴流式通风机		台	4

8　施 工 计 划

8.1　劳动力计划（表8.1）

劳动力计划表　　　　　　　　　　表 8.1

爆破工程技术人员	爆破员	安全员	保管员	辅 助 工		合 计
				钻孔工	后勤人员	
1	4	2	1	10	3	20
备　注	根据本工程的进展适当调整施工人员					

8.2　施工进度计划

表 8.2

年度	2013 年										2014 年												
月份 主要工程项目	3	4	5	6	7	8	9	10	11	12	1	2	3	4	5	6	7	8	9	10	11	12
1. 施工准备																						
2. 进洞口施工																						
3. 出洞口施工																						
4. 中导洞开挖支护																						
5. 中隔墙																						
6. 左洞侧导洞开挖支护																						
7. 左洞上导洞开挖支护																						
8. 左洞下导洞开挖																						
9. 左洞仰拱及仰拱填充施工																						
10. 左洞二衬施工																						
11. 右洞侧导洞开挖支护																						
12. 右洞上导洞开挖支护																						
13. 右洞下导洞开挖																						
14. 右洞仰拱及仰拱填充施工																						
15. 右洞二衬施工																						
16. 辅助施工及路面																						

8.3 工程进度控制方法

确定爆破施工项目总进度控制目标和分阶段进度控制目标，并编制其进度计划。

在爆破施工实施的过程中，全程动态管理，进行施工实际进度与施工计划进度的比较，发现偏差及时采取措施调整。

对与施工进度相关的单位、部门和作业队、组之间的工序及工艺的施工关联部分进行理顺和排序。

施工进度计划控制流程框图见图 8.3。

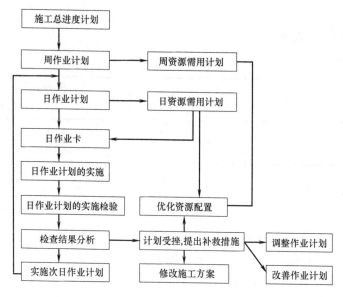

图 8.3 施工进度计划控制流程框图

9 安全保证措施

9.1 爆破安全警戒

为加强爆破的管理工作，尽最大努力保证爆破工作中的安全工作和控制爆破过程中可能引发的相关事件，按国标《爆破安全规程》要求及通常经验，成立以地铁四号线城东项目部、中铁十八局 TA05 标项目部、爆破单位、公安分局和交警大队组成的爆破总协调组，下设爆破、安全保卫指挥组和应急抢险组。爆破安全警戒要求如下：

1）爆破前所有人员、机械、车辆和器材一律撤到指定的安全地点外，竖井爆破距离爆破点的安全警戒半径为 50m，隧道开口警戒范围定为 50m，进入隧道后定为 30m。

2）每个警戒点的警戒人员必须严守岗位，除完成规定的警戒任务外，还要注意自身的安全。

3）爆破的通信联络方式，使用对讲机。

4）爆破后，由指定的爆破技术人员对现场进行检查，确认无险情后，方可解除警戒。

5）装填炸药作业时，由中铁十八局保安负责警戒，竖井爆破共设置两个警戒点，是场地大门口；隧道爆破共设置两个警戒点，分别是隧道入口及装药作业面 20m 警戒范围内，装药期间严禁无关人员进入。

6）准时到位，定岗定位，不得擅自离岗和提前撤岗。

7）各警戒点警戒人员，到岗后，要切实履行职责，准确清楚迅速报告情况，遇有紧急情况和疑难问题要及时向总协调组请示报告。

8）各组人员要认真负责，服从命令听指挥，不得疏忽遗漏一个死角，确保万无一失，在执行任务中哪一个环节出了差错或不负责任引起后果，要追究责任，严肃处理。

9）各警戒点的具体警戒位置和警戒范围，根据每次爆破点情况具体明确，警戒人员做到心中有数。

9.2　安全技术措施

认真勘察爆破现场，严格按照设计的炮孔间距、排距、孔深、倾角和方位角进行钻孔，不得擅自改变炮孔参数。

钻孔完毕，按照国家标准进行验收。凡不合格的炮孔，超深的应回填，孔深不足的要补钻，其他不合格的炮孔应重新钻孔。

机械凿岩时，必须采用湿式凿岩机或带有捕尘器的干式凿岩机。作业人员站在渣堆上作业时，应注意渣堆的稳定，防止滑塌伤人。

风钻钻眼时，应先检查机身、螺栓、卡套、弹簧和支架是否正常完好，管子接头是否牢固，有无漏风，钻杆有无不直、带伤以及钻孔堵塞现象；湿式凿岩机的供水是否正常，干式凿岩机的捕尘设施是否良好，不符合要求的应立即予以修理或更换。

钻孔台车进洞时要有专人指挥，其行走速度不得超过 25m/min。

装药前，应进行清孔。孔内的活动石块和积水应全部清除干净，以防出现卡药或炸药受潮失效。同时，应校核最小抵抗线，如有变化时，应适时调整装药量。

装药填塞必须使用木、竹质炮棍，严禁使用铁器。

装药时，应边装药边测量孔深，以防装药超长而造成填塞过短，以至产生飞石。

装药过程中出现卡药，在未放入起爆药包之前，可用木、竹质长杆进行处理；放入起爆药包后，严禁用各种工具对起爆药包进行冲击和挤压。

应使用合格的填塞材料，保证达到设计的填塞长度和填塞质量。

连接起爆网路时，除连接人员外，其他人员均应撤至安全地点。

必须等全部人员撤至安全地点后，方可连接起爆电源。

洞内爆破必须统一指挥，并且经过专业培训且持有爆破操作合格证的专业人员进行作业。

洞口爆破时悬挂铁丝网或将炮被编制成网形，并在距洞口 5m 处扎遮挡防护架，使用两层防护，防止个别飞石的飞散。

爆破加工房应设在洞口 50m 以外的安全地点。

爆破时，所有人员撤离现场，其安全距离为：

（1）独头隧道内不得少于 300m；

（2）相邻上下坑道内不少于 100m。

爆破前，应在爆区四周的各个方向和路口的危险区边界设置警戒岗哨，以对讲机作通信联络工具；警戒点竖红旗作警戒标志。

以警报器作爆破信号的音响器材。爆破信号：预警信号—1分钟警报，起爆信号—30秒钟警报，解除信号—10秒钟警报。

炮响后应将里面的烟尘使用排风机将其排净；检查空气合格后，爆破员方可进入现场进行检查。

现场检查的主要内容：有无盲炮，爆堆是否稳定，有无危石。

发现有盲炮，应采用以下方法进行处理：

（1）重新连线起爆。如起爆网路仍可利用时，可重新连线起爆；但应校核最小抵抗线，加大安全警戒范围。

（2）打平行孔装药起爆。浅孔爆破，平行孔距盲炮口不少于0.3m。

在任何情况下，炸药和雷管必须放置在带盖的容器内分别运送。人力运送时，炸药和雷管不得由一人同时运送。

严禁用翻斗车、自卸车、拖车、拖拉机、机动三轮车、人力三轮车、自行车、摩托车和皮带运输机运送爆破器材；在上下班或人员集中地时间内，禁止运输爆破器材。

隧道施工时的通风应设专人管理。保证每人每分钟得到 $1.5\sim3m^3$ 的新鲜空气；隧道内的空气成分每月至少取样分析一次，风速、含尘量每月至少检测一次。

隧道内用电线路和照明设备必须由专人负责检修管理，在检修电器和照明设备时应切断电源。

9.3　爆破安全管理

甲乙双方应持《爆破设计书》、《爆破工程合同》、《工程爆破项目审批表》《爆破申请》和其他的一些相关材料到本市公安局办理爆破手续，经批准后方可施工。

爆破器材运至施工现场后，由两名爆破员共同签收，并设专人看管。

爆破器材运至爆区时，应有安全员随行监督，防止失控。

爆破器材在爆区临时堆放，应分开放置，炸药、雷管的间距不少于25m。

距爆破器材50m范围内，不得吸烟和动火。

非爆破作业人员不得进行爆破作业；装填作业开始，禁止无关人员进入施工现场。

安全员必须跟班加强使用监督，防止爆破器材的丢失和被盗。

爆破作业人员应统一着装，佩戴袖标，戴安全帽。

不得酒后上岗和穿拖鞋、赤背作业。

当日爆破后剩余的爆破器材，应及时通知民爆办理清退。

每次爆破后，均应全面彻底地检查清理现场，爆破器材不得遗留在爆破作业场地。

10　文明施工及环保、消防措施

该工程地处繁华大街地段，文明施工问题将是本工程施工控制的难点之一。对于扬尘、噪声，如不加控制将对周围工作和生活的人群造成极大的伤害，我单位根据已有经验提出一些重要措施如下：

噪声控制：合理选择凿岩设备，禁止在人员休息时间进行钻爆作业。指派专职调度员专项负责安排钻爆作业时间，避免噪声扰民。为了避免夜间爆破的扰民，必须合理安排施工时间，每天第一炮安排在早晨的6点以后，最后一炮安排在傍晚的8点前，避免振动、噪声对周边居民的影响。

扬尘控制：地下爆破对地表扬尘影响较小，但要指派专职人员负责合理安排通风时间等。

其他文明施工的目标：施工组织周密有序，现场整洁，机械设备完好，停放有序；技术资料完整，安全防护设施标准化，作业行为规范化。服从监理工程师和业主的领导及工作安排，与其他施工单位建立良好关系。

文明施工管理措施：

（1）建立文明施工领导小组，设立专职的文明施工管理员，实施文明施工管理。工地应保持场容场貌整洁卫生。

（2）员工统一着装，工作服、安全帽均有本公司标识，管理人员挂牌上岗，牌上标明姓名、职务、职责等。

（3）根据各施工区分块划分文明施工责任区，分部工程实行挂牌施工，在施工牌上标注工程概况、开竣工日期、施工负责人、质量与安全负责人。

（4）出入车辆必须冲洗后上公路，不准带泥行驶。

（5）住房、厨房应有放火宣传标语，应设置放火灭火和其他消防装置。

（6）爆炸、易燃品应有专人管理，有符合规范要求的库房设施。

（7）施工现场应有充分的消防措施、制度并配备灭火器材。灭火器材配置应合理。炸药临时存放库门口8m范围内不应有枯草等易燃物，围墙外15m范围内不应有针叶树和竹林等易燃油性植物。炸药临时存放区内不应堆放易燃物；应设消防水池并配备消防水泵，水池储水量不少于$5m^3$。爆破区应配备至少两个以上的磷酸铵盐干粉灭火器。

装药爆破过程采用移动式照明时，应使用防爆手电筒或手提式防爆灯，并随身携带。施工现场严禁烟火。

11　施工应急预案

11.1　预案制定原则

（1）以人为本，减少危害。把保障员工健康和生命财产安全作为首要任务，最大限度地减少突发事件及其造成的人员伤亡和危害。

（2）坚持"安全第一、预防为主"的方针。增强忧患意识，坚持预防与应急相结合，常态与非常态相结合，做好应对突发事件的各项准备工作。

（3）统一领导，分级负责。在公司统一领导下，建立健全分类管理、分级负责。

（4）依法规范，加强管理。依据有关法律、法规和相关要求，加强突发事件应急管理，维护员工和企业的合法权益，使集团公司应对突发事件的工作规范化、制度化、程序化。

（5）快速反应，协同应对。加强以各单位管理为主的应急处置队伍建设，形成统一指挥、反应灵敏、功能齐全、协调有序、高效运转的应急管理机制。

11.2 应急工作内容（爆破作业主要危险源）

（1）意外爆炸；

（2）发生火灾；

（3）飞石伤人；

（4）火工品丢失、被盗；

（5）损坏周围建筑物和地下、地上管线；

（6）其他意想不到的事故。

11.3 组织机构

应急领导小组组长：＊＊＊

副组长：＊＊＊

下设情况组（5人）、警戒组（5人）、急救排险组（20人）和后勤保障组（5人）

应急领导小组的主要职责：进行应对工地施工期间可能出现的一些意外情况的宣传教育；组织好应急小分队；准备好应急必备器材、材料；组织指挥应对意外情况；发生意外情况及时向市、区公安、消防等管理部门报告。

（1）情况组：负责汇集、收集、整理和掌握现场情况和动态，负责对事故现场照相、录像和文字记录，及时上报有关情况；

（2）警戒组：负责现场警戒，保护好现场，严防无关人员进入；

（3）急救排险组：负责抢救伤员和处置险情；

（4）后勤组：负责交通工具、物资供应、生活安排等。

11.4 火工品丢失、被盗应急预案

1）应急响应

（1）现场作业人员一旦发现火工品丢失、被盗事故，应立刻向现场负责人报告。施工队队长在接到报告后，一方面立即向应急小组上级报告并报警，一方面组织现场管理人员保护现场。

（2）应急处理小组接到被盗报告后，应立即向组长报告，报告内容应明确事故发生的时间、地点、被盗火工品种类、数量等，并在第一时间赶赴事故现场，启动应急计划。

（3）应急领导小组接到火工品丢失、被盗事故报告后，应迅速赶赴事故现场，组织保护现场，控制现场人员等待公安机关到场。

2）预防措施

（1）要求爆破员、库管员等专职人员必须持有效证件上岗。

（2）仓库保管员要严格执行"八不发放制度"，严格执行出入审批，检查，登记等工作制度，收存，发放应按制度进行登记签字。库房管理要做到账目清楚，手续齐备，账物相符。

（3）每个施爆班组都要建立爆炸物品使用登记，详细记录爆炸物品领用人，领用时间，加工量，使用量，损耗量，清退量；并由现场负责人、领取人、加工人、爆破员签字

确认。

（4）仓库保管员要清楚各作业队涉爆人员情况，凭作业队开具并审批后的申请单，核对领料人员、单据数量审查后，根据数量，品种发放，并做好登记签字工作。

（5）对未使用退库火工品要进行退库登记，详细记录退库种类，数量，双方签字，并入库存总账。

（6）领料人员必须两人以上，并分类领取，否则保管员应拒绝发放火工品。仓库管理人员对无证人员应拒绝发放火工品。对违反常规的领用情况有权拒绝发放并及时上报上一级管理部门。

（7）爆炸物品管理员应挑选政治可靠、责任心强并经公安机关培训，取得合格证的正式职工担任。值班人员防止闲杂人员进入装药区域，发现问题及时处理或上报。

（8）保管员发现火工品被盗后应立即上报并保护现场。

11.5　火工品火灾、爆炸应急预案

1）事故特征

（1）火工品爆炸突发性强，预警时间短，由于火灾、雷击、交通事故、操作不当和人为破坏可能造成火工品爆炸。

（2）事故主要发生在火工品仓库、运输途中、施工现场。

（3）火工品爆炸事故除因雷击引起多发生在夏季雷雨季节外，其他情况不受季节影响，该事故通常都会造成人员伤亡，影响工程施工和周边人民生产生活，危害严重，社会影响恶劣。

（4）火工品爆炸事故发生前，多是存在管理漏洞，如有消防隐患、火工品附近有明火出现、看守人员思想情绪不稳定、起爆网路不联通、爆破人员未经培训无证上岗、哑炮排除不完全。

2）应急处置

（1）事故应急处置程序。

① 当发生险情时，值班人员立即组织危险区域施工人员撤离，迅速报告应急自救组长，自救组长迅速上报应急办公室。

② 报警方式采用警报器、喊话或其他方式疏散人员，对危险区域进行有效的隔离。

③ 当事故有扩大趋势时，应急自救组长向应急救援指挥中心申请启动应急预案，及时与地方政府、应急救援队伍、公安、消防、民爆、医院等相关部门取得联系，确保 24 小时联络畅通，联络方式采用电话、传真、电子邮件等。

④ 现场应急自救领导小组通过上述联络方式向有关部门报警，报警的内容主要是：火工品爆炸发生的时间、地点、背景，造成的损失（包括人员受灾情况、人员伤亡数量及造成的直接经济损失），已采取的处置措施和需要救助的内容。

（2）现场应急处置措施。

一旦火工品因使用不当发生爆炸，事故发生后值班人员立即组织危险区域施工人员撤离，迅速报告应急自救组长，未遇险人员要积极自救，同时要想方设法通知救援人员自己所处的准确位置，以便得到及时救援；应急自救领导小组对事故进行评估后，向应急指挥中心报告，建议启动专项应急预案进行处置，救援人员按规定穿戴好防护用品，在保证自

身安全的前提下，携带相关救援机具、物资（根据储备物资装备确定），对遇险人员进行抢救、搜救。在救援过程中要注意危石、哑炮的排除和剩余火工品的管理。

（3）注意事项

① 抢险人员按规定着装和佩戴防护用品。保证救援人员自身的安全和防止次生事故，在确认火工品不会再次爆炸后方可进入现场救援；

② 遇险人员救出后转至安全地带，及时进行救助。

③ 疏散周围人群，疏导运输车辆，险情发生至现场恢复期间，应封锁现场，防止无关人员进入现场发生意外。

④ 救助人员要服从指挥，统一行动。

⑤ 及时将抢救搜救进展情况报告应急自救组长。

⑥ 对可能影响区域张贴告示，提醒居民注意相关事项。

⑦ 在救援过程中要对剩余火工品进行监控，统一管理，防止火工品失窃，危害社会。

11.6 地下管线事故应急预案

根据业主单位提供的平面图，地下管线主要有燃气、电力、自来水、排水等，位置主要沿板仓街分布，埋深 1～3m 不等。造成地下管线事故的主要原因有土方开挖和爆破施工。

1）应急响应

（1）事故现场人员应立即报告事故应急指挥部，并停止施工。

（2）当机立断，尽快将受伤人员脱离危险地方，防止二次伤害。

（3）立即组织抢险突击队进行自救，并向当地 120 急救中心取得联系，说明事故地点、严重程度，并派人到路口接应。

（4）指挥部接到报告后，应立即指令全体成员在第一时间赶赴现场，了解和掌握事故情况，开展抢救和现场秩序的维护。

（5）指令善后人员到达事故现场，做好与当事人家属的接洽善后等工作。

（6）现场安全员对事故原因进行分析，制定相应的整改措施，认真填写事故报告和相关处理报告，并上报上级机关。

2）事故处理

事故的上报必须实行系统上报制度，即事故工地第一管理者必须立即向应急指挥部报告，安全人员必须向指挥部安质科报告，调度人员必须向指挥调度报告等，确保各系统信息及时、准确，为事故处理和消除损失的扩大赢得时间，指挥部将在 1 小时内及时上报公司和当地安监局。

3）工程抢险、抢修

当工程发生险情后，应立即启动应急救援预案，迅速采取有效措施，组织工程的抢险抢修，及时排除险情，要防止事故的扩大，减少人员的伤亡和财产的损失。

11.7 爆破飞石伤人事故应急预案

1）应急响应

（1）爆破飞石伤人事故后，医务小组主要负责紧急事故发生时有条有理的进行抢救或处理，施工单位协助做相关辅助工作。

（2）发生爆破飞石伤人事故后，由爆破单位项目经理负责现场总指挥，发现事故发生人员首先高声呼喊，通知现场指挥人员，由现场指挥人员打"120"电话向医院请求抢救，同时通知应变小组进行现场抢救。如现场包扎、止血等措施。防止受伤人员流血过多造成死亡事故发生。有秩序地处理事故、事件，最大限度地减少人员和财产损失。

2）指挥与控制

爆破领导小组接到事故通报后，爆破领导小组立即全面启动本应急预案。根据事故报告的详细信息，依据《突发事件应急响应级别规定》确定该事故的响应级别。

（1）领导小组、工作小组及与事故应急有关的责任人员就位，事故应急部门全面启动。

（2）应急总指挥负责做出各项应急决策，确定各项指挥任务的指挥员，负责发布并执行应急决策。

（3）与事故现场的应急指挥部和事故现场建立通信联系，取得事故应急的指挥权，对事故应急工作的开展进行全面地指挥和控制。

（4）指挥现场应急人员积极抢救伤员，并通知医务人员进行现场救治。

（5）将伤员快速转送当地医院。

（6）协调财务部门，做好医疗费用支持工作。

（7）通知工会工作人员安抚和慰问伤亡人员家属。

（8）根据事故的具体情况，调配事故应急体系中的各级救援力量和资源开展事故现场救援工作，必要时求助当地政府。

3）报告和公告

当发生达到应急响应级别的紧急情况后，在1小时内向公司报告，在2小时内向当地安全生产监督管理部门报告；事故应急处理结束后，在48小时内将事故应急情况向当地政府汇报。

11.8　信集号规定

（1）发生事故后，急促报警信号三短声，应急分队人员迅速到指定地点集合；

（2）安全员口头通知。

注：施工项目部进入现场后，对应急预案结合实际情况进行修改。

参 考 文 献

［1］　刘殿中. 工程爆破实用手册. 北京：冶金工业出版社，1999.

［2］　汪旭光. 爆破手册. 北京：冶金工业出版社，2010.

［3］　杨年华. 爆破振动理论与测控技术. 北京：中国铁道出版社，2014.

［4］　公安部治安管理局. 爆破作业技能与安全. 北京：冶金工业出版社，2015.

范例 8　路基石方开挖爆破工程

杨　军　编写

杨　军：北京理工大学教授，主要研究岩石爆破理论模型、拆除、爆破及数值模拟和露天台阶爆破智能设计。

黑艾路（黑峪口—市界）
路基石方开挖爆破安全专项施工方案

编制：
审核：
审批：

＊＊＊公司
年　月　日

目　　录

1　编制依据及原则 ……………………………………………………………… 318

 1.1　编制依据 …………………………………………………………………… 318

 1.2　设计原则 …………………………………………………………………… 318

2　工程概况 …………………………………………………………………………… 318

 2.1　工程简介 …………………………………………………………………… 318

 2.2　地形、地质特征 ……………………………………………………………… 318

 2.3　水文特征 …………………………………………………………………… 319

 2.4　爆区周边环境 ………………………………………………………………… 319

 2.5　主要爆破工程量 ……………………………………………………………… 319

3　施工方案选择 ……………………………………………………………………… 319

4　路基石方爆破设计 ………………………………………………………………… 320

 4.1　深孔爆破设计 ………………………………………………………………… 320

 4.2　预裂爆破设计 ………………………………………………………………… 323

 4.3　起爆网路设计 ………………………………………………………………… 324

 4.4　爆破安全设计 ………………………………………………………………… 324

5　施工组织及资源配置 ……………………………………………………………… 326

 5.1　施工组织机构 ………………………………………………………………… 326

 5.2　劳动力配置计划 ……………………………………………………………… 326

 5.3　主要施工设备 ………………………………………………………………… 326

 5.4　爆破器材规格和数量 ………………………………………………………… 327

6　施工计划及工序管理 ……………………………………………………………… 328

 6.1　工程进度计划 ………………………………………………………………… 328

 6.2　主要施工方法 ………………………………………………………………… 328

 6.3　爆破施工准备与工序控制 …………………………………………………… 328

7　爆破安全管理及技术保证措施 …………………………………………………… 330

 7.1　爆破作业施工安全管理 ……………………………………………………… 330

 7.2　现场爆破器材管理 …………………………………………………………… 331

 7.3　爆破安全警戒 ………………………………………………………………… 332

8　文明施工及环保措施 ……………………………………………………………… 332

9 施工应急预案 ··· 333

9.1 指导思想 ··· 333

9.2 应急救援预案和措施 ··· 333

9.3 安全应急救援组织机构 ··· 333

9.4 各部门的职责 ··· 334

参考文献 ··· 334

1　编制依据及原则

1.1　编制依据

(1)《爆破安全规程》GB 6722—2014；

(2)《民用爆炸物品安全管理条例》；

(3) 公路工程施工技术规范和爆破安全操作规程；

(4) 公安部有关政策及《北京市爆破作业项目安全管理实施细则》；

(5) 业主单位所提供的道路工程设计文件；

(6) 本公司长期从事工程爆破所积累的施工经验及对现场的勘察、测量结果。

1.2　设计原则

(1) 充分考虑施工环境保护、文明施工要求，采用先进合理、安全可靠、经济可行的爆破施工方案，确保工程施工顺利展开；

(2) 设计方案能够满足路基开挖的设计要求；

(3) 要求爆破施工时保证周边安全及环境不受到破坏和干扰；

(4) 确保工程质量、工期进度和安全要求；

(5) 充分考虑和研究工程特点和难点，紧紧围绕安全施工主线，坚持优化爆破技术方案，推广应用新技术、新工艺；

(6) 严格执行国家、行业和当地的有关法律、法规、标准及技术规范。

2　工　程　概　况

2.1　工程简介

黑艾路（黑峪口—市界）属于延庆县规划的县级公路，位于延庆县东北部，道路起于延庆县黑峪口，途径黄峪口村，终于河北省艾河滩。根据道路服务范围和周边道路网规划情况，确定该道路未来年主要服务对象为线路周边村居民、沿线山区旅游业。本工程道路等级为三级公路，设计速度采用30km/h，路基全宽7.5m。

黑艾路设计起点为黄峪口（K0＋000），终点为市界（K8＋910），途径黄峪口村，线路全长8.91km，以山岭重丘区为主，根据道路周边环境确定其交通量构成主要为居民出行趋势交通量、旅游交通量、诱增交通量。黑艾路道路周边地形图如图2.1所示。

2.2　地形、地质特征

黑艾路地处山前区及山岭重丘区，K0＋000～K2＋000为山前区，地势较为平缓；K2＋000～终点为山岭重丘区，该段全部为新辟线位，山岭重丘区山脉连绵起伏沟壑与山峰相依，沟壑比降大，山体间有自然植被及人工植被。道路在K0＋110路线经过黄峪口沟，此沟宽度15～20m、深2.5m左右；在K1＋660～K1＋860路线经过鸿驰二灰厂，路线设在鸿驰二灰厂西侧并靠近山坡底部；路线在 K2+460 处经过小垭口，垭口处有现况土路宽度 3.5m，此处向山体内侧加宽；在 K2+620 路线经过黄峪口水库，此处新建钢筋混凝土联梁桥一座，桥梁两端需局部开挖山体，线路跨越黄峪口沟后线位在黄峪口沟东侧沿等高线攀升；在 K3+840~K5+280 路线位于黄峪口沟西北侧，该路段地形陡峭，线位所处山沟沟壑与山峰连绵起伏，且沟深峰陡，该路段石方开挖量较大（图2.2）。

图 2.1　黑艾路（黑峪口—市界）道路周边地形图

2.3　水文特征

黑艾路地处山岭重丘区，其自然沟壑鲜明，沟壑上游无水源区，本地区属于干旱区，无地下水源，沟壑主要承担着山体两侧的自然降雨，非雨季沟壑无水，雨季时雨水汇于沟壑随降雨量的大小历时强度不同，由于沟壑比降大，水流通畅。

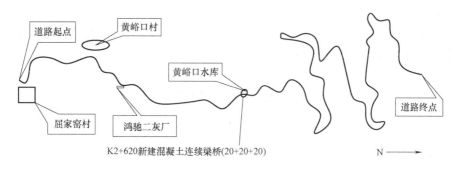

图 2.2　黑艾路（黑峪口—市界）道路中线平面图

2.4　爆区周边环境

黑艾路石方爆破开挖路段主要集中在山岭重丘区，远离村庄，经现场勘察，爆区附近未发现民房及重要设施，爆破环境良好。

2.5　主要爆破工程量

黑艾路（黑峪口—市界段）路线全长 8.91km（设计起止桩号 K0+000~K8+910），路基工程土石方开挖工程量 28.4 万 m^3，其中路基爆破石方量约 10 万 m^3。

3　施工方案选择

根据开挖路段的设计资料、周边环境、工程性质的分析，路基石方爆破确定采用中深孔爆破施工方案，设计一次爆破药量不大于 5t，工程属于复杂环境深孔爆破，深孔爆破在改善和控制爆破质量、实现石方机械化作业和快速施工等方面的优越性明显，主要体现在：

（1）深孔爆破有利于公路边坡的成型和稳定。若辅之以预裂爆破和光面爆破，则可以更有效地减少对边坡的爆破损伤，降低爆破振动和应力波作用等有害效应，显著地改善路堑边坡质量。

（2）有利于使用先进的爆破技术。如采用毫秒延期爆破、宽孔距小抵抗线爆破等技术，可以有效地控制破碎块度和爆破质量，有利于石方的利用，提高装运效率。

（3）有利于公路石方的机械化作业和快速施工。采用深孔爆破可以灵活地调整作业方式，实现钻孔、爆破、装运一条龙作业，同时提高钻孔延米爆破量，降低路堑开挖综合成本等技术经济指标。

根据《爆破安全规程》GB 6722—2014 及《北京市爆破作业项目安全管理实施细则》关于爆破工程等级划分的相关规定，本工程属于 C 级爆破工程。由于黑艾路石方开挖路段主要集中在山岭重丘区，远离村庄，路堑开挖施工主要考虑爆破对边坡稳定性以及对道路征地线以外树木、庄稼的影响。

具体爆破方案如下：

（1）开挖深度在 10m 以内的地段，路堑范围内的岩石一次钻孔、一次爆破达到设计深度，以保证施工进度；

（2）开挖深度超过 10m，采用分层爆破或采用孔内毫秒延期爆破；

（3）为了控制爆破对路堑边坡的破坏，在石方量比较集中的深挖路堑地段，可采用预裂或光面控制爆破技术，以确保路堑边坡的稳定性。

4　路基石方爆破设计

4.1　深孔爆破设计

（1）炸药单耗 q

q 值大小与岩石性质、爆破自由面数目、炸药种类、炮孔直径等因素有关。爆破设计取炸药单耗 $q=0.3\sim0.6\mathrm{kg/m^3}$，岩石比较完整且坚硬时可取 $0.6\mathrm{kg/m^3}$，岩石风化严重时可取 $0.3\mathrm{kg/m^3}$。

实际爆破中根据爆区环境、地质条件等，试验确定炸药单耗 q 的大小。为控制爆破危害，可采用减弱松动爆破或加强松动爆破。

（2）炮孔直径 d

采用潜孔钻钻孔时，炮孔直径由与潜孔钻配套的钻头直径确定；使用 $\phi80\mathrm{mm}$ 钻头，炮孔直径 $\phi90\mathrm{mm}$。

（3）钻孔深度 L

根据路堑开挖深度，确定 L。条件具备时，一次爆破达到设计深度，这时钻孔深度由需要爆破岩层的厚度 h 和设计钻孔超深 Δh 决定。

（4）钻孔超深 Δh

按照抵抗线 W 大小，钻孔超深一般有如下规律：

$$\Delta h = (0.15 \sim 0.35)W \tag{4.1-1}$$

当 $W = 2\text{m}$ 时，钻孔超深一般 $\Delta h = 0.3 \sim 0.7\text{m}$。

（5）底盘抵抗线 $W_{底}$

按台阶高度和孔径计算：

$$W_{底} = (0.6 \sim 0.9)H;\ W_{底} = (25 \sim 45)D \tag{4.1-2}$$

式中：H 为台阶高度（m）；D 为钻孔直径（m）。

底盘抵抗线 $W_{底}$ 受许多因素影响，变化范围较大，除了考虑上述条件外，控制坡面角是调整底盘抵抗线的有效途径。此外，尚可通过试验，获得具体条件下的最佳底盘抵抗线。

（6）孔距 a 和排距 b

孔距 a 按式 $a = mW_{底}$ 求得。炮孔密集系数 m 通常大于 1，一般取 $1.2 \sim 1.3$，在宽孔距爆破中可取 $3 \sim 4$，但第一排炮孔由于底盘抵抗线过大，选用较小的密集系数，以克服底盘的阻力。

排距 b：多排孔爆破时，b 为相邻两排钻孔间的距离，也即各排孔的底盘抵抗线值。采用三角形布孔时，$b = a\sin 60° = 0.886a$。

（7）炮孔布置

本标段典型横断面（K5+780）炮孔布置如图 4.1-1 所示。

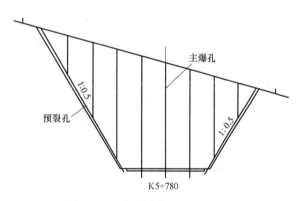

具体设计参数如下：钻孔直径 $\phi = 90\text{mm}$，孔距 $a = 2.5 \sim 3.0\text{m}$，排距 $b = 2 \sim 2.5\text{m}$。施工中科根据现场揭露岩石情况、路基开挖深度、周边环境以及现场爆破试验进一步优化合理的爆破参数。

对于半路堑开挖多以纵向台阶法布置，即平行路线方向钻孔。对于高边坡半挖路堑，可采用倾斜孔、垂直孔，对于超过 10m 台阶采用分层（多层）布孔，如图 4.1-2 所示。

图 4.1-1 典型横断面炮孔布置图

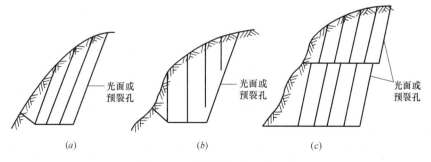

图 4.1-2 半挖路堑炮孔布置图

(a) 倾斜孔；(b) 垂直孔；(c) 分层布孔

对于全路堑开挖，由于开挖断面小，爆破易影响边坡的稳定性，一般情况下台阶面的推进方向平行于路线方向，即沿道路纵向分层开挖，每层深 8m 左右。上、下层顺边坡可布设倾斜孔进行预裂爆破，靠边坡的垂直孔深度应控制在边坡线以内，如图 4.1-3 所示。对于开挖断面较大的全路堑，可创造条件顺路线方向布置台阶面，采用横向开挖方式。

图 4.1-3　全路堑分层开挖炮孔布置图

（8）填塞长度

合理的填塞长度应能阻止爆炸气体过早地冲出孔外，使岩石破碎更加充分。采用连续柱状装药，填塞长度取底盘抵抗线的 0.7～0.8 倍。当填塞长度等于抵抗线大小时，可严格控制爆破飞石；但过大的填塞，容易在表面产生大块。所以，根据具体岩石性质和周围环境，合理进行填塞长度选择，一般控制在 $(0.7～1.0)W$，必要时可采取在炮孔口压沙袋的办法，加强填塞效果，控制飞石，设计取填塞长度为 $0.7W$。

（9）单孔装药量 Q 和边坡控制

单排孔爆破或多排孔爆破的第一排孔的装药量按下式计算：

$$Q=qaWH \qquad (4.1-3)$$

多排孔爆破时从第二排孔起，每孔装药量按下式计算：

$$Q=KqabH \qquad (4.1-4)$$

式中：K 为考虑受前排的岩石阻力作用的增加系数，一般取 1.1～1.2。

路堑石方爆破参数见表 4.1，为了控制爆破效果，对装药结构进行合理设计。原则上，对路堑中间部分炮孔底部采用耦合装药，上部采用不耦合装药，沿孔深方向采用连续或分段装药结构；两侧炮孔采用分段装药结构。当采用分段装药结构时，设计上部装药段 $Q_上=0.4Q$，下部装药段 $Q_下=0.6Q$；两侧炮孔采用不耦合装药，药量适量减少，以控制爆破对路堑边坡稳定性的影响。

深孔爆破设计单孔装药量、填塞参数　　表 4.1

序号	孔深(m)	炸药单耗(kg/m³)	单孔装药量(kg)	填塞长度(m)
1	5	0.3	11	2.5
2	6	0.3	14	3.0
3	7	0.35	19	3.0
4	8	0.35	21	3.5
5	9	0.4	27	3.0
6	10	0.4	30	3.0

（10）装药结构

一般主炮孔采用连续装药结构，靠近边坡采用间隔装药结构。当炮孔较深（$L\geqslant 8m$），且为全路堑开挖时，为了控制爆破破岩效果和爆破振动危害，可采用孔内分段间隔装药结构，并实行孔内、孔外毫秒延期爆破。

（11）起爆顺序和延时

起爆顺序根据岩石具有的天然临空面情况和周围环境确定，避免抵抗线指向需要保护的建筑物、输电线路等。段间微差时间选用 50ms 以上；每 3～4 排，加入一段延时，延时时间在 50～75ms，以保证后续炮孔爆破破岩效果。

对于全挖路堑开挖，起爆顺序采取首先起爆中间炮孔，然后起爆两侧炮孔，排间毫秒延期时间选取 50ms 左右，如图 4.1-4 所示。对半挖路堑，可首先起爆外侧炮孔，然后依次起爆，也可采取 V 形顺序起爆，如图 4.1-5 所示。一次起爆炮孔数和最大段别药量根据周边条件确定。

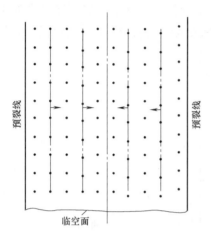

图 4.1-4 全挖路堑沿中心线起爆

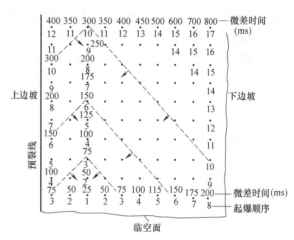

图 4.1-5 半路堑 V 形顺序起爆

4.2 预裂爆破设计

预裂爆破，是在主炮孔爆破之前先起爆布置在开挖线的预裂孔，爆破的结果是在相邻孔之间形成裂缝，整个预裂孔的布孔平面形成一个断裂面，以减弱主爆孔爆破时地震波向边坡岩体的传播并阻断向边坡外发展的裂隙。在之后起爆的主爆孔爆破后，沿预裂面形成一个超挖很少或没有超挖的光滑边坡。

正确选择预裂爆破参数是爆破成功的关键，合理的爆破参数不但能满足工程的实际要求，而且可使爆破效果最佳，技术经济指标最优。爆破施工时，采取理论计算结合现场试验的方法综合确定爆破参数。

（1）钻孔直径 d：采用潜孔钻钻孔，炮孔直径约 90mm。

（2）钻孔间距 a：一般与钻孔直径有关，通常取 $a=（8～12）d$，设计取 $a=（0.8～1）$ m，软弱破碎岩石取小值，坚硬岩石取大值。

（3）不耦合系数 K_d：设计 $K_d=2～4$，硬岩取大值，软岩取小值，具体根据现场条件确定。

（4）线装药量：根据工程实践和理论计算，设计线装药量为 250～350g/m，孔底 70cm 范围增加药量，为正常线装药量的 1.5 倍。爆破施工时，通过试验进行适当调整。

（5）超钻 Δh：设计取 $\Delta h=0.8$m。

（6）预裂孔孔深 h：预裂孔孔深的确定以不留根底和不破坏坡后岩体为原则。倾斜钻孔，$h = H/\sin\beta + \Delta h$（式中 β 为钻孔倾斜角，H 为台阶高度）。

（7）填塞长度：良好的填塞不但能充分利用炸药的爆炸能量，而且能减少爆破有害效应的产生。填塞长度与炮孔直径有关，设计填塞长度取 1.2m。

4.3　起爆网路设计

采用非电毫秒延期雷管，根据实际布孔情况，选择合适的网路联结方案。

对于非电起爆网路，当炮孔较深时，出露脚线短，采用四通接头进行网路连接，这样在地面上除最后的激发点外，没有传爆雷管，有利于保护网路。当爆破线路较长时，需考虑导爆管传爆时间对延时的影响，可采取措施避免导爆管传爆时间给爆破顺序带来的影响。在选择孔内和孔外雷管的延时段位时，需要考虑到先起爆炮孔的爆破碎石可能对后起爆炮孔网路的影响。起爆网路如图 4.3-1、图 4.3-2 所示。

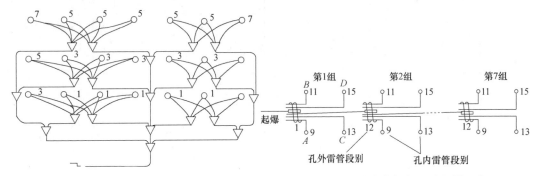

图 4.3-1　四通连接的导爆管起爆网路图　　　图 4.3-2　孔内外控制延时起爆网路

为了控制爆破振动和爆破效果，采用毫秒延期控制爆破技术。对于开挖深度较大的地段可采用分段台阶式爆破开挖。根据各标段的具体施工条件，优先选用非电毫秒雷管起爆网路、电雷管击发的起爆方式；对石方量集中的主爆区，采用深孔爆破、边坡处进行预裂爆破。

黑艾路（黑峪口—市界段）路基石方深孔爆破设计归结为：基于本标段地形、地质条件，选用合理的最小抵抗线和填塞长度来控制爆破飞石可能的方向和距离；采用毫秒延期爆破降低爆破振动和减少爆破次数；利用非电毫秒雷管的延期作用实现主爆孔、预裂孔一次起爆。

4.4　爆破安全设计

1）爆破地震安全距离计算

根据《爆破安全规程》GB 6722—2014 对建（构）筑物质点振动速度的控制标准，按下式确定最大允许起爆药量：

$$Q = \frac{R^3 \cdot V^{3/\alpha}}{K^{3/\alpha}} \tag{4.4-1}$$

式中　Q——炸药量（kg），齐发爆破取总药量，毫秒延期爆破取最大一段药量；

　　　R——到需要保护建（构）筑物或设备设施的距离（m）；

　　　V——地震安全速度（cm/s）；土窑洞、土坯房、毛石房屋 1.0cm/s；一般砖房、非抗震的大型砌块建筑物 2～3cm/s；

K，α——与地形、地质条件有关的系数和衰减指数，见表 4.4。

K、α 与岩性的关系　　　　　　　　　　　　　　　　　　　　表 4.4

岩　　性	K	α
坚硬岩石	50～150	1.3～1.5
中等硬度岩石	150～250	1.5～1.8
软岩石	250～350	1.8～2.0

当 $R=100$m 时，取 $V=2$cm/s、$K=230$、$\alpha=1.6$ 计算，$Q=136$kg。

从上述计算可以看出，控制最大一段药量在 136kg 以内，爆破振动不会对距爆区 100m 以外的建（构）筑物造成危害。

现场爆破作业时，采取对重点地段进行爆破震动监测，获得爆破振动的传播衰减规律，并以此确定毫秒延期爆破的最大一段药量，以确保周围设施和建（构）筑的安全。

2）爆破飞石控制

爆破飞石是指那些脱离主爆堆而飞离较远的石块。产生爆破飞石的原因主要有：

（1）装药量：过量装药，爆破能量除破坏指定的介质之外，多余能量产生飞石。

（2）地质因素：基岩中爆破时，炸药能量容易被介质吸收，用于克服惯性运动的爆炸能量相应减少；同样的岩层，当节理、裂隙发育时容易产生飞石。

（3）填塞的影响：当填塞不良或长度过小时，孔口碎块被高速喷出；若填塞物中夹有石块则可飞散更远。孔内积水必须清除干净，受水饱和的填塞土，容易冲炮。

（4）抵抗线测量错误或偏差过大，岩体某个部位突出飞散较远。

对个别飞石飞行最远距离的计算多采用以下经验公式：

$$R=20kn^2W \tag{4.4-2}$$

式中　k——安全系数，与地形、风向等因素有关，一般取 1.0～1.5；

　　　n——爆破作用指数；

　　W——最小抵抗线（m）。

在确定飞石安全范围时，如在高山陡坡条件下进行爆破，还应考虑滚石的危害。

由于造成个别飞石的原因很多，情况也比较复杂，因此具体一次爆破作业飞石安全距离的确定应视其爆破条件，周围环境等因素，类比相似工程，综合地考虑。

采用毫秒延期爆破技术，妥善安排起爆顺序，飞石控制要求甚严的地方，切忌齐发爆破。

在靠近村庄或附近有需要保护的设施处进行爆破时，除控制炸药单耗和合理选择起爆顺序外，根据爆区环境，采取必要的防护措施。一般采用沙袋在孔口覆盖，必要时使用覆盖荆芭等防护，以保证爆破安全。

3）爆破警戒范围

每次爆破根据以上地震和飞石计算结果及安全规程较大值确定爆破警戒范围。路基台阶爆破一般条件下取警戒半径为 200m 以上，若在未形成台阶工作面或遇复杂地质条件下，取警戒半径为 300m 以上。

5　施工组织及资源配置

5.1　施工组织机构

为加强管理，便于施工操作，保证爆破工程质量及进度，同时根据爆破施工的特点，充分考虑多方因素后，对爆破施工的管理人员进行了精心的配置。项目经理部设项目经理1名，副经理1名，总工1名，下设工程技术科、质量安全科、装备物资科、财务科、办公室、安保部等六个部门，分别依据各自职责开展各项施工管理。人员配备情况见表5.2-1，组织机构及人员如图5.1所示。

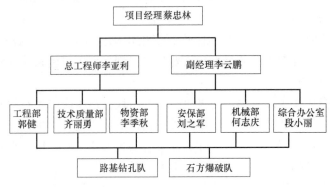

图5.1　施工组织结构图

另外每个爆区设置爆破指挥长1人，负责爆破过程的全面指挥工作，下设施工组、技术组、安全组、群工组、各设组长1人，分工明确到人，各负其责。

5.2　劳动力配置计划

本爆破工程为中小型项目，但由于施工强度大，因此投入的施工设备均为我公司性能良好的大型履带式钻机。同时，钻孔作业和爆破作业的劳动力投入强度也较大（表5.2）。

劳动力配置计划表　　　　　　　　　　　　　　　　　表5.2

序号	岗位/工种	数量	备注
1	施工队长	1	
2	现场工程师	3	技术、质量和安全各1人
3	测量员	1	
4	安全员	3	
5	爆破员	12	
6	辅助工人	10	

5.3　主要施工设备

根据本工程特点、开采量和项目部组织机构设置情况，本次工程投入主要施工设备计划如表5.3所示。

路基爆破主要施工机具　　　　　　　　　　表 5.3

序号	名　称	型号规格	单位	数量	备　注
一	钻爆设备				
1	空压机	12m³/min	台	3	含备用设备
	空压机	9m³/min	台	2	
	潜孔钻机	TYZQ100	台	3	
2	凿岩机	7655	台	5	
3	磨钎机	电动	台	1	
4	潜孔钻风管		m	5×150	
5	潜孔钻风管接头		个	5×10	
6	潜孔钻钻杆	1.0m	根	5×10	
7	潜孔钻冲击器	CIR90	个	5×2	
8	潜孔钻钻头	80mm	个	5×5	
9	7655 风管		m	5×30	
10	7655 风管接头		个	5×10	
11	7655 钻杆	$L=1.0$m	根	5×10	
12	7655 钻杆	$L=2.0$m、3.0m	根	5×10	
13	爆破专用电桥	湘西	个	1	
14	起爆器	营口 1000	个	2	
15	对讲机	MOTOROLA	台	4	
二	运输和交通设备				
16	现场运输用车		辆	1	运输工程材料
17	交通用车		辆	1	外联

5.4　爆破器材规格和数量

根据黑艾路（黄峪口—市界）段路基石方爆破设计统计，路基工程土石方开挖工程量 28.4 万 m³，其中路基爆破石方量约 10 万 m³，设计所需的爆破器材规格和数量见表 5.4。

具体数量视最终开挖情况和需要爆破的实际石方量确定。

爆破器材规格和数量　　　　　　　　　　表 5.4

序号	名称	规格	数量
1	炸药	乳化炸药	35t
2	雷管	非电毫秒雷管	1500 发
3	雷管	电雷管	100 发

6　施工计划及工序管理

6.1　工程进度计划

黑艾路（黄峪口—市界）路线全长 8.91km。路基石方爆破开挖约 10 万 m³。根据路基石方爆破施工的特点，本项工程计划施工工期为 8 个月。

施工进度计划表见表 6.1。

施工进度计划表　　　　　　　　　　　表 6.1

项目	1 月	2 月	3 月	4 月	5 月	6 月	7 月	8 月
施工准备								
钻孔								
爆破								
清运								
验收								

6.2　主要施工方法

黑艾路（黄峪口—市界）段，设计起止桩号为 K0＋000～K8＋910，路线全长 8.91km，以山岭重丘区为主，包括三跨联梁桥一座。黑艾路（黄峪口—市界）段，路基石方爆破开挖约 10 万 m³。爆破开挖主要施工方法：

（1）路堑爆破施工前，恢复和固定线路中线，进行高程复测，水准点复查，检查横断面，必要时增设与补测断面。

（2）根据路线中桩和设计图纸测出路堑堑顶天沟和其他截水沟位置。

（3）清除路堑开挖范围内的地表杂草、树木、树根和其他杂质，用人工和推土机清除运走。

（4）在路堑开挖前，先开挖截水沟等，引截地表水。

（5）爆破施工不能破坏路堑边坡，要求坡面平顺光滑。石方采用浅孔或深孔松动控制爆破。采用预裂爆破时，边坡部分按预裂爆破要求进行设计。为减小爆破对边坡的振动破坏和爆破效果，便于装渣施工，采用非电毫秒雷管进行毫秒微差爆破，小排距、宽孔距梅花形的布眼方法。

（6）路堑边坡力求平顺光滑，无明显的局部高低差。边坡突出的个别欠挖部分应用人工浅孔凿除清理；路堑边沟采用小炮开挖爆破成型。

6.3　爆破施工准备与工序控制

爆破作业施工主要程序为：施爆区管线调查→爆破设计及设计审批→配备专业施爆人员→用机械或人工清除施爆区覆盖层及强风化岩石→钻孔→爆破器材检查与试验→炮孔检查与废渣清除→装药并安装起爆器材→布置安全岗和施爆区安全员→炮孔填塞→撤离施爆区飞石、地震波影响范围的人、畜等→起爆→清除盲炮→解除警戒。具体施工程序如图

6.3所示。

1）装药前的准备

（1）成立爆破安全领导小组，小组成员必须经过专门培训，持证上岗。

（2）装药前必须进行验收，验收的误差标准：孔距、排距为±0.3m。

（3）验收炮孔时，如发现孔深不够、孔数不足、堵孔和透孔，必须进行补钻、补孔、清孔和填塞孔。

（4）装药前应在爆破作业场地附近设炸药临时堆放场地，并设专人警卫。该场地应标以醒目的标志，场地要清除一切妨碍运药的作业人员通行的障碍物。

（5）雷管与炸药不准放在一起。

2）装药与填塞

（1）人力搬运炸药时，每人每次搬运量不得超过一箱，搬运工人行进中，应保持1m以上的间距，上下坡时应保持5m的间距。

（2）运送炸药时，不准与雷管同时混合运送。

（3）装药时应有专人负责，记录装入各药室的炸药数量，并与设计数量核对无误后，再装药。

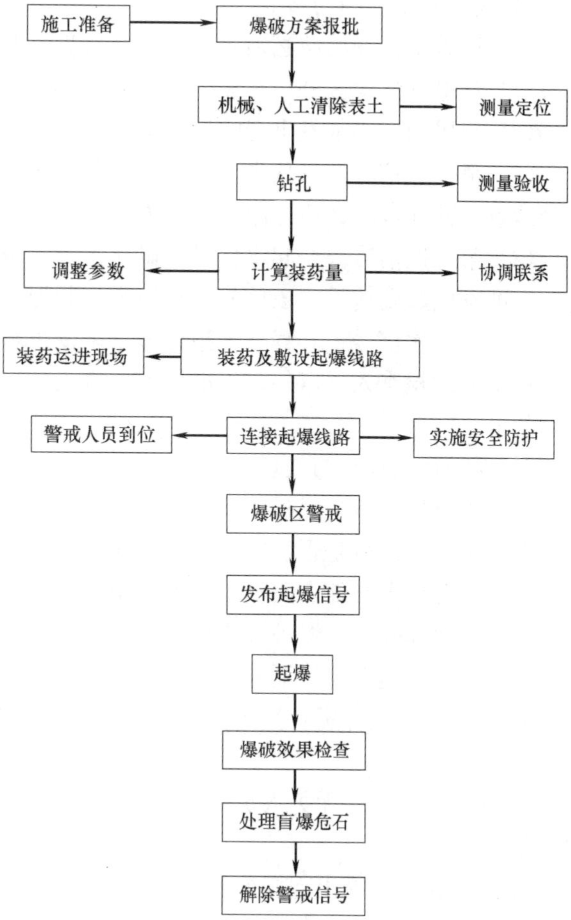

图6.3 施工程序图

（4）严禁将炸药向下投掷，起爆包装入后，不准向下投掷炸药卷。

（5）装药发生卡塞时，在雷管和起爆药包放入以前，不可用钻杆等通捣，可用竹杆处理，但严禁强烈冲击炸药。

（6）装药后必须保证填塞质量、长度、密实。

（7）禁止使用石块和易燃材料填塞炮孔。填塞要十分小心，不得破坏线路。

（8）禁止捣固直接接触药包的填塞材料或用填塞材料冲击起爆药包。

（9）填塞时，不准在起爆药包或起爆药柱后面直接填入木楔。

（10）禁止拎出或硬拉起炸药包或药柱中的导爆索、导爆管或电雷管脚线。

3）起爆网路检查

（1）起爆网路的检查，必须由有经验的爆破人员担任，检查组不得少于2人。

（2）必须仔细检查各段导爆索和导爆管的外观是否在敷设过程中受到损坏，接头是否符合规定。

（3）检查无误后，在爆破工作领导人下达准备起爆命令后，才准向主起爆线上的连接起爆雷管。

4）爆破安全范围与警戒

（1）爆破工作开始前必须确定危险区边界，并设置明显的标志。所有人员（除点炮的爆破员）都退到危险区外，并设专人看守，禁止人员入内。

（2）起爆前，必须发出音响和视觉信号，使危险区内人员都能清楚地听到或看到。

（3）第一次信号——预告信号。所有与爆破无关人员应立即撤到危险区以外或指定的安全地点。并向危险区边界派出警戒人员。

（4）第二次信号——起爆信号。确认人员、设备全部撤离危险区，具备安全起爆条件时，方准发出起爆信号，该信号发出后准许起爆人员起爆。

（5）第三次信号——解除警报信号。未发出解除警报信号前，岗哨应坚守岗位，除爆破人员批准的检查人员以外，不准任何人进入危险区。经检查确认安全后，方准发出解除警戒信号。

5）爆破后的检查与处理

（1）爆破后，至少经过 15min，才允许爆破作业人员进入爆破作业地点检查。检查有无危石、滚石，边坡是否稳定，有无滑坡征兆；有无盲炮等现象。

（2）在确认爆破地点安全，经爆破组长同意，方准人员进入爆破地点。

（3）每次爆破后，爆破员应认真填写爆破记录。

（4）发现盲炮必须按下列规定处理：

① 发现盲炮或怀疑有盲炮，应立即报告并及时处理。若不能及时处理，应在附近设明显标志，并采取相应的安全措施。

② 处理盲炮时，无关人员不准在场，应在危险区边界设警戒，危险区内禁止进行其他作业。

③ 禁止拉出或掏出起爆药包。

④ 盲炮处理后，应仔细检查爆堆，将残留的爆破器材收集起来。

⑤ 爆破网路未受破坏，且最小抵抗线无变化者，可重新连线起爆；最小抵抗线有变化者，应验算安全距离，并加大警戒范围后，再连线起爆。

⑥ 在距盲炮孔口不小于 10 倍炮孔直径处另打平行孔装药起爆，爆破参数由爆破技术人员确定。

7　爆破安全管理及技术保证措施

7.1　爆破作业施工安全管理

（1）平整作业面

为便于施工，在地表土和浮石清理后，对于突起的石头、大的地表孤石，用手风钻机钻孔爆破，再由机械清理。作业面的平整有利于钻机等的移动，有利于后续有规模爆破的施工。

（2）布孔和钻孔

首先按照设计的孔距和排距布孔。对有侧向临空面的边缘炮孔，要特别注意抵抗线不要过小，以防抵抗线方向出现飞石。

钻孔时要根据设计要求，确保孔位、方向、倾斜角和孔深。每孔钻完后，首先将岩石粉吹干净，然后从孔中把钻杆提升到孔口，这时不要移动钻机，以防孔深不够时可以继续在原孔中加深钻孔。

对于完整的岩面，应先吹净浮渣，给小风不加压，慢慢冲击岩面。当钻头进孔后，逐渐加大风量至全风全压，快速凿岩状态。

对于表面有风化的碎石层或上次爆破留下的表面裂隙，若开口不当会形成喇叭口，碎石随时可能掉进孔内，造成卡孔和堵孔，且不光滑的孔壁也会出现装药时卡孔现象，这时需要采用黄泥护孔。

硬岩钻进钻速不能过高，防止损坏钻头；对于软岩，应送全风加半压，慢打钻，排净渣，每进尺 $1.0\sim1.5m$ 提钻吹孔一次，防止孔底积渣过多而卡钻；对于风化破碎层，应风量小，压力轻，勤吹风勤护孔。

（3）装药和填塞

装药之前，一是测量孔深，对过浅和过深的炮孔，要调整装药量；二是孔中水应尽量排除干净，否则，应装入防水炸药或对不防水炸药进行防水处理。装药时用炮棍缓缓将药卷送入炮孔底部，不得用力过猛，防止药卷变形而卡在炮孔中，造成装药量不足或药包位置偏差。

回填填塞的材料宜选取一定湿度的黏土。为防止卡孔，要分多次回填，边回填边捣固，捣固时要保护好孔中的导爆管。

（4）网络连接和安全警戒

使用导爆管非电起爆网络系统进行孔内外微差控制爆破时，连线要注意孔外连接四通或引爆雷管，不要脚踩磕碰。

放炮之前，人员及机械设备撤离至安全区域，设立安全警戒点。警戒点之间保证通信畅通。

（5）安全防护

当爆破危险区域范围内有电线电缆或各类设施时，为控制个别爆破飞石对其的危害，则需要在孔口加压沙袋，部分地带还需要在爆破岩石表面覆盖 $1\sim2$ 层荆芭并加压沙袋。

（6）安全检查

爆破之后，不要立即解除警戒。待检查确认没有哑炮后才能解除警戒；发现哑炮要及时处理。

7.2　现场爆破器材管理

黑艾路石方爆破器材的运输管理，由当地公安部门和民爆站对爆破器材进行统一管理、武装押运。因此，路基爆破施工时，重点做好爆破器材运达现场后的安全管理和施工工作。

（1）爆破器材到达现场后，应在远离建筑物和人员施工地点的地带临时存放，安排专人看管，专人管理，建立火工品领用制度；

（2）爆破施工时，严格按照《爆破安全规程》GB 6722—2003 和安全操作细则，持证上岗；

（3）爆破器材由指定的爆破员领取；

（4）领到爆破器材后，直接送到爆破地点，禁止乱丢乱放，禁止转交他人；

（5）一人一次往爆破地点运送的爆破器材，背运原包装炸药一箱，拆箱炸药20kg；

（6）未经同意，不准销毁爆破器材；

（7）未用完的爆破器材，要退还到器材看管员，并登记签字；

（8）爆破作业结束后，将剩余爆破器材及时交回爆破器材库。

7.3　爆破安全警戒

爆破时设置的警戒范围不小于200～300m。警戒范围内不允许有人员和施工车辆停留。

（1）装药时，确定危险区域，在危险区的边界设置警戒线，并派专人看守，严禁无关人员进入爆破危险区；

（2）爆破时，根据要求设立警戒范围；

（3）警戒人员应服从命令，不准擅自离开岗位；

（4）现场通信设施齐全，保证现场不利条件下与外界通信联络畅通。

（5）爆破后检查工作面，如发现满盲炮或其他不安全因素及时上报或处理；起爆后经爆破工程技术人员检查确认安全后，方可解除警戒。

8　文明施工及环保措施

（1）对参与施工的队伍签订文明施工协议书，建立健全岗位责任制，把文明施工落到实处，提高全体施工人员文明施工的意识、自觉性和责任感。

（2）建立文明施工责任制，划分区域，明确管理责任人，实行挂牌制，做到施工现场清洁整齐。

（3）建筑材料、构件、材具按总平面布局堆放，堆料整齐并挂牌名称、品种、规格，使施工现场处于有序状态。

（4）所有施工管理人员和操作人员必须佩戴证明其身份的标识牌，标识牌标明姓名、职务、身份编号。

（5）施工现场的临时设施应合理布置、照明、动力线路，应搭设和埋设整齐，工作面的水电风设专人管理，保持其设备设施完好。施工人员作业工作面严禁乱堆乱放，并做到完工场收。

（6）主要施工干道，经常维护保养，为文明施工创造必要的条件，施工设备在指定地点有序停放，放严禁沿道停放，设备经常冲洗擦拭，确保设备的车容车貌和完好率。

（7）正确处理与当地政府和周围群众的关系，并与当地派出所联合开展综合治安管理。

（8）遵守当地政府的各种规定，尊重当地居民的习俗，与当地政府和居民友好相处，建立良好的社会关系。

（9）与其他施工单位保持良好的关系，服从业主和监理工程师的协调。

（10）认真贯彻落实国家有关环境保护的法律、法规和规章及本合同的有关规定，做好施工区域的环境保护工作。

（11）加强施工环保意识，减少各类污染源，保护好植被，对渣场、冲沟等部位修建排水及拦渣设施，防止水土流失。严格按业主规划的堆料场弃渣，严禁乱倒乱卸。

9　施工应急预案

为使爆破施工顺利进行，根据《中华人民共和国安全生产法》，特制定如下爆破施工应急救援预案。

9.1　指导思想

贯彻执行安全工作的法律法规和公司安全管理办法，从保护人民生命财产安全的高度充分认识安全事故的危害性。一旦发生安全事故，迅速采取果断措施，力争把人民生命财产损失控制到最低点。

9.2　应急救援预案和措施

（1）为减少事故中的人员和财产损失，促进安全生产，特建立生产安全事故应急救援体系。

（2）通过生产安全事故应急救援预案的制定，明确施工中安全生产工作的重点，提出预防事故的思路和办法。

（3）加强对应急救援组织人员的培训，建立应急救援组织活动记录，定期组织学习和演习，关键时刻发挥应急救援组织的作用。

（4）一旦发生安全事故，采取紧急处理措施、人员疏散措施、工程抢险措施、现场医疗急救措施，为事故抢救提供一切便利条件。同时明确有关部门及其人员在事故的抢救中的职责并及时向上级部门报告。

（5）生产安全事故的应急救援体系是保证生产安全事故应急救援工作顺利的组织保证，要统筹兼顾，合理规划，明确分工，相互协调，做到应急救援能力及资源的合理配置和有效使用。一旦发生事故，应急救援组织应设专人指挥，分清轻重缓急，有针对性地采取救援措施。有效地避免事故过程中的盲目性，防止事故进一步扩大。

9.3　安全应急救援组织机构

安全应急救援组织机构由组长（甲方领导）、副组长（本公司项目经理）和分别负责分组部门成员组成，确保施工过程意外发生时积极有效的处理。

（1）爆破施工过程中，如发生爆破飞石或其他伤人事故，迅速拨打急救电话，为抢救工作创造一切便利条件，确保在短时间内把伤员送到医院。

（2）施工现场如发生坍塌事故，首先抢救伤员并保护现场，拨打急救中心电话，为抢救工作创造一切便利条件，维护秩序组立即疏散现场人员，确认坍塌和掩埋人员方位，集中人员进行紧急抢救，动用机械设备抢挖时，事故现场要设专人监护，防止再次坍塌伤人，急救车辆到达现场之前，有现场医护人员进行抢救处理。

（3）起爆时间严格按照统一的规定执行；起爆前应根据爆破设计确定的危险区边界，

派出警戒人员并设置明显的标志；警戒人员应服从命令，不准擅自离开岗位。

（4）现场通信设施齐全，保证现场不利条件下与外界通信联络畅通。爆破后检查工作面，如发现盲炮或其他不安全因素应及时上报并采取切实可行的措施进行处理；起爆后经检查确认安全，方可解除警戒信号。

安全应急救援组织机构组成如下：

组　　长：＊＊＊　电话：1380＊＊9954

副组长：＊＊＊　电话：1333＊＊8081

成　　员：＊＊＊（报案组电话：1380＊＊＊9087）、＊＊＊（急救组1360＊＊9062）、＊＊＊（机械设备组电话：1353＊＊8934）、＊＊＊（维护秩序组电话：1370＊＊＊9012）、＊＊（事故调查组电话：1350＊＊9983）

9.4　各部门的职责

（1）组长职责：全面负责处置突发性安全事故工作，及时召集领导小组成员研究处置方案，布置任务，下达命令，启动应急救援预案。

（2）报案组职责：发生突发性安全生产事故，现场负责人应根据事故情况立即向有关领导汇报，并拨打相应急救中心电话，告知事故种类、事态、地点、联系人等，同时紧急通知急救组、机械设备组和维护秩序组，启动应急救援预案。协助事故的调查与处理工作。

（3）急救组职责：接到报案组通知后，立即赶赴现场，根据现场事故种类，立即组织抢救，协助事故的调查与处理工作。

（4）机械设备组职责：根据事故现场需要，一切机械设备必须保证车况良好，随时听候调遣，保证应急救援设备和器材正常运转，服从现场指挥；协助事故的调查与处理。

（5）维护秩序组职责：一旦发生安全事故，接到报警组通知后，立即赶到事故现场，根据现场实际情况，设立隔离区，维护现场秩序并保护好现场，为急救中心救援车辆和现场急救车辆畅顺通道，保证最大限度地减少人员伤亡和财产损失；协助事故的调查与处理。

（6）事故调查组：主要负责事故的调查、分析和处理。依据有关法律法规，分析事故原因，找出事故相关责任人，根据事故相关责任人，根据事故调查报告，提出事故处理意见。

参 考 文 献

［1］　刘殿中. 工程爆破实用手册. 北京：冶金工业出版社，1999

［2］　汪旭光. 爆破手册. 北京：冶金工业出版社，2010

［3］　高文学等. 现代公路工程爆破. 北京：人民交通出版社，2006

［4］　杨军等. 现代爆破技术. 北京：北京理工大学出版社，2004